3ds Max
工业产品设计
案例实战教程

王　财
王东华　◎编著

U0261155

中国铁道出版社有限公司

CHINA RAILWAY PUBLISHING HOUSE CO., LTD.

内 容 简 介

  3ds Max 在国内拥有庞大的用户群，它广泛应用于建筑、游戏、产品设计等诸多行业。书中通过近 30 个实例，详细讲解了使用 3ds Max 进行工业产品设计的方法和技巧。具体内容包括 3ds Max 基础知识与基本操作，生活用品、五金工具、厨卫产品、照明灯具、电子产品、装饰摆件、小家电、儿童玩具、骑行产品、数码和电脑产品、交通工具、武器类产品的制作。通过学习本书，读者可掌握使用 3ds Max 快速进行工业产品设计的方法，并为最终进行产品渲染奠定良好的基础。

  配套资源中提供书中实例的场景文件和讲解实例制作全过程的语音视频教学文件。通过观看视频教学，读者可快速掌握书中所介绍的内容并拓展知识。

  本书适合从事工业造型设计的人员、游戏三维场景建模的美工和建模爱好者学习使用，也可作为大、中专院校和培训机构产品设计、工业设计及其相关专业的教材。

图书在版编目（CIP）数据

3ds Max 工业产品设计案例实战教程/王财，王东华编著. —北京：中国铁道出版社有限公司，2021.10

  ISBN 978-7-113-28166-3

  Ⅰ.①3… Ⅱ.①王… ②王… Ⅲ.①三维-工业产品-计算机辅助设计-应用软件-教材 Ⅳ.①TB472-39

  中国版本图书馆 CIP 数据核字（2021）第 145499 号

书　　名：3ds Max 工业产品设计案例实战教程
　　　　　3ds Max GONGYE CHANPIN SHEJI ANLI SHIZHAN JIAOCHENG
作　　者：王　财　王东华

责任编辑：于先军　　　　编辑部电话：（010）51873026　　　　邮箱：46768089@qq.com
封面设计：MX DESIGN STUDIO Q:1765628429
责任校对：焦桂荣
责任印制：赵星辰

出版发行：中国铁道出版社有限公司（100054，北京市西城区右安门西街 8 号）
网　　址：http://www.tdpress.com
印　　刷：国铁印务有限公司
版　　次：2021 年 10 月第 1 版　　2021 年 10 月第 1 次印刷
开　　本：787 mm×1 092 mm 1/16　印张：20.75　字数：543 千
书　　号：ISBN 978-7-113-28166-3
定　　价：79.80 元

3ds Max 拥有庞大的用户群体，它广泛应用于影视、建筑、家具、工业产品造型设计等各个行业。3ds Max 具有完善的建模、动画、渲染等模块，完全可以满足制作高质量动画、游戏和设计等领域的需要。

本书内容

书中通过大量的实例详细讲解了 3ds Max 的各种常用建模技术，内容涉及建模的方法和各种修改器的使用。全书共 13 章，第 1 章讲解了 3ds Max 的基础知识和基本操作，为后面制作复杂模型奠定基础。从第 2 章开始通过具体的实战案例讲解不同类型产品的设计与制作方法，这些产品包括生活用品、五金工具、厨卫产品、照明灯具、电子产品、装饰摆件、小家电、儿童玩具、骑行类产品、数码和电脑产品、交通工具、武器类产品等。通过制作这些实例，带领读者体会各种不同建模方法的具体应用，让读者在实践中掌握使用 3ds Max 进行产品设计的核心技术。

本书特色

本书作者都拥有 10 多年 3ds Max 工业产品设计的实战经验，在编写本书时，结合自己初学时遇到的问题和困难，不仅讲解怎样操作，尽量更多地讲解为什么这样操作，真正做到"授人以渔"。

3ds Max 软件的建模功能非常强大，提供了多边形、面片、NURBS 等多种建模的方法，但由于很多工业产品外形都比较复杂，所以并不是每种建模方法都适合，因此书中将重点放在多边形建模方法的介绍上，这样读者可以将精力放在重点内容的学习上，用较少的时间掌握核心的技术，极大地提高了学习效率。

编写本书的目的是为工业产品造型设计师量身打造一套成熟且完整的建模解决方案。本书由浅入深地通过近 30 个模型实例，详细讲解了使用 3ds Max 软件制作产品模型的各种高级技术。读者通过学习本书，将能够使用强大的 3ds Max 建模工具进行快速精确的工业产品建模，为最终进行产品渲染奠定良好的基础。在模型塑造和线面布局等关键技术方面，作者提供了很多实战经验和秘诀，并对各种工业产品建模的常见问题提供了完美的解决方案。

本书内容实用，步骤详细，讲解到位，除去基础知识外全部使用实例进行讲解，这些实例按照知识点的应用和难易程度进行安排，从易到难，从简单到复杂，循序渐进地介绍了各种工业产品模型的制作方法。

1. 由易到难，循序渐进：书中的实例按照由易到难、由简单到复杂的顺序进行编排，学习起来更易于上手。

2. 实例丰富，实用性强：本书的每一个实例均是典型的工业产品，针对性强，专业水平高，可以真实地表现工业模型的特点。

3. 一步一图，易懂易学：在介绍操作步骤时，每一个操作步骤后均附有对应的图示，进行图文结合讲解，使读者在学习的过程中能够直观、清晰地看到操作的过程及效果，以便于理解。

关于配套资源

配套资源中的内容包括：

1. 书中实例的模型文件和素材文件；
2. 讲解实例制作过程的语音视频教学文件。

读者对象

本书包含的技术点全面，表现技法讲解详细，非常便于工业设计、模型制作等专业的学生以及中高级进阶读者学习。具体适用于：

1. 在校学生；
2. 从事三维设计的工作人员；
3. 产品造型设计人员；
4. 在职设计师；
5. 培训人员。

编　者

2021 年 8 月

目 录

1

第1章 3ds Max 基础知识与基本操作

3ds Max 常简称为 Max，是 Autodesk 公司开发的基于 PC 系统的三维动画渲染和制作软件。3ds Max 广泛应用于广告、影视、工业设计、建筑设计、多媒体制作、游戏、辅助教学及工程可视化等领域。

1.1 3ds Max 基础知识

使用 3ds Max 进行工业级产品设计不仅仅是技巧的问题，如何清晰地掌握其中的核心概念是每一位使用者必须解决的问题。在 3ds Max 中，与设计制作相关的概念很多，比较重要的有对象的概念、参数修改的概念、层级的概念、材质贴图的概念、三维空间与动画的概念、外部插件的概念、后期合成与渲染的概念等。下面从宏观上讲述 3ds Max 常见的与设计有关的核心概念。

1. 对象

对象是 3ds Max 中非常重要的一个概念。3ds Max 是开放的面向对象的设计软件，从编程的角度讲，不仅创建的三维场景属于对象，灯光镜头属于对象，材质编辑器属于对象，甚至贴图和外部插件也属于对象。为了方便学习，本书将视图中创建的几何体、灯光、镜头和虚拟物体称为场景对象，将菜单栏、下拉列表框、材质编辑器、编辑修改器、动画控制器、贴图和外部插件称为特定对象。

2. 创建与修改

使用 3ds Max 进行创作时，首先要创建用于动画和渲染的场景对象。可以选择的方法很多，可以通过 Create（创建）命令面板中的基础造型命令直接创建，也可以通过定义参数的方法进行创建，还可以使用多边形建模、面片建模及 NURBS 建模，甚至还能使用外挂模块来扩展软件功能。通过以上方法创建的对象仅是为进一步编辑加工、变行、变化、空间扭曲及其他修改手段所做的铺垫。从 3ds Max 2010 版本开始，它加入了强大的【石墨】建模工具，使其造型功能得到相当大的改善。

3. 材质贴图

当模型制作完成后，为了表现出物体各种不同的性质特征，需要给物体赋予不同的材质。它可使网格对象在着色时以真实的质感出现，从而表现出布料、木头、金属等的性质特征。材质的制作可以在材质编辑器中完成，但必须指定到特定场景中的物体上。除了独特质感，现实物体的表面都有丰富的纹理和图像效果，这就需要赋予对象丰富多彩的贴图。创建出完美的模型只是一个成功的开始，灯光镜头的运用对场景气氛的渲染和动画的设置起着非常重要的作用。在默认情况下，场景中有系统默认的光源存在，因此，即使没有对建立的新场景设置灯光，也可以看到它的形状。一旦在场景中建立灯光，默认的灯光就会消失。

4. 层级

在 3ds Max 中，层级概念十分重要，几乎每一个对象都通过层级结构来组织。层级结构中的对象遵循相同的原则，即层级中较高一级代表有较大影响的普通信息，低一层的代表信息的细节且影响小。层级结构可以细分为对象的层级结构、材质贴图的层级结构和视频后期处理的层级结构。层级结构的顶层称为根，理论上指 World，但一般来说将层级结构的最高层称为根。有其他对象与之连接的是父对象，父对象以下的对象均为它的子对象。

5. 动画

建模、材质贴图、层次树连接都是为动画制作服务的，3ds Max 本身就是一个动画软件，因此动画制作技术可以说是 3ds Max 的精髓所在。如果想使制作的模型富有生命力，可以将场景做成动画。其原理和制作动画电影一样，将每个动作分解成若干帧，每个帧连接起来播放，在人的视觉中就形成了动画。在 3ds Max 中，动画是实时发生的，设计师可以随时更改持续时间、事件和素材等对象并立即观看其效果。

1.2　3ds Max 常用建模工具

3ds Max 中的建模总体分成 3 类。第一类是突出的多边形建模，这是在三维动画初期就存在的建模方式，因此它也是最成熟的建模方式，特别是细分建模的产生，让这一方式又出现了新的生机，几乎所有的软件都支持这种建模方式。本书将着重讲解这一建模方法。第二类是 Patch 建模方法，特别是由此而发展出来的 Surface 建模方式曾经在国内非常流行。Patch 建模方式是以线条来控制曲面制作模型的，理论上可以制作出任何模型，但是因效率低下，制作起来非常费时。随着多边形细分建模的出现，现在关注这种方法的人越来越少。第三类是几乎没有人用到的 NURBS 建模，就连国外的 3ds Max 教材中对于 NURBS 建模的介绍也是一带而过。这并不是说这种方法不好，NURBS 是相当专业的建模方式，但是 3ds Max 对于 NURBS 的兼容性不好，基本上很难用它来完成复杂模型，所以这里也不推荐大家使用。

本书将带领大家一起学习 3ds Max 的多边形建模。首先，我们要搞清楚什么是多边形。可编辑多边形是一种可编辑对象，它包含 5 个子对象层级：顶点、边、边界、多边形和元素。其用法与可编辑网格对象的用法相同。"可编辑多边形"有各种控件，可以在不同的子对象层级将对象作为多边形网格进行操作。但是，与三角形面不同的是，多边形对象的面是包含任意数目顶点的多边形。

要生成可编辑多边形对象，有以下几种方法。

第一，首先选择某个对象，如果没有对该对象应用修改器，可在"修改"面板的修改器堆栈显示中右击，然后在弹出菜单的"转换为"列表中选择"可编辑多边形"，如图 1.1 所示。

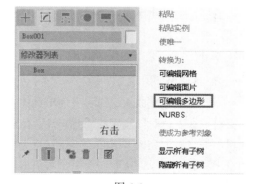

图 1.1

第二，右击所需对象，然后在四元菜单的"变换"象限中选择"转换为可编辑多边形"，如图 1.2 所示。

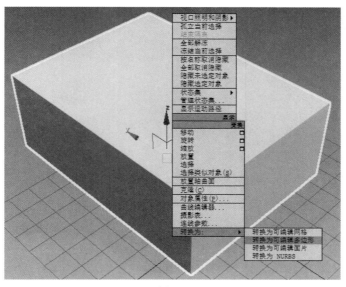

图 1.2

第三，对参数对象应用可以将该对象转变成堆栈显示中的多边形对象的修改器，然后塌陷堆栈。例如，可以应用"转换为多边形"修改器。要塌陷堆栈，使用"塌陷"工具，然后将"输出类型"设置为"修改器堆栈结果"，或者右击该对象的修改器堆栈，然后选择"塌陷全部"，如图 1.3 所示。

将对象转换成"可编辑多边形"时，将会删除所有的参数控件，包括创建参数。例如，可以不再增加长方体的分段数、对圆形基本体执行切片处理或更改圆柱体的边数。应用于某个对象的任何修改器同样可以合并到网格中。转换后，留在堆栈中唯一的项是"可编辑多边形"。

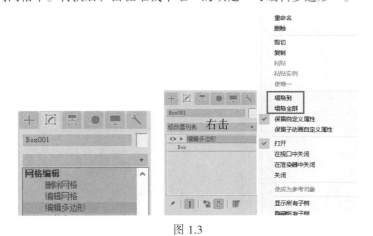

图 1.3

1．Poly 面板

对几何体使用了转换为可编辑多边形修改命令后，单击命令面板，可以看到可编辑多边形命令面板大致分为 6 个部分，如图 1.4 所示，依次为选择、软选择、编辑几何体、细分曲面、细分置换、绘制变形。

2. 选择

"选择"卷展栏为用户提供了对几何体各个子物体级的选择功能，位于顶端的 5 个按钮对应了几何体的 5 个子物体级，分别为 顶点、 边线、 边界、 多边形（也就是面），以及 元素。当按钮显示成黄色时，则表示该级别被激活，如图 1.5 所示。再次单击该按钮将退出这个级别。当然也可以使用快捷键 1、2、3、4、5 来实现各个子物体级别之间的切换。

图 1.4

图 1.5

- 按顶点选择：该复选框的功能只能在顶点以外的 4 个子物体级中使用。以 Poly 子物体级为例，当选择此复选框后，在几何体上单击点所在的位置，那么和这个点相邻的所有面都会被选择。该功能在其他子物体级中的效果类似。
- 忽略背面：该复选框的功能很容易理解，也很实用，就是只选择法线方向对着视图的子物体。这个功能在制作复杂模型时会经常用到。
- 通过角度选择：该复选框的功能只在 Poly 子物体级下有效，通过面之间的角度来选择相邻的面。在该复选框后面的微调框中输入数值，可以控制角度的阈值范围。
- 收缩和扩大：这两个按钮的功能分别为缩小和扩大选择范围。图 1.6 所示为收缩和扩大的效果比较。

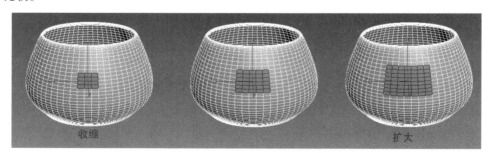

图 1.6

- 环形和循环：这两个按钮的功能只在边和边界子物体级下有效。当选择了一段边线后，单击 环形 按钮可以选择与该所选线段平行的边线，当然也可以通过双击该线段来达到同样的效果。单击 循环 按钮可以选择与该所选线段纵向相连的边线。图 1.7 所示为环形和循环的效果对比。

位于选择卷展栏最下面的是当前选择状态的信息显示，比如提示当前有多少个点被选择。另外，结合 Ctrl 和 Alt 键可以实现点、线、面的加选和减选。

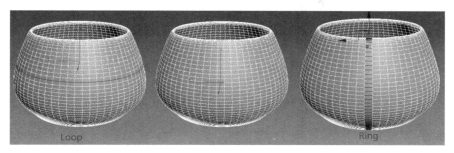

图 1.7

3．软选择

软选择功能可以在对子物体进行移动、旋转、缩放等修改的时候，同样影响到周围的子物体。在制作模型时，可以用它来修整模型的大致形状和比例，是个比较有用的功能。要使用软选择功能，需要先选择 ✓使用软选择，这样才能打开软选择的功能。当打开该功能后，在模型表面选择点、线、面后，模型的表面会有一个很好的颜色渐变效果，如图 1.8 所示。

当选择 ✓使用软选择 复选框后，此功能被开启，面板中的参数才可以使用，如图 1.9 所示。

图 1.8

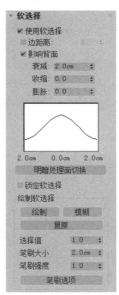

图 1.9

- 边距离：控制多少距离内的子物体会受到影响。其数值可以在复选框后面的微调框中输入。
- 影响背面：控制作用力是否影响到物体背面。系统默认为被选择状态。
- 衰减、收缩和膨胀：可以控制衰减范围的形态。"衰减"控制衰减的范围，"收缩"和"膨胀"控制衰减范围的局部效果。参数可以通过输入数值调节，也可以使用微调按钮调节。调节的效果可以在图形框中看到。图 1.10 所示为软选择图形框和工作视图的对照。
- 明暗处理面切换：单击该按钮，视图中的面将显示被着色的面效果。再次单击该按钮即可关闭。图 1.11 所示为关闭和开启时的对比。

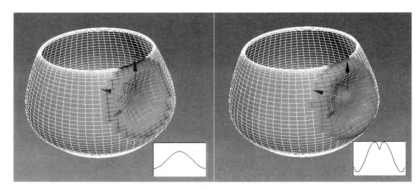

图 1.10

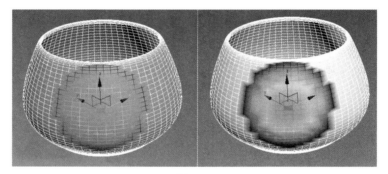

图 1.11

- 锁定软选择：可以对调节好的参数进行锁定。

卷展栏中的"绘制软选择"区域为画笔选择区域，该功能非常实用。单击 绘制 按钮就可以使用这个功能在物体上进行任意选取控制，如图 1.12 所示。

当开启画笔软选择时，卷展栏中上方的参数控制区域将变为灰色不可调状态，如图 1.13 所示。

图 1.12

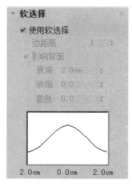

图 1.13

- 模糊：可以对选取的衰减效果进行柔化处理。
- 重置：删除所选区域。
- 选择值：设置画笔的最大重力（强度值）是多少，默认值为 1.0。
- 笔刷大小：设置好笔刷的大小。调整笔刷大小的快捷方法为 Ctrl+Shift+鼠标左键推拉。
- 笔刷强度：类似 Photoshop 软件里笔刷的透明度控制。调整笔刷强度的快捷方法为 Ctrl+Alt+鼠标左键推拉。

- 笔刷选项：对笔刷进一步控制。单击 笔刷选项 按钮后即弹出笔刷控制的更多选项，如图 1.14 所示。

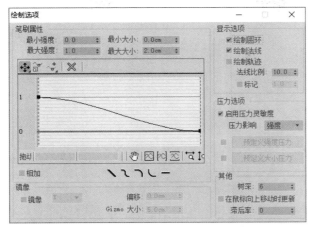

图 1.14

4．编辑顶点

当选择"顶点"子物体后，"编辑顶点"卷展栏才会出现，其主要提供针对顶点的编辑功能，如图 1.15 所示。

- 移除：这个功能不同于按 Delete 键进行的删除，它可以在移除顶点的同时保留顶点所在的面。图 1.16 所示为单击 移除 按钮和按 Delete 键的效果对比。 移除 的快捷键为 Backspace 键。

图 1.15

图 1.16

- 断开：选择一个顶点，然后单击 断开 按钮，移动顶点后，可以看到它已经被打断。图 1.17 所示为打断顶点后轻微移动顶点的效果。
- 挤出：有两种操作方式，一种是选择好要挤压的顶点，然后单击 挤出 按钮，再在视图上单击顶点并拖动鼠标，左右拖动可以控制挤压根部的范围，上下拖动可以控制顶点被挤压后的高度。图 1.18 所示为顶点的挤压效果。

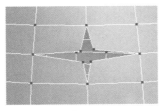

图 1.17

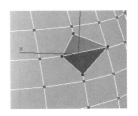

图 1.18

7

另一种方式是单击 挤出 旁边的 □ 按钮，在弹出的高级设置对框框中进行相应的参数调整，如图 1.19 所示。

- 切角：将一个点切成几个点的效果。使用方法和 Extrude 类似。图 1.20 所示为点被切角之后的效果。

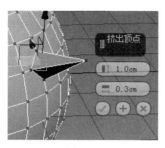
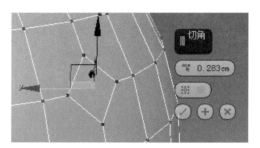

图 1.19   图 1.20

- 焊接：可以把多个在规定范围的点合并及焊接成一个点。单击 焊接 按钮旁边的 □ 按钮，可以在"高级设置"对话框中设定这个范围的大小。有时当我们选择了两个点然后单击 焊接 按钮后，这两个点并没有焊接，这是因为系统默认的范围值太小，此时只需要单击 □ 按钮，将参数值调大即可，如图 1.21 所示。

- 目标焊接：单击 目标焊接 按钮，然后拖动视图上的一个顶点到另一个顶点上，即可把两个顶点焊接合并，如图 1.22 所示。

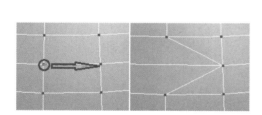
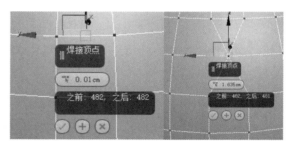

图 1.21   图 1.22

- 连接：可以在顶点之间连接新的边线，但前提是顶点之间没有其他边线阻挡。如图 1.23 所示，选择 3 个点之后，单击 连接 按钮，就可以在它们之间连接边线。另外，它的快捷键是 Ctrl+Shift+E，此快捷键一定要牢牢记住，这在以后的模型制作过程中要大量使用，可以大大提高工作效率。

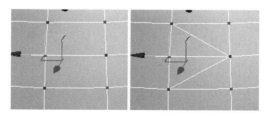

图 1.23

- 移除孤立顶点：可以将不属于任何物体的孤立点删除。
- 移除未使用的贴图顶点：可以将孤立的贴图顶点删除。

- 权重：可以调节顶点的权重值，当对物体细分一次后可以看到效果。默认值是 1.0。各权重效果如图 1.24 所示。

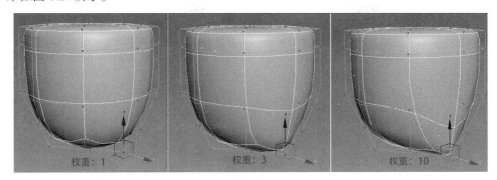

图 1.24

5．编辑边线

"编辑边"卷展栏只有在 Edge 子物体级下出现，可以针对边线进行修改。"编辑边"卷展栏和"编辑顶点"卷展栏非常相似，如图 1.25 所示，有些功能也非常接近，为了避免重复学习，接下来只对"编辑边"卷展栏作选择性讲解。

图 1.25

- 插入顶点：可以在边线上任意添加顶点。
- 切角：边线也可以使用 Chamfer（切角）工具，使用后会使边线分成两条甚至多条边线，如图 1.26 所示。 20.0mm 值控制切除边线的距离， 2 控制切除边线的数量。3ds max 新版本中对切角命令做了更进一步的细化，多了很多参数和命令，在后面的实例制作中我们会进一步详细讲解各种参数的含义，这里只需要理解切角距离和切角数量即可。

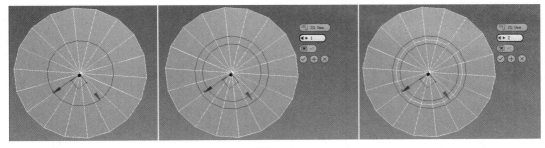

图 1.26

- 连接：可以在被选择的边线之间生成新的边线，单击 连接 按钮旁边的 按钮，可以调节生成边线的数量。默认值是新增一条边线，如图 1.27 所示。

注意这里有几个非常重要的参数，最上面的参数用来调节新增边线的数量，中间值用来控制新增线段同时向两侧位移的多少，最下面的值用来调节新增的边线偏向哪边靠拢，如图 1.28 所示。

- 利用所选内容创建图形：在所选择边线的位置上创建曲线。

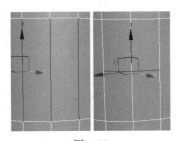

图 1.27

首先选择要复制分离出去的边线，然后单击 利用所选内容创建图形 按钮，在弹出的对话框中为生成的曲线命名，选择分离出之后的曲线类型是光滑还是保持直线样式，然后单击 OK 按钮即可，如图 1.29 所示。

● 硬：可以在细分的物体上产生硬边的效果。

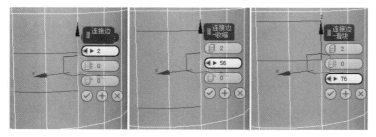

图 1.28   图 1.29

● 编辑三角形：单击 编辑三角形 按钮，物体上就会显示出三角形的分布情况，然后单击顶点所在的位置，拖动鼠标到另外的顶点就可以改变三角面的走向。图 1.30（中）和图 1.30（右）所示分别为打开编辑三角形和打开编辑三角形之后并改变边线走向之后的对比。

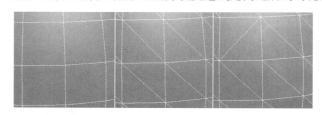

图 1.30

● 旋转：同样是一个修改三角形面的工具。单击 旋转 按钮，然后在物体上单击三角形面的虚线，三角形面的走向就会改变，再次单击边线就会还原走向。

6. 编辑边界

"编辑边界"卷展栏中的选项用来修改边界，如图 1.31 所示。接下来，同样对"编辑边界"卷展栏中特有的选项进行讲解。

● 封口：选择边界，然后单击 封口 按钮就可以把边界封闭，使用非常简便，如图 1.32 所示。

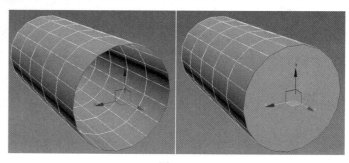

图 1.31   图 1.32

● 桥：如图 1.33 所示，它不仅可以把两个边界或者面连接起来，还可以通过高级参数设置进行搭桥的锥化、扭曲等操作。该功能在制作人体模型的时候可以用来连接人体的各个部分。

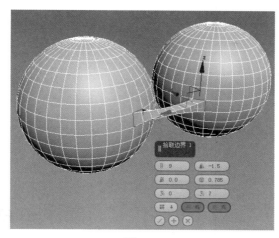

图 1.33

● 连接：可以在两条相邻边界之间创建边线。

7. 编辑多边形

"编辑多边形"卷展栏是可编辑多边形修改命令中比较重要的一部分。按"4"子物体级，就可以看到"编辑多边形"卷展栏，如图 1.34 所示。

● 插入顶点：使用"多边形"子物体级下的"插入顶点"工具可以在物体的多边形面上任意添加顶点。单击 插入顶点 按钮，然后在物体的多边形面上单击就可以添加一个新顶点，如图 1.35 所示。

● 挤压：有 3 种挤压模式，单击 挤出 按钮旁边的□按钮就可以看到参数面板，单击参数面板中的下拉按钮可以看到有 3 种模式，分别为组、局部法线、按多边形，如图 1.36 所示。

图 1.34

图 1.35

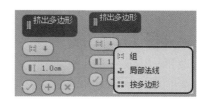

图 1.36

"组"以群组的形式整体向外挤出面，"局部法线"以法线的方式向外挤出，"按多边形"每个面单独向外挤出，它们的区别如图 1.37 所示。

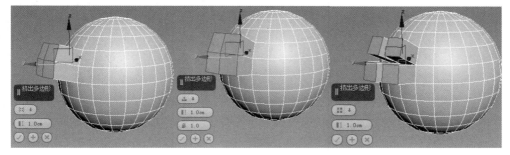

图 1.37

11

- 轮廓：可以使被选择的面沿着自身的平面坐标进行放大和缩小。
- 倒角：挤出工具和缩放工具的结合。倒角工具对多边形面挤压后还可以让面沿着自身的平面坐标进行放大和缩小，如图 1.38 所示。此工具非常重要，在模型制作的过程中会大量使用。

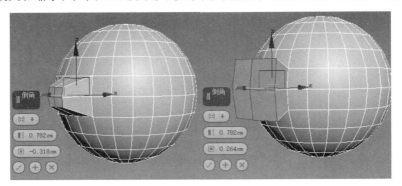

图 1.38

- 桥：与边界子物体级中的桥是相同的，只不过这里选择的是对应的多边形而已。
- 翻转：可以将物体上选择的多边形面的法线翻转到相反的方向。
- 从边旋转：能够让多边形面以边线为中心来完成挤压。往往需要单击 ◻ 按钮，在弹出的对话框中对挤压的效果进行设置，如图 1.39 所示。此方法角度有时不是很容易控制。
- 沿样条线挤出：首先创建一条样条曲线，然后在物体上选择好多边形面，单击 沿样条线挤出 右侧的 ◻ 按钮，在弹出的参数设置中单击图中红色方框的按钮，然后拾取图中创建的样条曲线，效果对比如图 1.40 所示。

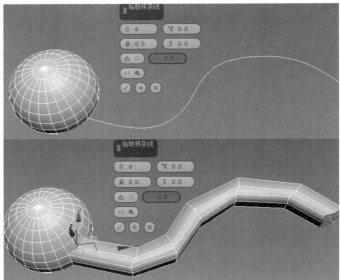

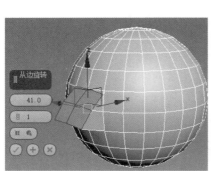

图 1.39

图 1.40

同时可以调整锥化、扭曲、旋转等参数值来达到不同的效果，如图 1.41 所示。

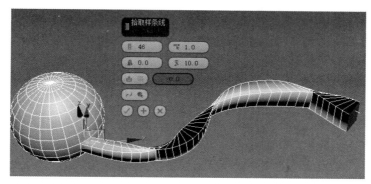

图 1.41

- 编辑三角剖分：和前面讲到的编辑三角形面一样，这里不再赘述。
- 重复三角算法：可以将超过 4 条边的面自动以最合理的方式重新划分为三角面。

8. 编辑元素

编辑元素卷展栏中的选项可以用于整个几何体，不过有些选项要进入相应的子级才能使用，参数如图 1.42 所示。

- 重复上一个：使用这个选项可以重复应用最近一次的操作。
- 约束：在默认状态下是没有约束的，这时子物体可以在三维空间中不受任何约束地进行自由变换。约束有两种：一种是 Edge（边线），另一种是 Face（面）。
- 保持 UV：在 3ds Max 默认的设置下，修改物体的子物体时，贴图坐标也会同时被修改。选择保持 UV 复选框后，当对子物体进行修改时，贴图坐标将保留它原来的属性不被修改，如图 1.43 所示。

图 1.42

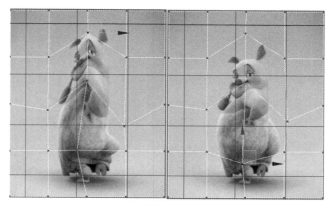

图 1.43

- 创建：可以创建顶点、边线和多边形面。
- 塌陷：将多个顶点、边线和多边形面合并成一个，塌陷的位置为原选择子物体级的中心。

- 附加：可以把其他的物体合并进来。单击旁边的■按钮可以在列表中选择合并物体，它实质上是将多个物体附加合并成一个同时可被编辑的子物体。
- 分离：可以把物体分离。选择需要分离的子物体，单击 **分离** 按钮就会弹出 Detach（分离）对话框，如图 1.44 所示，在该对话框中可以对要分离的物体进行设置。
- 切片平面：其功能就像用刀切西瓜一样将物体的面分割。单击 **切片平面** 按钮，在调整好界面的位置后单击 **切片** 按钮完成分割，如图 1.45 所示。单击 **重置平面** 按钮可以将截面复原。
- 快速切片：和切片平面的功能很相似，单击 **快速切片** 按钮，然后在物体上单击以确定截面的轴心，围绕轴心移动鼠标选择好截面的位置，再次单击完成操作。
- 切割：一个可以在物体上任意切割的工具，如图 1.46 所示。此功能主要用来手动调整模型的布线。

图 1.44

图 1.45

图 1.46

- 网格平滑：能够使选择的子物体变得光滑，但光滑的同时将增加物体的面数。
- 细化：能在所选物体上均匀地细分，细分效果和张力值有关，如图 1.47 所示。

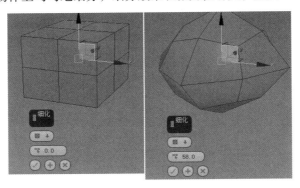
图 1.47

- 平面化：将选择的子物体变换在同一平面上，后面 3 个按钮的作用是分别把选择的子物体变换到垂直于 X、Y 和 Z 轴向的平面上，如图 1.48 所示。

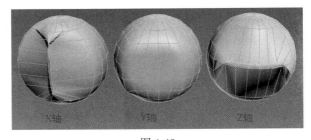
图 1.48

- 视图对齐和网格对齐：分别用于把选择的子物体与当前视图对齐，以及将选择物体的子物体与视图中的网格对齐。
- 松弛：可以使被选子物体的相互位置更加均匀。
- 隐藏选定对象、全部取消隐藏和隐藏未选定对象：3 个控制子物体显示的按钮。
- 复制和粘贴：是在不同的对象之间复制和粘贴子物体的命名选择集。
- 最后是两个复选框：删除孤立顶点用于删除孤立的点；完全交互可以控制命令的执行是否与视图中的变化完全交互。

9. 顶点属性

图 1.49

"顶点属性"卷展栏（见图 1.49）实现的功能主要分为两部分，一部分是顶点着色的功能，另一部分是通过顶点颜色选择顶点的功能。

选择一个顶点，在顶点属性选项区域单击颜色旁边的色块就可以对点的颜色进行设置了；调节照明能够控制顶点的发光色。

在"顶点选择方式"选项区域中，可以通过输入顶点的颜色和发光色来选中相应点。在范围列（R,G,B）中可以输入范围值，然后单击 选择 按钮确认。

10. 多边形：材质 ID

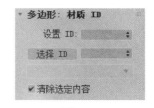

图 1.50

"多边形：材质 ID"卷展栏中的选项主要包括多边形面的 ID 设置，如图 1.50 所示。

首先来看一下多边形面的 ID 设置。选择要设置 ID 的面，然后在设置 ID 输入框中直接输入要设置的数值，也可以在微调框中单击上下箭头快速调节。设置好面的 ID 后，就可以通过 ID 来选择相对应的面了。在选择 ID 右侧的微调框中输入要选面的 ID，然后单击 选择 ID 按钮，对应这个 ID 的所有面就会被选中。如果当前的多边形已经被赋予了多维子物体材质，那么在下面的下拉列表框中就会显示出子材质的名称，通过选择子材质的名称就可以选中对应的面。下面的 ✔清除选定内容 复选框如果处于选择状态，则新选择的多边形会将原来的选择替换掉；如果处于未选择状态，那么新选择的部分会累加到原来的选择上。

11. 多边形：平滑组

"多边形：平滑组"卷展栏用于在选择多边形面后单击下面的一个数字按钮来为其指定一个光滑组，参数如图 1.51 所示。

- 按平滑组选择：如果当前的物体有不同的光滑组，单击 按平滑组选择 按钮，在弹出的对话框中单击列出的光滑组就可以选中相应的面，如图 1.52 所示。

图 1.51

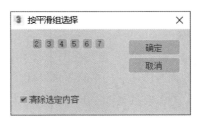

图 1.52

- 清除全部：可以从选择的多边形面中删除所有的光滑组。图 1.53 所示为自动平滑和清除所有光滑后的效果对比。

图 1.53

- 自动平滑：可以基于面之间所成的角度来设置光滑组。如果两个相邻的面所形成的角度小于右侧微调框中的数值，那么这两个面会被指定同一光滑组。

12. 细分曲面

"细分曲面"卷展栏（见图 1.54）的添加是多边形建模走向成熟的一个标志，它使用户只要使用转化为可编辑多边形就可以完成多边形建模的全部过程。

"平滑结果"复选框设置是否对光滑后的物体使用同一个光滑组。

选择"使用 NURMS 细分"复选框，可以开启细分曲面功能。

此功能非常重要，在制作模型时，要随时开启/关闭该选项来对比观察模型细分前后的效果。系统默认是没有快捷键的，通过自定义快捷键可以快速开启与关闭该功能，后面将详细讲解该快捷键的设置。图 1.55 所示为关闭和开启使用 NURMS 细分的效果对比。

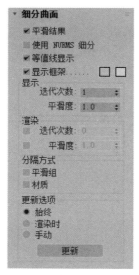

图 1.54

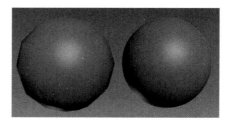

图 1.55

选择 ✔使用 NURMS 细分 后，会在视图区域弹出一个参数面板，如图 1.56 所示。

单击参数面板中向右的小三角可以打开更多的参数控制，如图 1.57 所示，这些参数在常规参数面板中都可以找到。

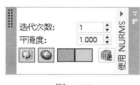

图 1.56

图 1.57

"平滑结果"复选框可以控制光滑后的物体是否显示细分后的网格。开启与关闭的效果对比如图 1.58 所示。

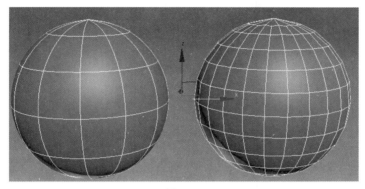

图 1.58

"显示"和"渲染"两个选项区域分别控制了物体在视图中显示和渲染时的光滑效果。

"分割方式"选项区域内有两个复选框，分别为通过光滑组细分和通过材质细分。

最下面的"更新选项"区域提供了细分物体在视图中更新的一些相关功能。"始终"用于即时更新物体光滑后在视图中的状态；"渲染时"表示只在渲染时更新；"手动"用于手动更新，更新的时候需要单击 更新 按钮。

13．细分置换

"细分置换"卷展栏（见图 1.59）的功能是可以控制贴图在多边形上生成面的情况。

选择"细分置换"复选框，开启细分置换卷展栏中的功能。

选择"分割网格"复选框后，多边形在置换之前会分离成独立的多边形，这有利于保存纹理贴图。取消选择该复选框，多边形不分离并使用内部方法来指定纹理贴图。

在细分预设选项区域中有 3 种预设按钮，用户可以根据多边形的复杂程度选择适合的细分预设。其下方选项区域是详细的细分方法设置区域。

图 1.59

14．绘制变形

"绘制变形"卷展栏（见图 1.60）可以通过使用鼠标在物体上绘画来修改模型，效果如图 1.61 所示。

● 推/拉：单击该按钮就可以在物体上绘制图形，用法非常简便、直观。

● 松弛：可以对尖锐的表面进行圆滑处理。

● 复原：使被修改过的面恢复原状。

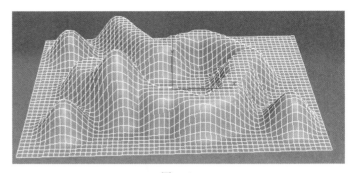

图 1.60   图 1.61

- 变形法线：与原始法线功能相反，推拉的方向会随着子物体法线的变化而变化。
- 变换轴：可以设定推拉的方向，有 X、Y、Z 轴可以选择。

下面的三个数字用来调节变形画笔的推拉效果。

- 推/拉值：决定一次推拉的距离，正值为向外拉出，负值为向内推进。
- 笔刷大小：用来调节笔刷的大小。快速调整笔刷大小的方法为按住 Ctrl+Shift 组合键的同时按住鼠标左键拖动鼠标。
- 笔刷强度：用来调节笔刷的强度。快速调整笔刷强度的方法为按住 Ctrl+Alt 组合键的同时按住鼠标左键拖动鼠标。

15. 石墨工具

自从 3ds Max 2010 版本开始，它加入了强大的 Poly 建模工具，也就是整合收购了之前的 PolyBoost 插件并做了一些自身优化，我们称之为石墨建模工具。系统默认是开启石墨工具的，石墨工具在 3ds Max 软件中的位置如图 1.62 所示。

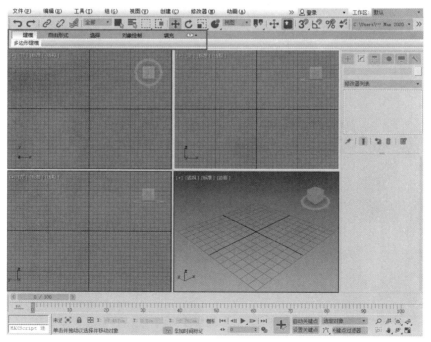

图 1.62

　　石墨建模工具集也称为 Modeling Ribbon,代表一种用于编辑网格和多边形对象的新范例。它具有基于上下文的自定义界面,该界面提供了完全特定于建模任务的所有工具(且仅提供此类工具),且仅在需要相关参数时才提供对应的访问权限,从而最大限度地减少了屏幕上的杂乱现象。Ribbon 控件包括所有现有的编辑/可编辑多边形工具,以及大量用于创建和编辑几何体的新型工具。

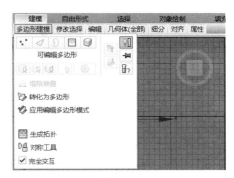

图 1.63

　　Modeling Ribbon 采用工具栏形式,可通过水平或垂直配置模式浮动或停靠。此工具栏包含 3 个选项卡:"石墨建模工具"、"自由形式"和"选择",如图 1.63 所示。

　　每个选项卡都包含许多面板,这些面板显示与否将取决于上下文,如活动子对象层级等。可以通过右键菜单确定将显示哪些面板,还可以分离面板以使它们单独地浮动在界面上。通过拖动任意一端即可水平调整面板大小,当使面板变小时,面板会自动调整为合适的大小。这样,以前直接可用的相同控件将需要通过下拉菜单才能获得。

　　石墨建模工具栏可以单独浮动显示,也可以嵌入到 3ds Max 界面中水平或垂直显示。默认为水平显示,要使其浮动显示,只需拖动左边的工具条,把该工具栏拖动出来即可,如图 1.64 所示。当然也可以拖动该工具栏到左侧的边框上释放即嵌入到软件左侧,如图 1.65 所示。

图 1.64

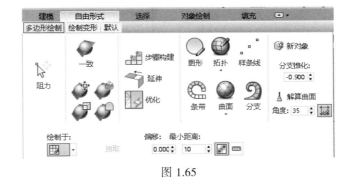

图 1.65

　　石墨建模工具栏水平显示有 3 种显示方式,分别为最小化为选项卡、最小化为面板标题和最小化为面板按钮,几种显示的区别如图 1.66 所示。

图 1.66

石墨工具除了包含可编辑多边形建模参数中的所有命令，还增加了许多实用的工具，最强大之处就是 Freeform（自由变形）工具，其命令面板如图 1.67 所示。

图 1.67

它不仅增加了拓扑工具，还增加了许多变形绘制工具，可以使创作者更加随心所欲地创作出自己的作品。石墨工具参数众多，如果要详细讲解的话估计能写一本书，所以这里就不再详细讲解了，有兴趣的读者可以专门来好好研究一下。要想学习里面的每一个工具其实也很简单，3ds Max 对石墨工具的说明也做了很大的努力，当鼠标放在石墨工具上时，它会自动弹出该工具的使用方法，同时配有文字图片说明，一目了然。考虑到本书中部分实例采用英文版本，这里给出它们之间一些主要参数的中英文对比图以便读者参考学习，如图 1.68 ~ 图 1.72 所示。

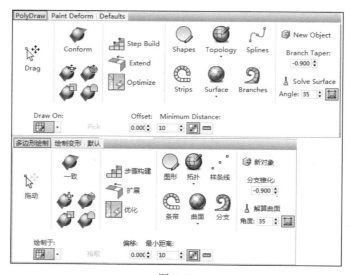

图 1.68

图 1.69

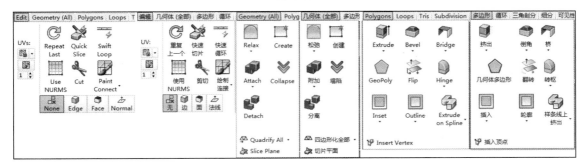

图 1.70

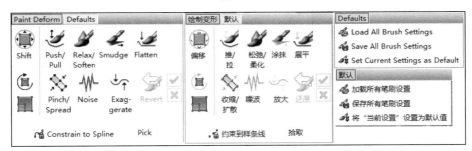

图 1.71

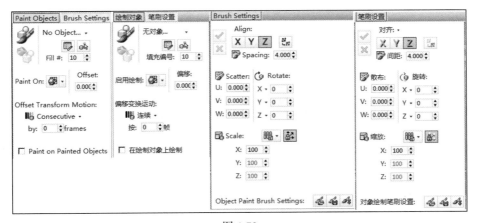

图 1.72

1.3 3ds Max 软件基本设置

3ds Max 2020 版本在安装完成之后，系统自带了各种语言包，可以使用中文版、英文版、法语版、日语版等。在开始菜单下，打开 Autodesk 文件夹，可以看到安装的各种 3ds Max 版本。3ds Max 2020 版本分别有各个语言版本的快捷键，单击所需要的版本即可打开相对应的语言版本，如图 1.73 所示。

右击快捷图标，在弹出的菜单中选择属性，在打开的属性面板中可以看到 3ds Max 安装的路径，在"目标"栏中可以看到它后面添加了语言文件的代码，如图 1.74 所示。其中的/Language=CHS 就是中文版，如果修改为/Language=ENU，打开之后就是英文版。这种方式是 3ds Max 2015 版本之后的一个创新和突破，也方便读者对照学习。

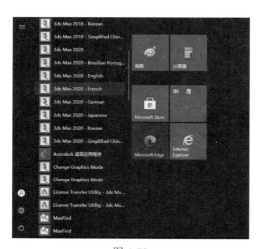

图 1.73

图 1.74

本书主要来学习一下中文版模型的制作方法，部分实例由于涉及到插件的使用（插件不支持中文版），将采用英文版本来学习制作，中文版打开之后的界面如图 1.75 所示。

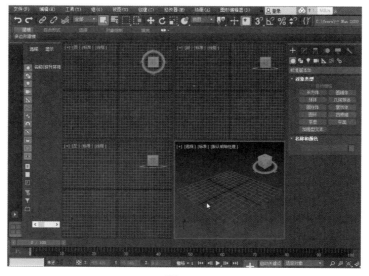

图 1.75

1. 常用快捷键设置

在开始制作之前首先设置一些常用的快捷键。单击"自定义"菜单，然后单击"自定义用户界面"，如图 1.76 所示。

图 1.76

在弹出的自定义用户界面面板的类别下拉列表框中选择 Editable Polygon Object，然后在下面的参数中找到 NURMS 切换，在右侧中的热键中输入 Ctrl+Q，单击"指定"按钮，如图 1.77 所示。

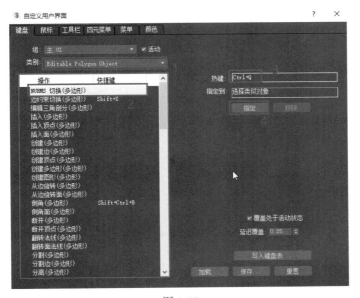

图 1.77

用同样的方法在类别下拉列表框中选择 Views（视图），找到以边面模式显示并选中，在右侧的 Hotkey（热键）中输入 Shift+F4，单击"指定"按钮，如图 1.78 所示。该快捷键的设置为把当前选择的物体显示线框。

注意　如果安装了 3ds Max 2020 更新包 3dsMax2020.3_Update 之后，系统的快捷键设置发生了改变，需要单击自定义菜单下面的热键编辑器，然后按照如图 1.79 所示指定快捷键即可。

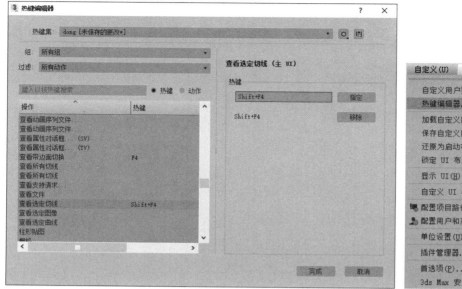

图 1.78
图 1.79

　　除了这种方法之外，还有一种方法可以设置。单击视图中左上角的 线框 或者 默认明暗处理 ，在弹出的面板中依次选择"显示选定对象"，选择"以边面模式显示选定对象"即可，如图 1.80 所示。

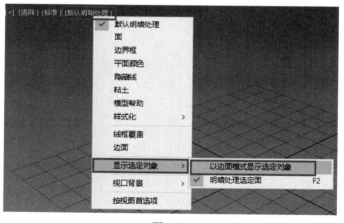

图 1.80

　　设置好快捷键之后，我们来看一下如何使用该快捷键。首先，在视图中创建一个 Box 物体，按 Alt+W 组合键把透视图最大化显示，然后按下 J 键取消物体 4 个角的边框显示，按下 F4 键打开自身的线框显示效果，右击，在弹出的快捷菜单中选择"转换为""转换为可编辑多边形"，此时就把该 Box 物体转换为了可编辑的多边形物体，如图 1.81 所示。

　　按下 Ctrl+Q 组合键，模型就会自动细分显示，如图 1.82 所示。在弹出的参数中把迭代次数值设置为 2，它的意思就是给模型 2 级的细分。其实按下 Ctrl+Q 组合键就相当于在右侧的参数中打开了 ✔ 使用 NURMS 细分 选项，浮动面板中的 Iteration 值相当于常规参数面板中的 迭代次数: 2 值。再次按下 Ctrl+Q 组合键，即可关闭细分显示效果。

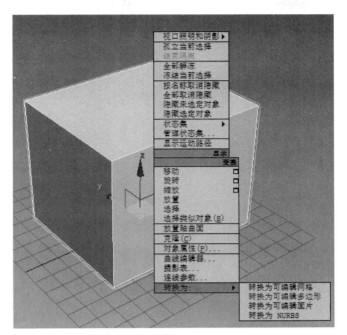

图 1.81

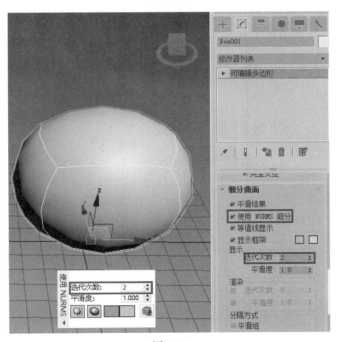

图 1.82

接下来看一下 Shift+F4 组合键的作用。正常情况下我们按下 F4 键时，物体就会以"线框+实体"的方式显示，虽然这种显示方式比较直观，但是一旦场景中的模型较多时，就会比较占用系统资源，有时也不便于观察。按下 Shift+F4 组合键，然后再次按下 F4 键，此时只有被选中的物体才会显示"边框+实体"，如图 1.83 所示。要想取消该显示效果，再次按下 Shift+F4 组合键即可。

图 1.83

2．自动保存设置

单击"自定义"菜单，然后单击"首选项"，在首选项设置面板中单击"文件"，然后在"自动保存区域"设置自动保存文件数值为 3，备份间隔/分钟为 15 或者 20，这两个值的意思就是让 3ds Max 软件自身每隔多少分钟自动保存一次文件，总共要保存多少个文件。备份间隔/分钟如果值为 3，就是总共要保存 3 个文件，然后依次覆盖保存。这里用户可以根据自己的需要自行设置，默认值为每隔 5 分钟保存一次。其实这里如果用户有良好的手动保存文件的习惯，完全可以取消系统的自动保存功能，关闭之后的好处就是可以避免大型文件中的自动保存出现卡顿和耗时的情况，坏处就是如果忘记手动保存文件，出现软件崩溃的情况时就会造成不可挽救的损失（当然现有的 3dx Max 版本在出现软件崩溃时会提示你保存文件）。

3．ViewCube 显示设置

软件默认打开时，在顶视图、前视图、侧视图和透视图右上角会有一个图标的显示，如图 1.84 所示。

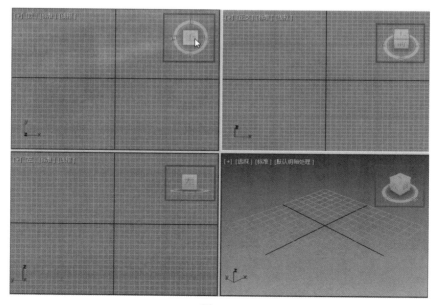

图 1.84

在制作模型时，有时你可能会觉得这个功能很碍事，一不小心就会点到它造成视图的变换，很不方便，所以这个地方我们只需要在激活的视图当中显示即可。在图标上右击，在弹出的菜单中选择配置选项，再在弹出的 ViewCube 参数面板中选择"仅在活动视图中"显示，然后将"非活动不透明度"设置为 25%，如图 1.85 所示。设置完成后，Viewcube 显示按钮只会在当前激活的视图中显示，如图 1.86 所示。

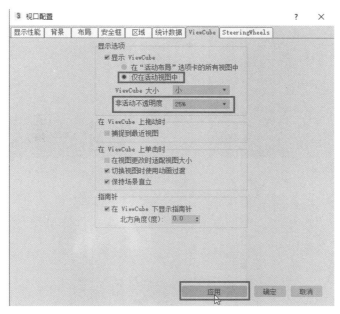

图 1.85

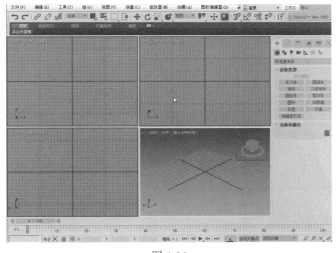

图 1.86

经过这样的设置之后，ViewCube 就只在当前激活的视图当中才会显示。

4. 软件 UI 的设置

当安装完 3ds Max 软件之后，默认的 UI 界面是黑色的，虽然这种颜色看起来非常酷，但是为了视频录制的需要，我们还是先设置为之前版本中默认的灰色显示效果。单击"自定义"菜单，单击"加载用户自定义界面方案"，如图 1.87 所示。然后在弹出的选择 UI 对话框中选择 ame.light，单击"打开"按钮，如图 1.88 所示。这样我们就更改了系统默认的 UI，软件在下次启动时会打开自动设置的 UI 界面。

图 1.87

图 1.88

5. 系统单位设置

单击"自定义"菜单,单击"单位设置",在弹出的单位设置参数面板中选择"公制",在下拉列表框中选择毫米即可,如图 1.89 所示。

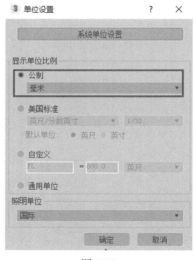

图 1.89

1.4 常用插件介绍

为了大家在学习和制作模型中提高工作效率,可以结合使用插件来制作,这里我们了解几个好用的插件。

1. Mesh Insert 插件

该插件只针对多边形编辑有效,可以快速在多边形物体上插入一些不同形状的物体,比如按钮、螺丝、小孔等。默认界面如图 1.90 所示,实例应用如图 1.91 和图 1.92 所示。

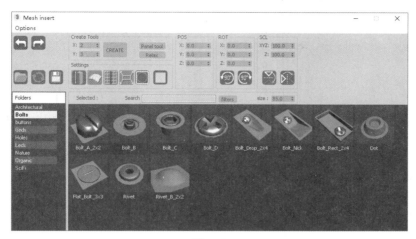

图 1.90

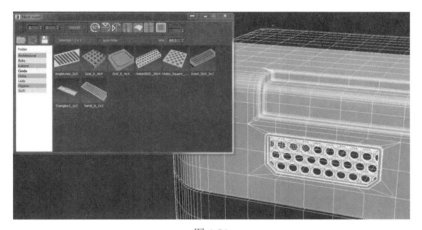

图 1.91

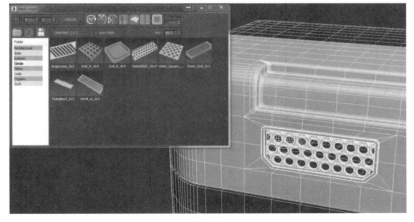

图 1.92

2．Smooth Bolean 插件

　　该插件主要运用于模型的超级布尔运算，可以将布尔运算之间的模型转化为特定的布尔运算，将布尔运算衔接位置处理得更加平滑。效果如图 1.93 和图 1.94 所示。

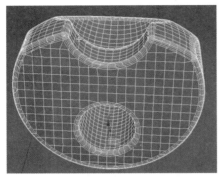

图 1.93

图 1.94

3．PolyDetail 插件

该插件可以快速制作出雕花效果的模型。可以运用于古典家具模型的制作等，使用它制作的效果如图 1.95 所示。

图 1.95

4．Kitbasher 插件

Kitbasher 是一款功能十分强大的 3D 模型整合插件，Kitbasher 官方版拥有直观的操作界面，内置强大的功能，可以将现有的 3D 模型快速集成到网格中，各种参数可自定义，实时更新模型的外观，满足用户的需要。该插件和 Mesh Insert 插件有点类似，都可以快速集成一些小的物件模型，如图 1.96 和图 1.97 所示。

图 1.96

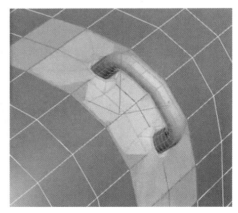

图 1.97

5．Low Poly City 插件

低面多边形城市建模插件，内置了众多城市建设模型，如图 1.98 所示。

图 1.98

6．PhysX Painter 插件

PhysX Painter 是由 KLAB 工作室开发，基于 3ds Max 自身 MassFX 动力学的笔刷工具，能使你快速地创建杂乱堆积的物体，而不再是逐个去添加设置再计算，如图 1.99 和图 1.100 所示。

图 1.99

图 1.100

7. Labyrinth 插件

Labyrinth 是一套 3ds Max 的样条插件，允许用户在 3ds Max 中的任何给定对象上创建样条曲线。简单地说就是样条线物体生成插件，其制作的效果如图 1.101 和图 1.102 所示。

图 1.101

图 1.102

8. Rock Generator 插件

石头生成插件，它是一款适合场景设计师们的 3ds Max 插件。可以从高模模型上烘焙贴图到低模模型上，如图 1.103 和图 1.104 所示。

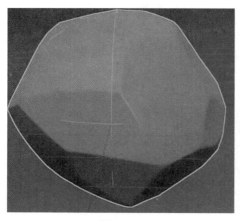

图 1.103

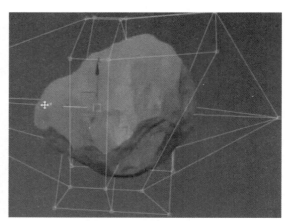

图 1.104

9. Simple Pipe 插件

一个管道生成插件，如图 1.105 所示。

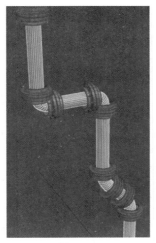

图 1.105

10. Cables Spline 插件

绳子缠绕模拟插件。可以在 3ds Max 中模拟样条线绳子缠绕物体的效果，如图 1.106 所示。

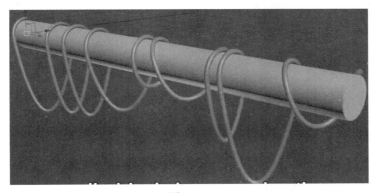

图 1.106

11. Building Mass Creator 插件

简模城市群快速生成插件，如图 1.107 所示。

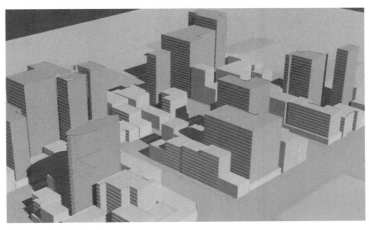

图 1.107

12．Max Landscape 插件

根据贴图生产地形插件，并可调整地形的高低起伏、旋转、缩放等，如图 1.108 所示。

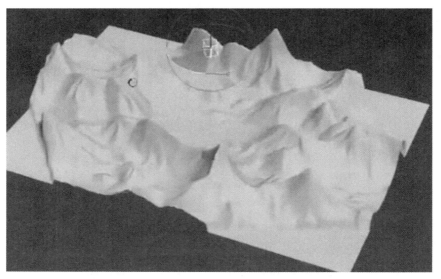

图 1.108

13．Welder 插件

一个用于生成焊接的插件，这款插件的主要作用就是可以快速制作出焊接溶解效果，如图 1.109 所示，该插件提供了丰富人性化的参数供用户调整，新版本还增强了凹凸面焊接的支持。

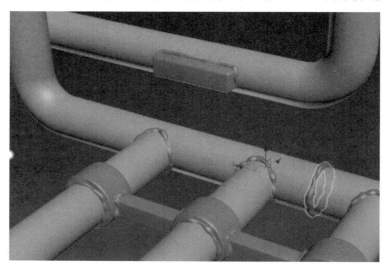

图 1.109

14．Maxrstones 插件

该插件可以快速制作各种石头并且高低模可调，并可生成法线贴图，如图 1.110 和图 1.111 所示。

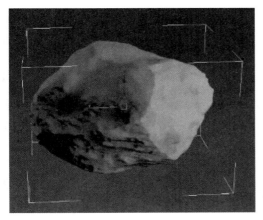

图 1.110　　　　　　　　　　　　　　　图 1.111

　　除了这些插件之外，3ds Max 还有很多非常实用的插件，这里就不再一一介绍了。本书中我会给大家简单介绍几款插件的使用方法，有兴趣的读者也可以研究学习一下其他插件的使用方法。

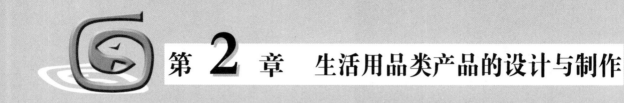

第 2 章　生活用品类产品的设计与制作

在正式学习产品的设计与制作之前，我们先通过一个小的实例来体会一下多边形建模方法。

2.1　Poly 建模光滑硬边缘处理方法

上一章我们介绍了可编辑多边形命令里面的详细参数，接下来我们看一下可编辑多边形建模原理及在实例制作中常出现的问题及解决方案。

步骤 01　在视图中创建一个面片，然后右击，在弹出的菜单中选择"转换为可编辑多边形"命令，按 4 键进入"面"级别。单击 插入 按钮，在面上单击并拖动鼠标向内插入一个新的面，如图 2.1 所示，然后按下 Delete 键删除该面，如图 2.2 所示。

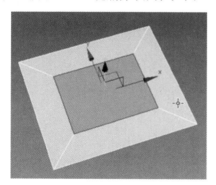

图 2.1

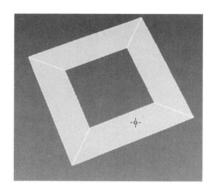

图 2.2

步骤 02　按 3 键进入"边界"级别，框选外部和内部的边界，按住 Shift 键向下拖动复制出新的面，如图 2.3 所示。按 Ctrl+Q 组合键细分光滑该物体，将细分值"迭代次数"值设置为 3，效果如图 2.4 所示。

步骤 03　此时我们发现模型在细分之后由原来的方形变成了圆形的效果，如果我们希望模型保持之前的方形又想得到一个比较光滑的边缘怎么办呢？这就涉及线段分段和线段加线连接的问题。

框选两侧的边，右击在弹出的菜单中单击图 2.5 中连接左侧或者图 2.6 中 连接 右侧的 按钮，在弹出的连接边参数面板中设置分段数为 2，然后将线段向两边靠拢，如图 2.7 所示。

再次按 Ctrl+Q 组合键细分光滑该物体，效果如图 2.8 所示。

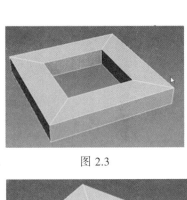
图 2.3

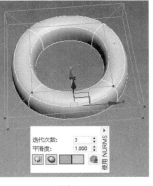
图 2.4

图 2.5

图 2.6

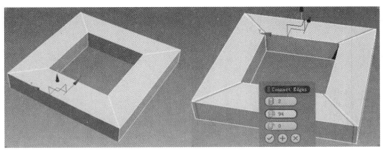
图 2.7

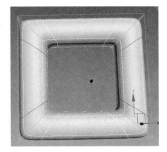
图 2.8

步骤 04 用同样的方法框选左右两侧的边，在两端的位置加线。为了便于观察加线之后的效果对比，将该物体向右复制两个。选择第二个物体，然后选择高度中的一条线段，单击 环形 按钮，这样就快速选择了高度上所有的线段，在外侧的线段上靠近上端的位置加线。将第三个物体的内侧和外侧高度上的线段都加线处理，一一将它们细分，效果对比如图 2.9 所示。

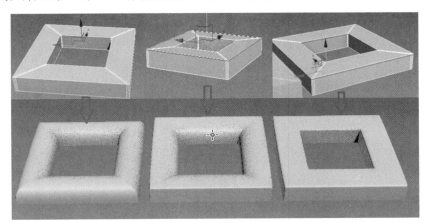
图 2.9

步骤 05 从图中可以很明显地观察到它们之间的区别：左侧在高度上没有进行加线的模型在细分之后边缘过渡弧度更大；第二个模型只在外侧靠近上面的地方进行了加线，光滑之后外侧的边缘保持之前类似 90° 的拐角但又有一个很小的边缘过渡效果；最后一个模型在外侧和内侧都进行了加线处理，光滑之后内外边缘都出现了一个很好的光滑过渡棱角效果。所以通过这个操作，我们就明白了

那些光滑棱角的制作方法。要使边缘棱角更加尖锐，加线的位置就要越靠近边缘；如果想使边缘过渡更加缓和，加线的位置就要越远离边缘位置，如图 2.10 所示。

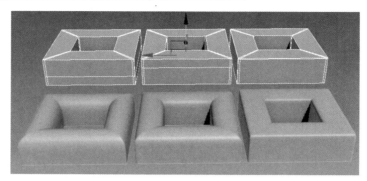

图 2.10

2.2　小试身手

步骤 01　在 （创建）面板中的 （基本几何体）下单击"管状体"按钮，然后在视图中单击并拖动鼠标创建一个圆管物体，设置高度分段数为 1，效果如图 2.11 所示。

步骤 02　选择该物体并右击，在弹出的菜单中选择"转换为可编辑多边形"，切换到前视图，按 1 键进入点级别，框选图 2.12 中所示底部的所有点，按 Delete 键删除，如图 2.13 所示，这样只保留了顶部的面，如图 2.14 所示。

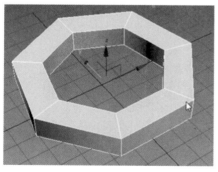

图 2.11

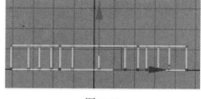

图 2.12

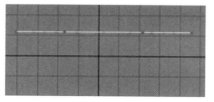

图 2.13

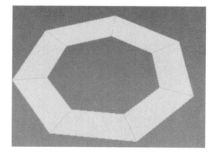

图 2.14

步骤 03　切换到顶视图，按住 Shift 键移动复制物体，如图 2.15 所示。单击 附加 按钮，依次在视图中单击拾取要焊接的物体，将这 3 个物体附加成一个物体，如图 2.16 所示。

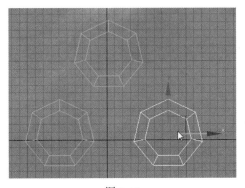

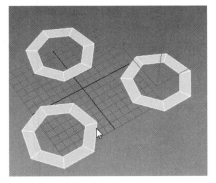

图 2.15　　　　　　　　　　　　　　　　　　　图 2.16

步骤 04　按 5 键进入元素级别，适当地将下方的两个物体旋转，选择图 2.17 所示的边，单击
桥接工具使其中间自动连接生成新的面，效果如图 2.18 所示。

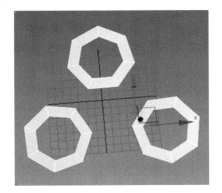

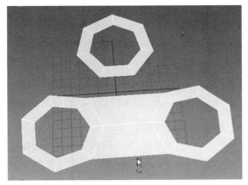

图 2.17　　　　　　　　　　　　　　　　　　图 2.18

步骤 05　选择图 2.19 所示的线段，按 Ctrl+Shift+E 组合键向中间添加一条线段，将图 2.20 中上
方的物体适当旋转并调整到合适的位置，单击目标焊接工具，将图 2.21 所示的点焊接到上方的点上。

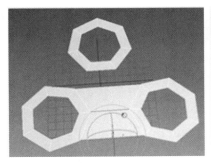

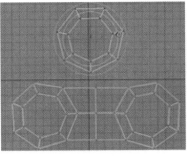

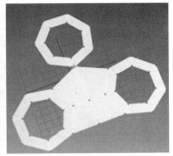

图 2.19　　　　　　　　　　　图 2.20　　　　　　　　　　　图 2.21

　　用桥接工具将图 2.22 所示的边生成新的面，然后在边级别下将顶部的线段添加分段并调整点线的
位置，框选右侧对称的点，按 Delete 键删除一半，如图 2.23 所示。

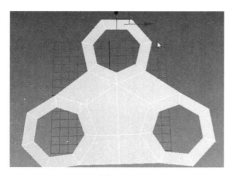
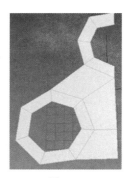

图 2.22　　　　　　　　　　　　　　　　　　　　图 2.23

步骤 06 配合面的挤出、点的调整、边的桥接工具等按照图 2.24 所示的步骤调整该模型的形状。

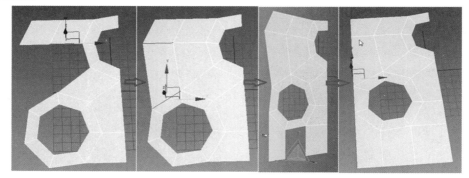

图 2.24

步骤 07 在 ![层次] (层次)面板中单击 仅影响轴 ，将模型的轴心调整到右侧的边缘，如图 2.25 所示。

步骤 08 进入 ![修改] (修改)面板，在下拉列表中选择"对称"修改器，该命令会自动将另一半的模型对称出来。如果出现图 2.26 所示的情况，只需选择"翻转"即可，效果如图 2.27 所示。

在添加了"对称"修改器之后，如果发现原始的物体需要重新修改，可以继续回到编辑多边形子级进行点、线、面的调整，此时"对称"修改器在视图中的显示将消失。如果想进入到编辑多边形子级修改模型，又希望它显示对称之后的模型效果，只需单击 ![工具栏] 中的 ![显示] (显示最终结果开/关切换)即可，如图 2.28 所示。

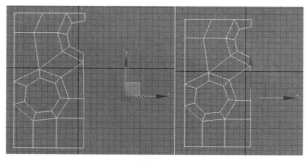
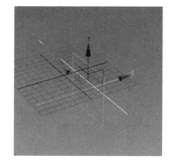

图 2.25　　　　　　　　　　　　　　　　　　　　图 2.26

单击 Symmetry（对称）前面的 + 号可以展开子级显示，单击 ┈┈ Mirror 可以调节物体的对称中心，参数中的阈值可以控制点的自动焊接的距离大小。该值不要调得太大，也不要为 0，适中即可，这样既能保证将对称轴中心的点焊接在一起而又不会误焊接其他的点。

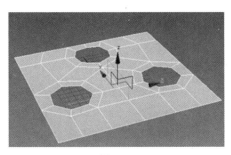

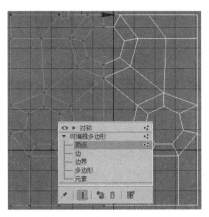

图 2.27　　　　　　　　　　　　　　　图 2.28

步骤 09 要想继续修改编辑该模型，我们可以再次将它转换为可编辑的多边形物体，也可以在修改器下拉列表中添加"编辑多边形"继续修改编辑。按 3 键进入边界级别，框选图中的边界，按住 Shift 键向下拖动复制出新的面，然后单击"封口"按钮将洞口封上，如图 2.29 和图 2.30 所示。

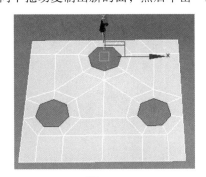

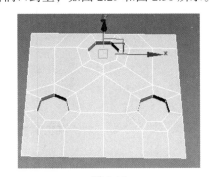

图 2.29　　　　　　　　　　　　　　　图 2.30

步骤 10 选择刚刚封口的面，单击 倒角 右侧的□按钮，将挤出的高度值设置为 0，设置缩放值为−30 左右；单击⊞按钮，将缩放值设置为 0，高度值设置为 80 左右；再次单击⊞按钮，然后再次将该面高度值设置为 0，向内缩放挤出新的面，如图 2.31 和图 2.32 所示。

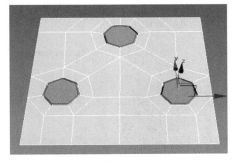

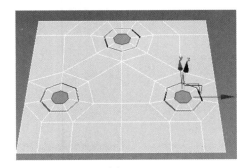

图 2.31　　　　　　　　　　　　　　　图 2.32

步骤 11 选择四周的边，按住 Shift 键向下挤出新的面，如图 2.33 所示，然后在修改器下拉列表中选择"涡轮平滑"修改命令，设置参数为 2，该参数值越大，细分次数越多，面数也就成倍增加，但是细分效果越好，此值建议在 1 ~ 3 之间，效果如图 2.34 所示。

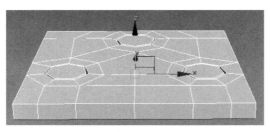
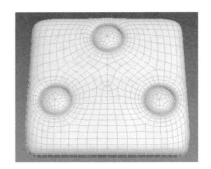

图 2.33 图 2.34

 步骤 12 单击删除按钮，将添加的修改器暂时删除，删除另外一半对称的模型，按 2 键进入边界级别，用前面所讲的方法在边缘的位置加线，如图 2.35 所示。此时所添加线段用缩放工具沿着 X 轴多次缩放调整至一个平面内，如图 2.36 所示。

中间有些点可以用目标焊接工具将它们焊接成一个点，单击"目标焊接"按钮，选择图 2.37 中的点，拖动鼠标到图 2.38 中的点上释放鼠标左键，这样就把两个点焊接起来了，效果如图 2.39 所示。

   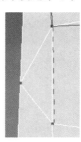 

图 2.35 图 2.36 图 2.37 图 2.38 图 2.39

步骤 13 在修改器下拉列表中选择"对称"修改器和"涡轮平滑"修改器，设置 Iterations 细分值为 2，最后的效果如图 2.40 所示。

此时发现顶部的圆细分边缘变化较大，只需要将顶部的环形线段切角设置如图 2.41 所示，再次细分后效果如图 2.42 所示。

 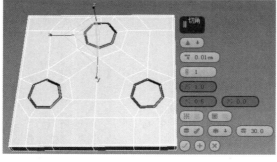 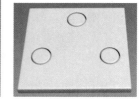

图 2.40 图 2.41 图 2.42

2.3 制作茶具和餐具

本节来学习一套餐具的制作，它包括茶壶、盘子、杯子等模型，这些模型组合在一起就成了常用的餐具合集。

　　本例中的模型有很多个，有个别模型在制作时稍微会复杂一些，但是用到的基本方法都一样，学习遵循的原则就是从易到难，从简单到复杂。

2.3.1　制作茶壶和盘子

 步骤 01　首先来学习制作简单的茶壶模型。茶壶的制作有两种方法，第一种是使用系统自带的茶壶创建。依次单击 ＋（创建）｜ ●（几何体）｜"茶壶"按钮，在视图中单击并拖动鼠标即可创建出一个茶壶模型。

> **注意**　系统默认的茶壶模型提供了不同的参数，比如半径大小可以调整茶壶的大小，分段数可以调整茶壶的高低模，如图 2.43 和图 2.44 所示。

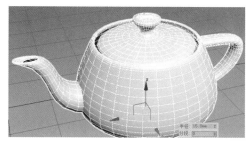
图 2.43

图 2.44

　　除此之外，还可以根据需要取消选择壶体、壶把、壶嘴、壶盖等选项来达到不同的需求，如图 2.45 和图 2.46 所示。

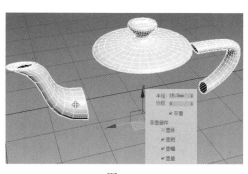
图 2.45

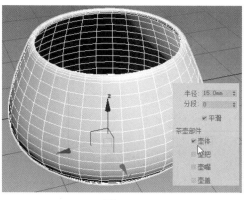
图 2.46

　　第二种方法是用样条线创建出壶体的轮廓线，然后配合修改命令来达到所需的三维模型效果。在利用样条线来创建壶体之前，首先来学习一下样条线的使用方法。

　　步骤 02　依次单击 ＋（创建）｜ ◢（图形）｜"线"按钮，即可在视图中创建样条线。想要连续创建样条线，只要连续单击拖动鼠标即可。在创建"线"时需要注意的是它的拖动类型，如图 2.47 所示。当拖动类型选择角点时，拖动创建的点是角点，效果如图 2.48 所示。当拖动类

3ds Max 工业产品设计案例实战教程

型选择平滑时，创建的点为平滑点，效果如图 2.49 所示。当拖动类型选择的是 Bezier 类型时，创建的点为 Bezier 点，Bezier 点和平滑点在创建时看上去没什么区别，但是当进入修改面板的"顶点"级别，选择某个点时就会发现它们有很大的区别。

"角点""Bezier 角点""Bezier""平滑"点可以互相转换，转换的方法为右击，在弹出的快捷菜单中选择要转换点的类型即可，如图 2.50 所示。

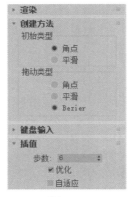

图 2.47

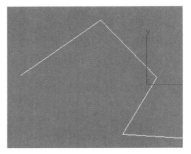

图 2.48

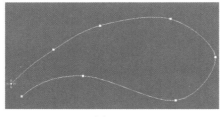

图 2.49

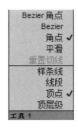

图 2.50

那么，什么是"角点""Bezier 角点""Bezier""平滑"呢？"角点"比较容易理解，角点用于创建带有角度的线段，线段与线段之间过渡比较直接。"Bezier 角点"和"Bezier"有点类似，都有两个可控的手柄，"Bezier 角点"的两个手柄可以单独调整方向从而控制线段的形状，如图 2.51 和图 2.52 所示。"Bezier"的两个手柄是关联在一起的，调整其中的任意一个手柄，另一个也会跟随变化调整，如图 2.53 所示。而平滑点可以将连接的线段与线段平滑过渡，但是没有可控的手柄调节，如图 2.54 所示。

图 2.51

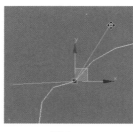

图 2.52

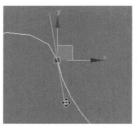

图 2.53

图 2.54

学习了点的不同属性之后，在创建样条线时就需要注意当前拖动类型是属于哪一种了，可以在参数中对其进行设置，如图 2.55 所示。

　　以上是"点"的不同属性之间的区别，大家一定要熟知它们之间的区别和转换方法。另外，单击█按钮进入"修改"命令面板，在参数面板"渲染"卷展栏中还有一些参数需要熟练掌握。系统默认是不选择"在渲染中启用"和"在视口中启用"这两个选项的，当选择上这两个选项后，样条线会以圆柱体的形式显示，同时可以调整"厚度"和"边"的参数，"厚度"值越大，样条线越粗；"边数"越大，样条线的边数就越多，模型越精细，如图 2.56 所示。

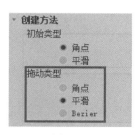

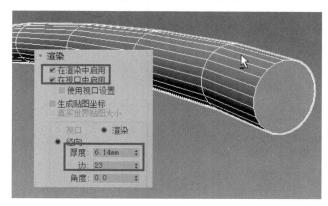

图 2.55　　　　　　　　　　　　　　　　　图 2.56

　　在设置参数时，并不是参数设置得越高越好，过高的参数设置会增加模型面数造成不必要的资源浪费，所以找到一个合适的值即可。

　　插值参数：

　　在插值卷展栏中可以通过调整"步数"参数来调整曲线的光滑程度，如图 2.57 和图 2.58 所示，插值中的步数越高，样条线越光滑，反之，值越低，样条线精度越低。

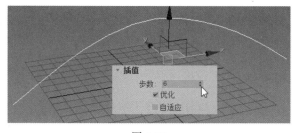

图 2.57　　　　　　　　　　　　　　　　　图 2.58

　　选择面板：

　　在"选择"卷展栏中有 ∷ ⁄ √ 三个图标，分别对应"顶点""线段""样条线"3 个级别（和多边形编辑的子级别有点类似），不同的级别对应的快捷键分别是"1""2""3"，也可以通过单击图标进入相应的级别。图 2.59～图 2.61 所示分别为点、线段和样条线级。

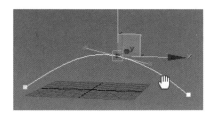

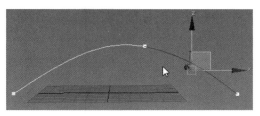

图 2.59　　　　　　　　　　　　　　　　　图 2.60

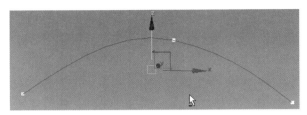

图 2.61

　　附加 按钮的使用方法：当创建很多种图形的时候，在选择线段时他们分别是独立的，如果想让其变成一个整体，可以使用"附加"工具将其附加在一起，使用方法也很简单，单击 附加 按钮后，依次拾取其他样条线即可，附加后的整体效果如图 2.62 所示。当需要单独选择某个样条线时，需要进入到"样条线"级别选择，如图 2.63 所示。

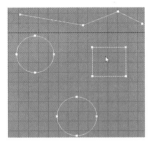
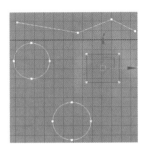

图 2.62　　　　　　　　　　　　　　　　　图 2.63

　　步骤 03 利用刚才所学知识，创建一个如图 2.64 所示的样条线（物体的剖面曲线）。创建完后，如果对样条线形状不满意，可以分别调整 Bezier 点来精确修改控制整体形状。

　　步骤 04 单击 按钮进入修改面板，单击"修改器列表"右侧的小三角按钮，添加"车削"修改命令，效果如图 2.65 所示。"车削"命令是将二维曲线生成三位模型的工具之一。从效果上看，此时的效果很显然不是所需要的。之所以会出现这样的效果，时因为车削的轴心设置不当造成的，此时车削的轴心为样条线默认的轴心，如图 2.66 所示，只需要单击图 2.67 中的"最小"按钮即可。修改后的效果如图 2.68 所示。

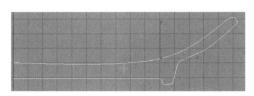
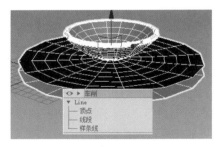

图 2.64　　　　　　　　　　　　　　　　　图 2.65

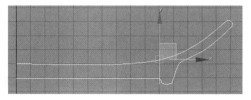

图 2.66　　　　　　　　　　　　　　　　　图 2.67

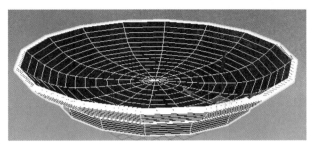

图 2.68

　　虽然形状已得到了修正，但是还需要一些其他的设置。"车削"参数面板下有"焊接内核"和"翻转法线"两个选项，如图 2.69 所示。当选择"翻转法线"时，物体表面显示正常了，如图 2.70 所示。但是中心点部分的面显示还有问题，再选择"焊接内核"，如图 2.71 所示，这样就把中心点焊接在了一起，模型得到了很大的改善。此时模型看上去并不精细，只需要将分段数适当调高即可，如图 2.72 所示。

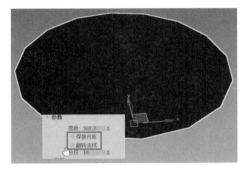

图 2.69

图 2.70

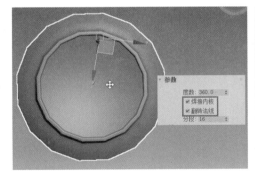

图 2.71

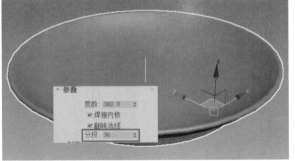

图 2.72

　　知识点：车削修改器最小值和最大值的意义

　　3ds Max 软件提供的对齐方式有"最小"对齐和"最大"对齐。什么是"最小"对齐和"最大"对齐呢？大家都知道在 X 轴或者 Y 轴方向有最小值和最大值，X 轴或 Y 轴的正方向所指的方向为最大值，反之，负方向所指的方向为最小值，那么创建的样条线最小值也就是负方向的边缘位置，最大值就是正方向上的边缘位置，如图 2.73 所示。

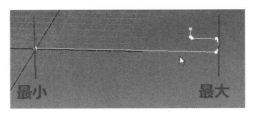

图 2.73

通过车削命令创建模型时，如果在创建样条线时创建的点为 Bezier 曲线点，那么后期添加车削命令后物体模型面数会比较高，不需要再对物体进行编辑，如果后期需要再对物体编辑时，在创建样条线时就需要注意将点全部设置为角点。选择图 2.74 中所有的点，右击，在弹出的菜单中选择"角点"将所有的点转化为角点。

用同样的方法添加"车削"修改命令，选择"焊接内核"和"翻转法线"，如图 2.75 所示，此时效果如图 2.76 所示。

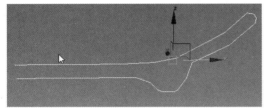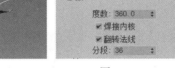

图 2.74 图 2.75 图 2.76

将模型转换为可编辑的多边形物体。注意，此时中心点有一个小孔，如图 2.77 所示，放大后的显示效果如图 2.78 所示。

图 2.77 图 2.78

框选中心所有的点，单击 塌陷 按钮将选择的点塌陷在一起即可。

2.3.2 制作茶杯

接下来制作茶杯模型。

步骤 01 创建一个如图 2.79 所示的样条线，单击 按钮进入修改面板，单击"修改器列表"右侧的小三角按钮，添加"车削"修改命令，单击 最小 按钮调整旋转的轴心，选择 ✔焊接内核 和 ✔翻转法线，如图 2.80 所示。

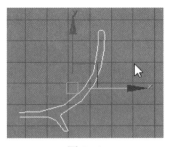
图 2.79

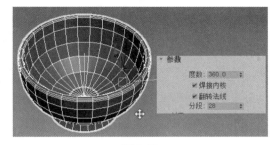
图 2.80

步骤 02　壶把的制作有两种方法。

方法 1：

依次单击 ✚（创建）｜ ⬤（几何体）｜ "茶壶" 按钮，在视图中创建一个茶壶，此处只需要一个壶把模型，所以取消选择壶体、壶嘴、壶盖，只保留壶把，如图 2.81 所示。

将壶把模型转换为可编辑的多边形物体。选择图 2.82 中的线段，按快捷键 Ctrl+Shift+E 加线，如图 2.83 所示。

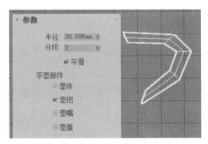
图 2.81

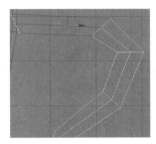
图 2.82

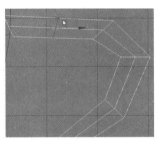
图 2.83

移动点调整形状至如图 2.84 所示，按快捷键 Ctrl+Q 细分该模型，效果如图 2.85 所示。

图 2.84

图 2.85

方法 2：

将茶壶转换为可编辑多边形物体，然后创建一个如图 2.86 所示的样条线，选择图 2.87 中所示的一个面。

单击 沿样条线挤出 按钮，拾取样条线后，当前选择的面会沿着样条线的形状进行挤出，如图 2.88 所示。

沿样条线挤出面后，图 2.89 中线框 1 中壶体和壶把完美衔接，线框 2 中的位置，壶体和壶把是分开的，没有连接在一起，需要将两者调整在一起。将 2 位置对应的面删除，在选择面时如果不容易选择，可以按下快捷键 Alt+X 透明化显示物体，然后再选择图 2.90 和图 2.91 中的面并将其删除。

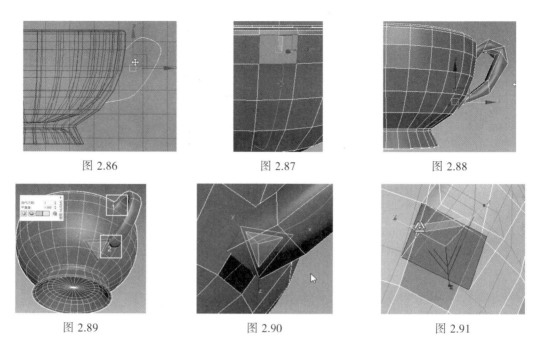

图 2.86   图 2.87   图 2.88

图 2.89   图 2.90   图 2.91

  按 "3" 键进入 "边界" 级别，框选边界线，单击 桥 按钮自动桥接出对应的面，当然也可以单击 目标焊接 按钮，依次将对应的点焊接，焊接后的效果如图 2.92 所示。

  进入 "面" 级别，选择图 2.93 中的面，单击 挤出 右侧的 ▢ 图标，设置挤出高度为 10mm 左右，如图 2.94 所示。

图 2.92   图 2.93   图 2.94

  调整形状至图 2.95 所示，按 Ctrl+Q 组合键细分该模型，效果如图 2.96 所示。

  用同样的方法将壶把上方衔接处也处理一下，删除图 2.97 对应的面，然后加线再精细调整一下该位置形状，如图 2.98 所示。

图 2.95   图 2.96   图 2.97   图 2.98

用目标焊接工具将图 2.99 中的点依次焊接在一起，焊接后的效果如图 2.100 所示。再次加线调整形状至图 2.101 所示。

图 2.99　　　　　　　　　图 2.100　　　　　　　　图 2.101

挤出图 2.102 中所示的面，细分后的效果如图 2.103 所示。

选择壶把上的一条线段，单击 环形 按钮快速选择环形线段，如图 2.104 所示，然后右击，在弹出的快捷菜单中单击"连接"左面的 □ 按钮，设置 连接线段数量为 2，"收缩"参数值为 38 左右，如图 2.105 所示。

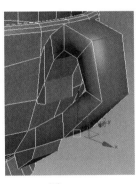

图 2.102　　　　　　图 2.103　　　　　　图 2.104　　　　　　图 2.105

"连接"知识点：

连接命令可以通过右击物体，在右键菜单面板中单击连接按钮或者 □ 按钮进行连接设置，也可以在修改面板中设置，如图 2.106 和图 2.107 所示。

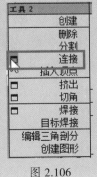

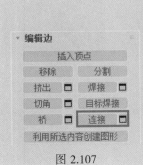

图 2.106　　　　　　　　　　图 2.107

51

为加线连接的数量，为加线向两边或者中间位置相对偏移的距离，加线数量≥2时才起作用，如图 2.108 所示当值为 0 时，添加的线段的距离是平分相等的，当调整该值时，所添加线段会向两边或者中间位置扩张或者收缩调整，如图 2.109 所示。为加线沿一个方向的偏移距离。当该值为 0 时，所添加线段在物体线段的中心位置，当该值为负值时，所添加线段会沿着当前轴的负方向移动，如图 2.110 所示，为正值时会沿着当前轴正方向位置移动，如图 2.111 所示。

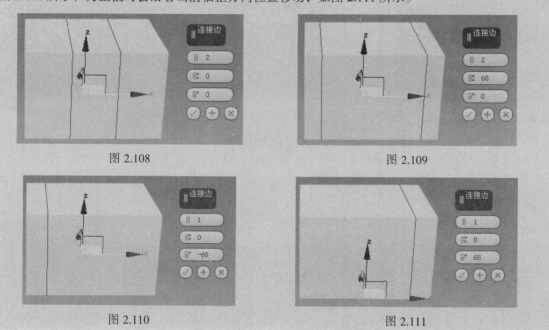

图 2.108　　　　　　　　　　　　　　　　图 2.109

图 2.110　　　　　　　　　　　　　　　　图 2.111

> **注意**　　添加线段之后，单击 目标焊接 按钮将图 2.112 中多余的点焊接到两边位置，如图 2.113 所示。同样，壶把顶端位置的线段也需要调整处理，右击壶把，在弹出的菜单中选择"剪切"工具，在图 2.114 中的位置加线。细分后的效果如图 2.115 所示。

图 2.112　　　　　　　图 2.113　　　　　　　图 2.114　　　　　　　图 2.115

2.3.3　制作水杯

接下来制作另一个形状的杯子。

步骤 01　创建一个如图 2.116 所示形状的样条线（创建的点均为角点），然后在修改器下拉列表中选择"车削"修改命令，设置好后的效果如图 2.117 所示。

步骤 02　将模型转换为可编辑的多边形物体。用"切角"工具将图 2.118 中的线段切角处理。

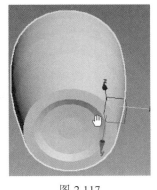
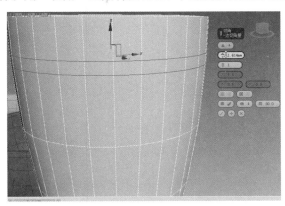

图 2.116　　　　　图 2.117　　　　　　　　　　图 2.118

切角命令知识点：

可以单击 切角 右侧的 ▫ 图标打开切角参数，也可以右击模型，在弹出的快捷菜单中单击 切角
左侧的 ▫ 按钮打开切角参数，还有一种方法是单击石墨建模工具上的"切角设置"打开切角参数面板，
如图 2.119 所示。要对"边"切角，前提是先选择需要切的边，然后再设置切角参数即可。切角参数
如图 2.120 所示。3ds Max 老版本中的切角命令只有两个参数一个是切角数量，一个是切角距离，新版
本增加了许多参数和命令。

"边"的切角方法有两种：第一，选择要切角的边，单击 切角 按钮，然后在模型的"边"上单
击并推拉来控制切角的大小；第二种方法就是打开切角参数面板，对其调节参数来控制切角类型和数
量以及距离等。

单击 ▲ 右侧的下箭头图标，可以弹出切角的类型，如图 2.121 所示。

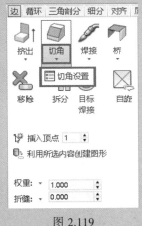
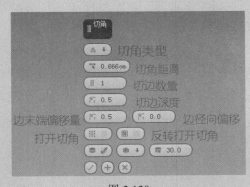

图 2.119　　　　　　　　　　图 2.120　　　　　　　　　图 2.121

系统默认切角方式为 ▦ （四边面），四边面的切角效果如图 2.122 所示。选择 ▲ （三角面）时的
切角效果如图 2.123 所示。我们常用的就是这两种切角方式，三角面切角最为常用。

切角距离：值越小，切的边距离越小，反之值越大，切边距离越大，如图 2.124 和图 2.125 所示。
切边数量：这个非常容易理解，如图 2.126 和图 2.127 所示。

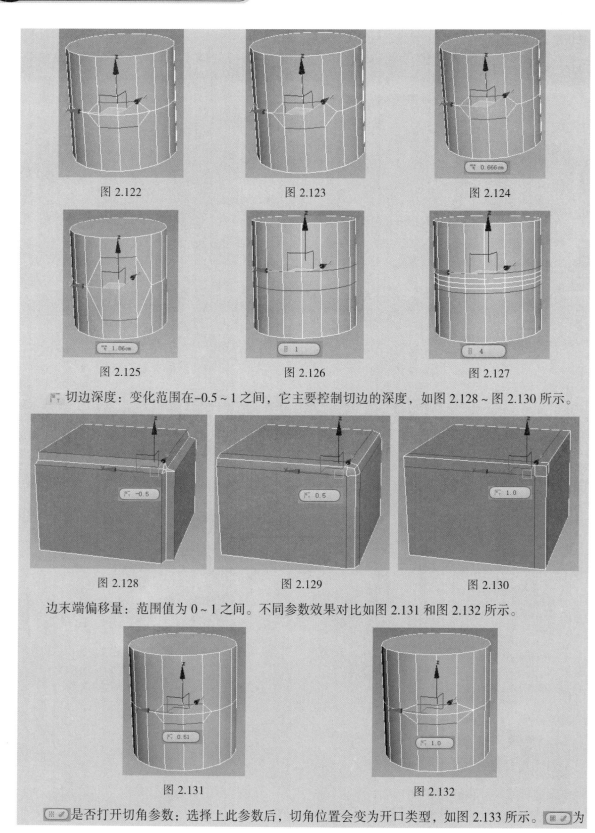

图 2.122　　　　　　　　图 2.123　　　　　　　　图 2.124

图 2.125　　　　　　　　图 2.126　　　　　　　　图 2.127

切边深度：变化范围在 -0.5 ~ 1 之间，它主要控制切边的深度，如图 2.128 ~ 图 2.130 所示。

图 2.128　　　　　　　　图 2.129　　　　　　　　图 2.130

边末端偏移量：范围值为 0 ~ 1 之间。不同参数效果对比如图 2.131 和图 2.132 所示。

图 2.131　　　　　　　　　　　　图 2.132

是否打开切角参数：选择上此参数后，切角位置会变为开口类型，如图 2.133 所示。　　为反转打开，效果如图 2.134 所示。也就是只保留切角位置，其他的面会删除。

  ██ ██ ██ 30.0：这几个参数用来控制切角位置的面是否平滑，不太常用，这里不再详细讲解。

当选择切角类型为三角面时，有几个参数将变得不可调，如图 2.135 所示。

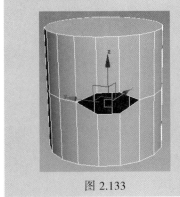
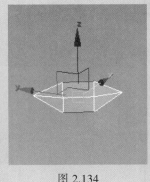

图 2.133   图 2.134   图 2.135

步骤 03 继续回到本实例的制作当中。在图 2.136 中所示的位置加线，然后选择图 2.137 中的面
并挤出。

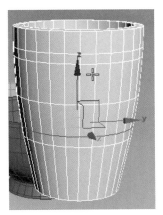

图 2.136   图 2.137

继续挤出茶杯把形状至图 2.138 所示。

步骤 04 选择图 2.139 中对应的面，单击 桥 按钮自动生成中间的面，如图 2.140 所示。

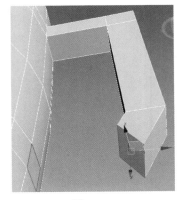
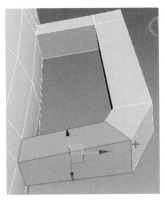

图 2.138   图 2.139   图 2.140

在茶杯把位置分别加线，如图 2.141 所示，细致调整形状后的细分效果如图 2.142 所示。

图 2.141

图 2.142

步骤 05 选择盘子模型，按住 Shift 键沿着 Z 轴向上移动复制，此时会弹出克隆选项，如图 2.143 所示。

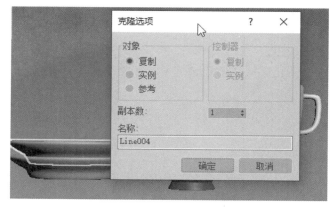
图 2.143

克隆知识点：

物体克隆复制时有三个选项，分别是"复制"、"实例"和"参考"。"复制"比较容易理解，原物体和复制出来的物体之间互不相干互不影响。"实例"复制出来的物体之间相互影响，原物体改变时，复制出来的物体也会改变；复制出来的物体改变时原物体也会跟随变化。"参考"复制出来的物体需要结合修改器面板来讲解。首先，创建一个圆柱体模型，并以"参考"选项复制一个圆柱体，当选择以"参考"复制出来的物体时，单击 进入到修改面板时，会发现在修改器面板中有一条蓝色的横隔线，如图 2.144 所示。单击"修改器列表"右侧的小三角按钮，添加"弯曲"修改命令，设置"角度"参数如图 2.145 所示。此时，复制出来的物体会弯曲，原物体没有形状改变，如图 2.146 所示。

单击 按钮将"弯曲"修改命令删除，再选择原物体，用同样的方法添加"弯曲"修改命令，此时效果如图 2.147 所示。有人可能会理解为父子关系，父物体改变，子物体也改变，子物体改变，父物体不改变。这样理解其实并不全面。那么接下来把原物体的"弯曲"修改命令也删除，选择"参考"复制出来的物体，分别添加"弯曲"和"锥化"修改命令并调整参数，如图 2.148 所示，效果如图 2.149 所示。

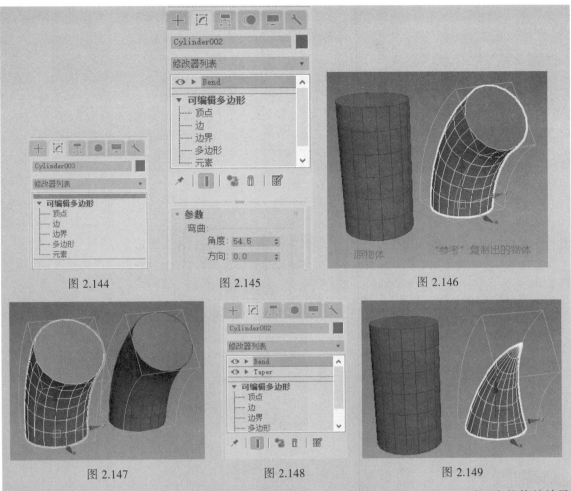

图 2.144	图 2.145	图 2.146

图 2.147	图 2.148	图 2.149

接下来把 Taper（锥化）修改命令拖动到蓝色横隔的下方，如图 2.150 所示，此时两个物体的效果如图 2.151 所示，也就是两个物体同时参与了"锥化"修改命令的改变，而原物体没有参与"弯曲"修改命令的改变。为什么会出现这样的效果呢？其实我们可以简单地理解为，当修改命令在横隔线的下方时，原物体也会跟随变化，当修改命令在横隔线的上方时，原物体不会跟随变化。

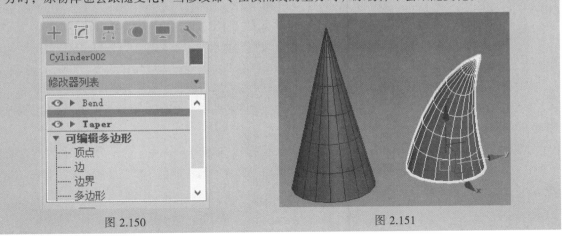

图 2.150	图 2.151

步骤 06 继续回到本实例模型制作中。将杯子模型复制后调整角度和位置，如图 2.152 所示。用同样的方法继续复制其他物体，调整位置至图 2.153 所示。

图 2.152

图 2.153

步骤 07 单击 + 创建面板，单击"标准基本体"右侧的小三角，在下拉菜单中选择"扩展基本体"，然后单击 切角长方体 ，在视图中创建一个"切角长方体"如图 2.154 所示。

步骤 08 同样再创建两个切角长方体并调整大小和位置至图 2.155 所示，将这两个长方体模型复制到右侧，然后创建一个长方体作为背景墙物体，整体效果如图 2.156 所示。

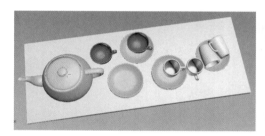

图 2.154

图 2.155

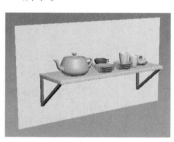

图 2.156

2.4 制作酒瓶、酒杯及菜板等物品

1. 制作酒瓶和酒杯

本节学习酒瓶、酒杯等物体组成的小场景模型的制作方法。除了前面学习的用样条线创建再用其他命令修改外，这里主要来学习一下如何利用参考图来创建物体。

步骤 01 依次单击 + （创建）| ● （几何体）| "面片"按钮，在视图中创建一个面片物体，单击 按钮进入"修改"命令面板，分别将长度分段数和宽度分段数设置为 1，按"M"键打开材质编辑器，在左侧材质类型中单击"标准材质"并拖动到右侧材质视图区域，如图 2.157 所示，然后将参考图文件直接拖放到材质编辑器的空白区域，单击贴图右侧的圆圈并拖放到标准材质的漫反射颜色做出的圆上，这样就快速在漫反射通道上赋予了一个位图的贴图，如图 2.158 所示。单击 按钮将贴图赋予所选择物体，效果如图 2.159 所示。

此时会发现贴图被拉长了，瓶子的显示比例也不正确。如何来解决呢？打开图片，查看图片像素大小比例，然后在修改面板中按照当前图片的比例修改面片的尺寸即可。修改好后的效果如图 2.160 所示。

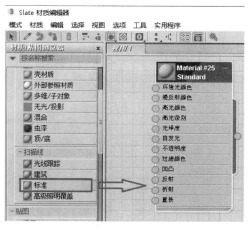

图 2.157

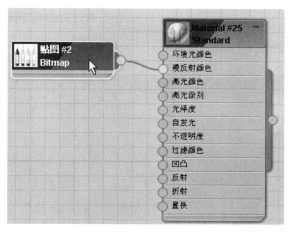

图 2.158

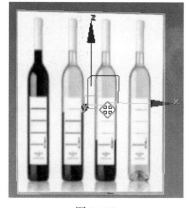

图 2.159

图 2.160

　　由于前视图中系统默认显示的是线框模式，赋予的贴图不能显示出来。单击图 2.161 中的"线框"再选择"默认明暗处理"即可显示出参考图效果。

步骤 02　在前视图中绘制线时，图片会遮挡样条线的显示，如图 2.162 所示，此时只需要将创建的参考图面片沿着 Y 轴稍微移动一下距离即可。根据瓶子的形状创建出它的轮廓线，如图 2.163 所示，创建好瓶子的轮廓后就可以删除参考图片了。单击 按钮进入修改面板，单击"修改器列表"右侧的小三角按钮，添加"车削"修改命令，单击 最小 按钮调整旋转的轴心，效果如图 2.164 所示。用同样的方法再创建另一个瓶子的轮廓线，如图 2.165 所示，添加"车削"修改命令后的效果如图 2.166 所示。

图 2.161

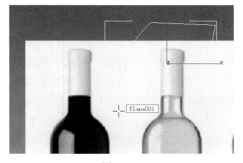

图 2.162

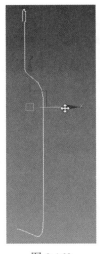
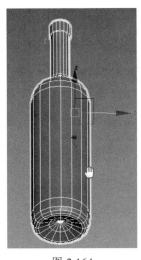

图 2.163   图 2.164   图 2.165   图 2.166

步骤 03 同理，绘制出酒杯轮廓线，如图 2.167 所示，单击 圆角 按钮将酒杯底部的角点处理为圆角，对比效果如图 2.168 和图 2.169 所示。

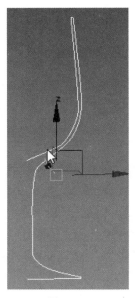

图 2.167

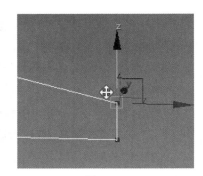

图 2.168

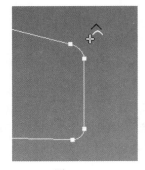

图 2.169

提示 　创建样条线要考虑两种方式：第一种是全部创建角点的方式，可以通过后期多边形的编辑进一步细化调整；第二种是创建平滑的 Bezier 点方式，所有拐点位置全部处理成平滑点，在"车削"后将分段数设置得高一些，同样能达到美观细致的效果。两种创建方法对比效果如图 2.170 所示。

步骤 04 制作酒水。制作好酒杯后接下来制作出内部的酒水效果。首先，进入"边"级别，选择图 2.171 所示的边，单击 利用所选内容创建图形 按钮，可以将选择的边快速转换为样条线，如图 2.172 所示。

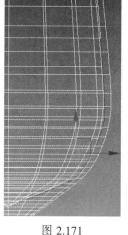

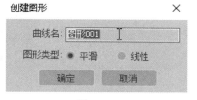

| 图 2.170 | 图 2.171 | 图 2.172 |

利用所选内容创建图形时，有两种选项：第一，图形类型为"平滑"时，分离出来的线为 Bezier 自动平滑曲线；第二，图形类型为"线性"时，分离出来的线为角点模式。此处选择"线性"，单击确定即可。

创建出样条线后，右击在弹出的菜单中选择"细化"命令，在样条线的顶端位置单击添加一个点，然后移动点至图 2.173 所示形状，再添加"车削"修改命令，如图 2.174 所示。后期可以通过材质的设置来表现酒水的透明效果。整体效果如图 2.175 所示。

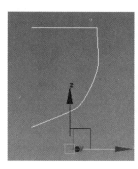

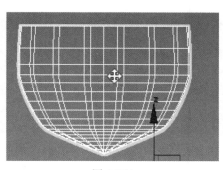

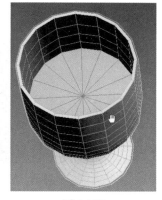

| 图 2.173 | 图 2.174 | 图 2.175 |

2. 制作切菜板

步骤 01　创建一个如图 2.176 所示的样条线，单击　按钮沿着 Y 轴镜像复制，如图 2.177 所示。

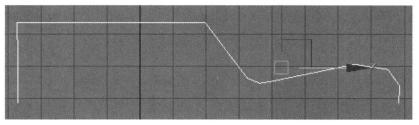

图 2.176

61

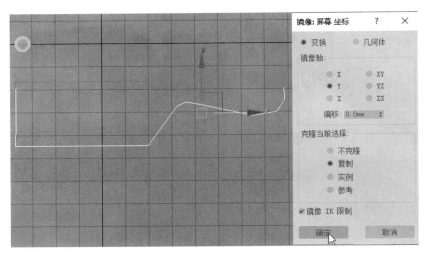

图 2.177

　　"镜像"工具比较容易理解。首先就是镜像轴的选择，系统提供了"X""Y""Z""XY""YZ""ZX"轴的镜像对称，"偏移"值也就是物体对称后的偏移距离，克隆选项中"不克隆"也就是不复制的意思，只是把原有的物体或者线段变换一下方向而已。"复制""实例""参考"和前面介绍的物体的复制中的含义一致。

　　将镜像复制的样条线移动调整好位置，单击 附加 按钮拾取另一条样条线将两者附加在一起，如图 2.178 所示。然后框选图 2.179 所示中心位置的点，单击 焊接 将两个点焊接为一个点，如果单击焊接按钮没有反应，可以调整右侧的焊接距离值后再执行焊接命令。

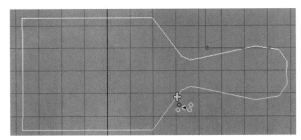

图 2.178

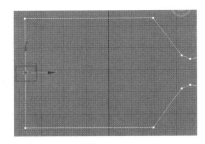

图 2.179

　　调整样条线形状和大小后，单击"切角"按钮将直角点处理为斜角，如图 2.180 所示。然后在图 2.181 中所示的位置创建一个圆形。

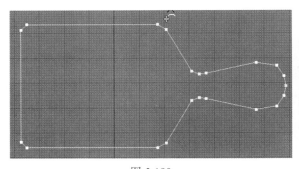

图 2.180

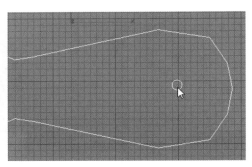

图 2.181

步骤 02　单击 按钮进入修改面板，单击"修改器列表"右侧的小三角按钮，添加"挤出"修改命令，设置 数量：30.0mm （也就是挤出的高度），然后添加"网格平滑"命令，此时模型效果如图 2.182 所示，模型细分后变得杂乱无章。

删除"网格平滑"修改命令，在下拉列表中选择"四边形网格化"命令，默认效果如图 2.183 所示。"四边形网格化"下有一个"四边形大小"参数，该值越小，模型面数越多，反之值越大，面数越少，对比效果如图 2.184 和图 2.185 所示。此处设置一个合理的值后，再次添加"网格平滑"修改命令后，模型就不会出现变形了，如图 2.186 所示。

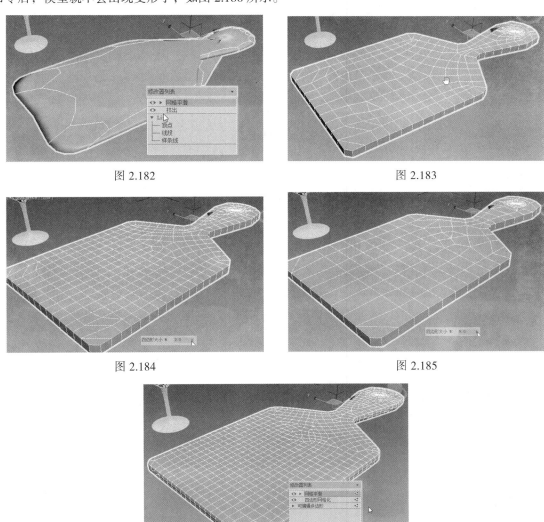

图 2.182　　　　　　　　　　　　　　　图 2.183

图 2.184　　　　　　　　　　　　　　　图 2.185

图 2.186

步骤 03　除了上面介绍的方法外，在创建顶部圆的时候，先将"步数"参数设置为 1，如图 2.187 所示。右击圆，在弹出的快捷菜单中选择"转换为" | "转换为可编辑样条线"命令，将其转换为可编辑的样条线，单击 附加 按钮拾取轮廓线，再次添加"挤出"修改命令，设置好挤出的高度参数后，将该模型转化为可编辑的多边型物体。由于当前效果精度不高，在模型细分之前一定要先调整布线，

首先将外轮廓点和中心圆之间连接出的线段调整到如图 2.188 所示。选择图 2.189 中所示的线段，右击，在弹出的快捷菜单中单击"连接"左面的 ▣ 按钮，设置▣连接线段数量为 3，添加分段，如图 2.190 所示。

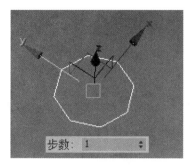

图 2.187

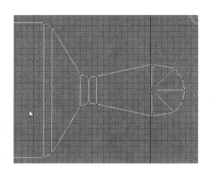

图 2.188

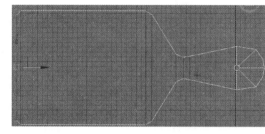

图 2.189

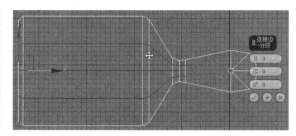

图 2.190

　　再将图 2.191 中的点之间连接出线段，调整好后的布线效果如图 2.192 所示，按 Ctrl+Q 组合键细分该模型，效果如图 2.193 所示，从图中观察可以发现，边缘位置变化较大。

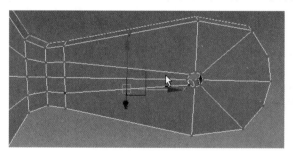

图 2.191

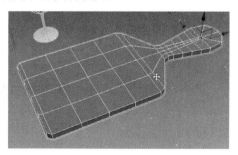

图 2.192

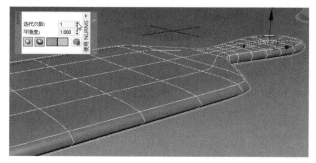

图 2.193

在修改器下拉列表中选择"切角"命令，调整"数量"参数也就是切角的大小，值越大，边缘切角越平滑，值越小，棱角效果越明显，如图 2.194 所示。虽然"切角"命令能省去我们手动加线的时间，但是比如图 2.195 中不需要切角的位置系统也自动切角了，所以该命令并不能完全取代手动加线。

图 2.194

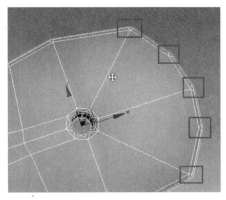

图 2.195

删除"切角"命令，分别在图 2.196 和图 2.197 中的上下边缘位置加线，再次细分后的效果如图 2.198 所示。效果得到了很大的改善。

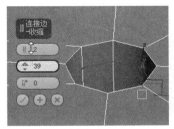

图 2.196

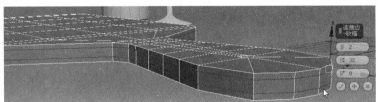

图 2.197

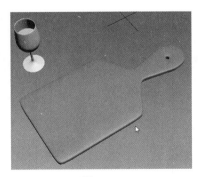

图 2.198

3. 制作柠檬片

步骤 01 在菜板上方位置创建一个圆柱体，将分段数参数设置高一些，如图 2.199 所示。
在修改器下拉列表中选择 噪波 修改命令，设置参数如图 2.200 所示，此时模型效果如图 2.201 所示。

噪波修改命令的主要作用是在物体表面产生不规则的凹凸变化效果，前提是物体必须有足够的分段数。

如果当前模型不够理想，可以使用多边形建模下的绘制变形笔刷功能再进一步细化调整。单击 ▶ 绘制变形 卷展栏下的 推/拉 按钮，调整 笔刷大小 值，再配合调整 推/拉值 和 笔刷强度 两个值的大小，然后在物体表面雕刻绘制如图 2.202 所示，在绘制时按住 Alt 键为凹陷绘制，注意绘制时的强度不要调整得太高。绘制完成后的效果如图 2.203 所示。

步骤 02 将制作好的一个柠檬片模型复制两个并调整位置和角度，效果如图 2.204 所示。

图 2.199

图 2.200

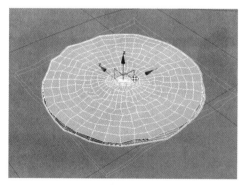

图 2.201

图 2.202

图 2.203

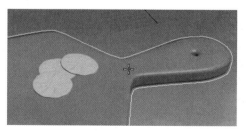

图 2.204

4. 制作辣椒

步骤 01 创建一个圆柱体，如图 2.205 所示。

由于要使用"锥化"修改命令，我们先来学习一下"锥化"命令的使用方法。单击 按钮进入修改面板，单击"修改器列表"右侧的小三角按钮，添加"锥化"修改命令，不同参数的物体变化效果，如图 2.206 所示。锥化修改命令可以简单地理解为将物体产生锥化变形效果。

图 2.205

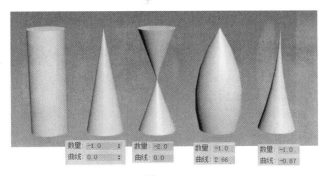

图 2.206

步骤 02 设置数量值为−0.8 左右，如图 2.207 所示，然后在修改器下拉列表中选择"弯曲"修改命令，效果如图 2.208 所示。

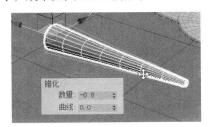

图 2.207

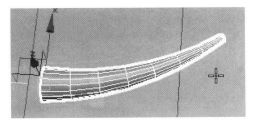

图 2.208

步骤 03 将模型转换为可编辑的多边形物体。删除顶部的面，然后选择边界线，按住 Shift 键向内缩放挤出面，如图 2.209 所示，用同样的方法配合移动工具挤出图 2.210 所示效果的面。

步骤 04 模型细分后的效果如图 2.211 所示，将制作好的辣椒模型再复制调整，如图 2.212 所示。

步骤 05 再创建一个切角的圆柱体作为酒瓶木塞模型，最后的整体效果如图 2.213 所示。

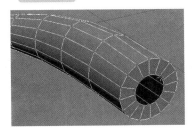

图 2.209

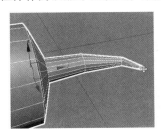

图 2.210

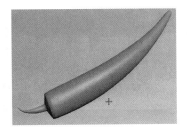

图 2.211

图 2.212

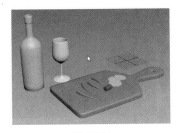

图 2.213

第 3 章　五金工具类产品的设计与制作

　　传统的五金制品，也称"小五金"。是指铁、钢、铝等金属经过锻造、压延、切割等等物理加工制造而成的各种金属器件。例如五金工具、五金零部件、日用五金、建筑五金以及安防用品等。

　　本章我们通过制作小闹钟和刀叉模型来学习这类产品的建模方法。

3.1　制作闹钟

　　闹钟的制作可以先制作出中间部分，然后制作闹铃等部分，制作过程如图 3.1～图 3.4 所示。

图 3.1

图 3.2

图 3.3

图 3.4

3.1.1　制作钟表机身

　　步骤 01　在视图中创建一个圆柱体，然后将该圆柱体等比例缩放复制一个并调整至图 3.5 所示位置（注意两者有叠加），单击标准基本体右侧的小三角，在下拉菜单中选择"复合对象"，单击 `ProBoolean` 按钮，选择大一点的圆柱体，选择 ● 差集，单击 `开始拾取` 按钮拾取小的圆柱体完成布尔运算，运算后的效果如图 3.6 所示。

图 3.5

图 3.6

超级布尔运算知识点：

为了便于给大家讲解超级布尔运算下的各种运算方式，先创建一个球体和一个圆柱体，如图 3.7 所示，超级布尔运算面板参数如图 3.8 所示。

图 3.7

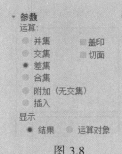
图 3.8

先选择球体模型，然后分别选择 ● 并集　● 交集　● 差集，再单击 开始拾取 按钮拾取圆柱体，它们三者运算后的效果分别如图 3.9～图 3.11 所示。并集、交集、差集比较容易理解，并集就是把两者合并在一起，交集就是把相交的部分保留下来，差集就是一个模型减去与另一个模型相交的部分。

图 3.9

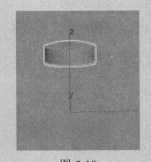
图 3.10

图 3.11

图 3.12 右侧为 ● 合集 运算效果。合集和并集从外观上看似没什么区别，当以线框模式显示物体时就可以看出它们的区别了，如图 3.12 所示左侧为并集，右侧为合集。

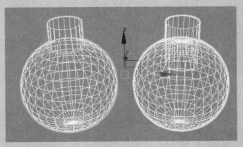
图 3.12

附加和插入两个运算方式与并集、合集从效果表现上看似没什么区别，如图 3.13 所示。但是当我们把运算后的两个物体分别移动开时可以发现它们之间的区别，如图 3.14 所示。并集运算后的物体是一个整体，合集运算后的物体布线发生了一定的改变，而 ● 附加（无交集）类似于多边形编辑下的"附加"命令，也就是将两个或多个物体附加成一个物体，附加基本用不到。插入命令可以简单地理解为在原物体上先运算差集再保留运算物体。

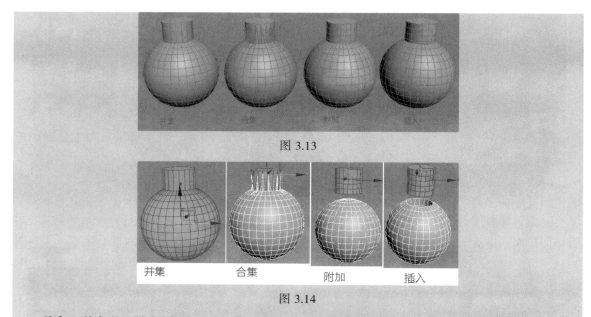

图 3.13

图 3.14

并集　　　　合集　　　　附加　　　　插入

盖印：盖印是一个复选项，可以单独选择。以差集为例，选择"盖印"后拾取圆柱体后，球体似乎没有发生任何变化，当打开线框模式后，就会发现，球体和圆柱体相交的位置盖印了和圆柱体一样的线段，如图 3.15 所示。

切面：切面也是一个复选项，同样以差集为例，选择切面后，在两个物体相交的位置留下了一个洞口，如图 3.16 所示。

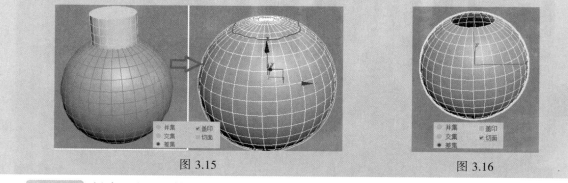

图 3.15　　　　　　　　　　　　　　　　图 3.16

步骤 02 创建两个圆柱体并移动到合适的位置，如图 3.17 所示，用超级布尔运算命令运算后的效果如图 3.18 所示。

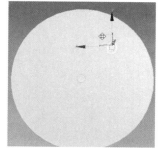

图 3.17

图 3.18

步骤 03　依次单击 + （创建）｜ ● （几何体）｜ "管状体" 按钮，在视图中创建一个如图 3.19 所示的管状体，将其转换为可编辑的多边形物体。删除部分面，并将该物体移动嵌入到绿色圆柱体内部，如图 3.20 所示。

图 3.19

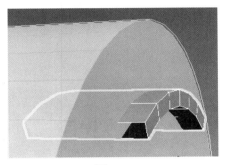

图 3.20

　　框选两侧的边界线，单击 封口 按钮在开口边界位置封口，如图 3.21 所示，同样用超级布尔运算工具以 "差集" 方式运算，效果如图 3.22 所示。

图 3.21

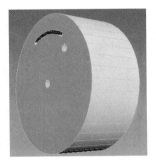

图 3.22

　　超级布尔运算后的物体不能直接细分或者添加平滑命令，比如图 3.23 为直接添加 网格平滑 修改命令后的效果，模型都挤压在了一起，这是因为超级布尔运算后模型布线发生了改变。

步骤 04　所以如果后期需要对模型编辑调整，用超级布尔运算这种方法制作模型并不是很好的选择。先删除模型，创建一个如图 3.24 所示的圆柱体，将其转化为可编辑多边形物体。加线，如图 3.25 所示，切换到缩放工具，沿着 XZ 轴方向缩放调整位置，如图 3.26 所示。

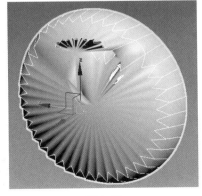

图 3.23

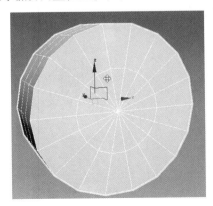

图 3.24

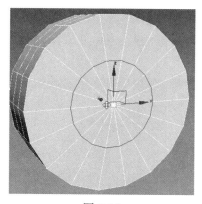

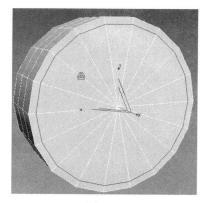

图 3.25　　　　　　　　　　　　　　　　　　图 3.26

　　选择中心位置的点，右击，在弹出的菜单中选择 转换到面 ，该命令可以快速选择与该点相交的所有面。单击 挤出 右侧的 □ 图标，将当前选择的面向内挤出，如图 3.27 所示，挤出面后切换到"线段"级别，在图 3.28 中所示位置添加分段。当然也可以在面的倒角或者挤出时，多次挤出面直接将所需要的线段添加出来。侧面的线段用缩放工具将线段缩放到边缘位置，如图 3.29 所示。

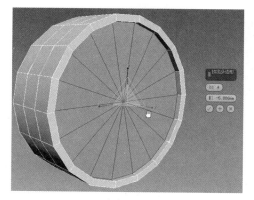

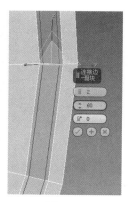

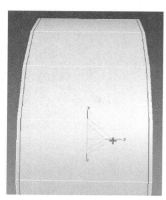

图 3.27　　　　　　　　　　　　图 3.28　　　　　　　　　　　　图 3.29

　　将背部的环形线段切角，如图 3.30 所示，选择中间位置的点，右击，在弹出的菜单中选择 转换到边 快速选择图 3.31 所示的边。

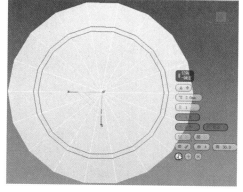

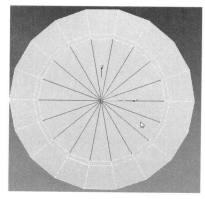

图 3.30　　　　　　　　　　　　　　　　　　图 3.31

右击，在弹出的快捷菜单中单击"连接"左面的 ▣ 按钮，添加一条分段，如图 3.32 所示。

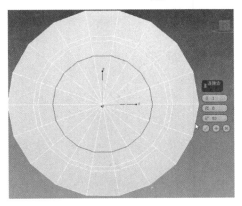

图 3.32

步骤 05　选择图 3.33 中所示背部的面，用"切角"命令将面向内挤出，如图 3.34 所示，同时将选中的面删除。

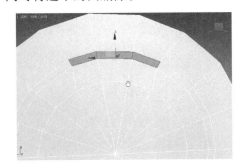

图 3.33

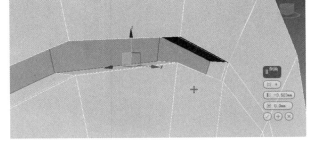

图 3.34

按快捷键 Ctrl+Q 细分该模型，效果如图 3.35 所示，从细分效果上可以发现两侧拐角位置发生了较大的形状改变，所以要及时将拐角位置的线段处理调整。选择拐角位置的线段后，用"切角"命令将线段切角处理，如图 3.36 所示。

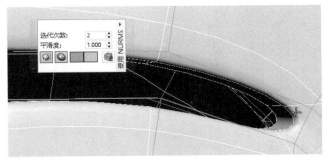

图 3.35

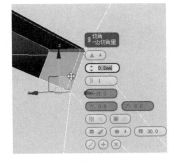

图 3.36

线段切角后的布线效果如图 3.37 所示，边缘位置多了两个点，单击 目标焊接 按钮将多余的点焊接起来，如图 3.38 所示。再次细分后的效果如图 3.39 所示。

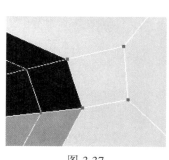

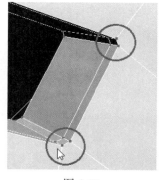

图 3.37	图 3.38	图 3.39

步骤 06 选择图 3.40 中所示的点，同样用切角命令将点切角，一个点切角后会变成 4 个点，此处需要将该位置的 4 个点调整为一个正方形形状以便后期细分后可以保持规整的圆形效果，在调整时，可以创建一个正方体作为参考来调整点的位置，如图 3.41 所示。

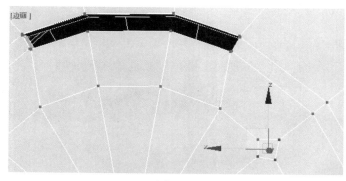

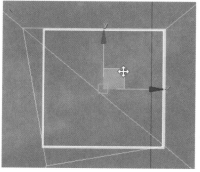

图 3.40	图 3.41

调整好点的形状后，将正方体模型删除，然后选择图 3.42 中所示的面并删除，按"3"键进入边界级别，选择图 3.43 中的方形边界线，按住 Shift 键沿着 Y 轴方向向内多次挤出，如图 3.44 所示，细分后的效果如图 3.45 所示。

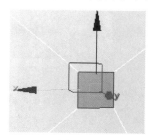

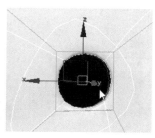

图 3.42	图 3.43	图 3.44	图 3.45

步骤 07 选择图 3.46 中所示的面并将其删除，同样沿着 Z 轴方向向内多次挤出面并调整，如图 3.47 所示。

挤出面后分别将拐角位置的线段切角，如图 3.48 所示。

步骤 08 在图 3.49 中所示的位置整体加线，加线后用缩放工具整体向外缩放调整线段的位置，如图 3.50 所示。右击，在弹出的菜单中选择"剪切"工具，在中心位置手动加线将对称中心位置线段连接起来，如图 3.51 所示。

进入"顶点"级别，框选图 3.52 中左侧所有的点，按 Delete 键删除，如图 3.53 所示。

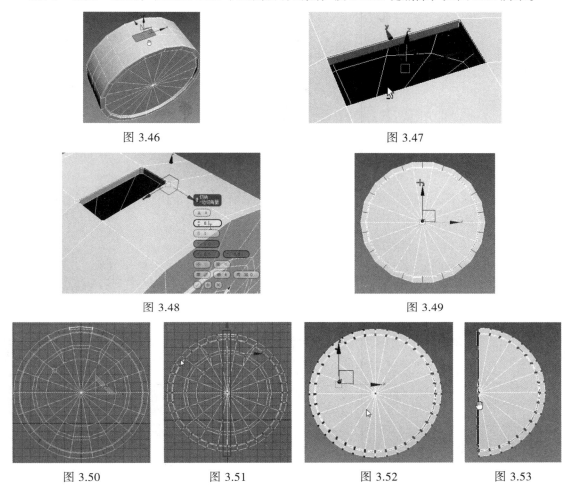

图 3.46　　　　　　　　　　　　　　图 3.47

图 3.48　　　　　　　　　　　　　　图 3.49

图 3.50　　　　　图 3.51　　　　　图 3.52　　　　　图 3.53

步骤 09 将图 3.54 中所示的面删除，然后选择边界线，按住 Shift 键配合移动和缩放工具分别挤出面并调整，过程如图 3.55 和图 3.56 所示。挤出腿部支架后，单击命令将开口封口处理，然后分别选择图 3.57 中所示的环形线段做切角处理，按快捷键 Ctrl+Q 细分该模型，腿部支架细分效果如图 3.58 所示，整体细分效果如图 3.59 所示。

步骤 10 选择图 3.60 中所示的面并按 Delete 键删除面，进入边界级别后，选择该位置的边界线，按住 Shift 键挤出面并调整，如图 3.61 所示。注意此处需要将开口处理为正多边形，除了前面介绍的创建一个多边形参考调整之外，还有没有更加快捷的方法呢？

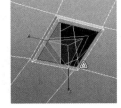

图 3.54　　　　　图 3.55　　　　　图 3.56　　　　　图 3.57

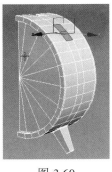

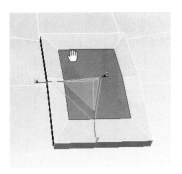

图 3.58　　　　　　　　图 3.59　　　　　　　　图 3.60　　　　　　　　　图 3.61

　　进入"边"级别，依次单击"石墨"建模工具下的"循环"｜"循环工具"，如图 3.62 所示，在打开的循环工具面板中单击"呈圆形"按钮，这时就可以快速将开口位置设置成一个正多边形，如图 3.63 所示。

 提示　　　一定要进入"边"级别而不是"边界"级别，"边界"级别下是不能打开循环工具面板的。

　　按住 Shift 键配合移动和缩放挤出所需要的形状，过程如图 3.64 和图 3.65 所示。

　　挤出面并调整好形状后，单击"封口"按钮将开口封闭起来，然后将图 3.66 中的两点之间连接出一条线段。同样在图 3.67 中所示的位置加线。进入"面"级别，选择加线位置的面，单击 **倒角** 右侧的 ▣ 图标，给当前的面一个倒角设置，默认的倒角方式是按多边形挤出，如图 3.68 所示。

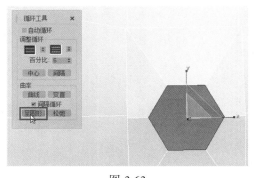

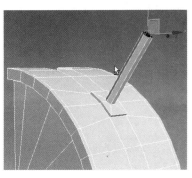

图 3.62　　　　　　　　　　图 3.63　　　　　　　　　　　图 3.64

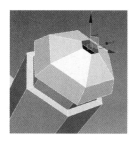

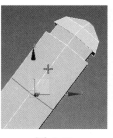

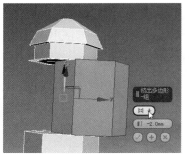

图 3.65　　　　　　　图 3.66　　　　　　　图 3.67　　　　　　　图 3.68

　　单击 ⬚ 右侧的箭头，设置倒角方式为 ⬚ 局部法线，如图 3.69 所示，此时面会沿着各自面的法线方向向外挤出，设置一个合适的值后单击确定，如图 3.70 所示，挤出面后分别在图 3.71 中所示的位置加线。

用同样的方法在所有拐角位置加线，或者将线段切角。模型调整后的细分效果如图 3.72 所示。

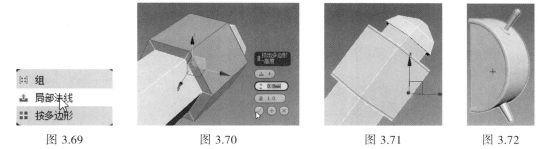

图 3.69　　　　　　图 3.70　　　　　　图 3.71　　　　　　图 3.72

步骤 11　先取消细分（再次按快捷键 Ctrl+Q），在修改器下拉列表中添加"对称"修改器，单击 🔒 ⊞ 对称 前面的+号再单击 ⸺ 镜像 进入镜像子级别，在视图中移动对称中心的位置，如果模型出现空白的情况，可以选择"翻转"参数。添加对称修改命令后需要注意 阈值: 0.1mm 的调整，如果阈值过大，系统会将对称中心位置的点都焊接在一起，如图 3.73 所示，但是也不能为 0，如果为 0，对称中心位置的点不做焊接处理，所以此处给它设置一个合理的值即可。设置完成后，将模型转换为可编辑的多边形物体。观察中心位置有没有多余的点，如果有多余的点，比如图 3.74 中所示，选择该点后按快捷键 Backspace 键将多余的点移除即可（不是按 Delete 键删除）。

步骤 12　选择图 3.75 中所示的面，单击 插入 右侧的 ▫ 图标，设置一个参数单击确定，如图 3.76 所示（当然此处也可以使用加线的方法加线）。

选择背部中心点，将该点切角处理，如图 3.77 所示，切角后，选择中心的面并将其删除，然后选择边界线按住 Shift 键向内挤出面，如图 3.78 所示。用同样的方法调整出图 3.79 中线框中的洞口。

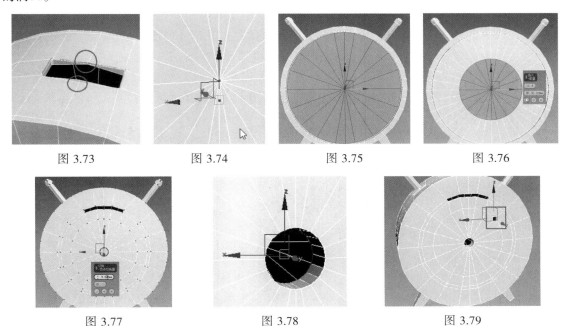

图 3.73　　　　　　图 3.74　　　　　　图 3.75　　　　　　图 3.76

图 3.77　　　　　　　　图 3.78　　　　　　　　图 3.79

3.1.2 制作铃铛

接下来制作铃铛和其他小的部件。

步骤 01 创建一个球体，将其转换为可编辑的多边形物体后，删除一半，然后用缩放工具适当压扁处理，如图 3.80 所示。旋转调整好后进入顶点级别进一步调整形状，如图 3.81 所示。

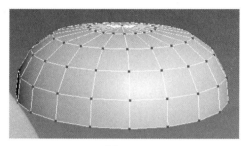

图 3.80   图 3.81

步骤 02 在修改器下拉列表中选择 " 壳 " 修改命令，设置外部量为 1mm，如图 3.82 所示。再次将该模型转换为可编辑的多边形物体，细分后的效果如图 3.83 所示。最后单击 镜像出另一边的铃铛模型。

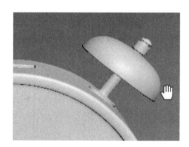

图 3.82   图 3.83

步骤 03 创建两个切角圆柱体并调整大小和位置，如图 3.84 所示。

步骤 04 创建一个矩形和圆形，将矩形转换为可编辑样条线，进入修改面板，单击 附加 按钮拾取圆形，如图 3.85 所示，这样就把矩形和圆形附加在了一起，按 "3" 键进入 "样条线" 级别，先选择矩形，选择 并集再单击 布尔 按钮拾取圆，完成样条线之间的并集布尔运算，运算后的效果如图 3.86 所示。

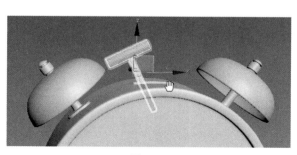

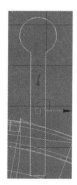

图 3.84   图 3.85   图 3.86

样条线布尔运算知识点：

　　样条线之间布尔运算的前提必须是一个整体，也就是需要将运算的样条线附加在一起。布尔方式有三种 分别对应并集、交集、差集。要进行布尔运算首先要进入"元素"级别，选择其中一条样条线，再单击 布尔 按钮拾取另一条样条线。图 3.87 分别为"并集"、"交集"、"差集"的运算区别。

注意　在进行"差集"运算时，样条线的选择顺序也很重要，图 3.87 是先选择的矩形，如果先选择圆形再拾取矩形，布尔效果又会有所区别，如图 3.88 所示。

　　回到闹铃制作中。选择刚布尔运算的样条线，在修改器下拉列表中选择"挤出"修改命令，旋转调整位置如图 3.89 所示。

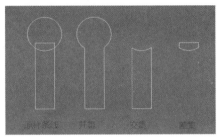

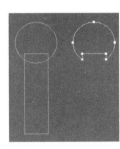
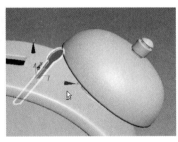

图 3.87　　　　　　　　　　图 3.88　　　　　　　　　　图 3.89

步骤 05　创建一个球体，删除多余的面，如图 3.90 所示，选择顶部边界线，按住 Shift 键挤出面并调整，过程如图 3.91 和图 3.92 所示，最后将开口位置封口处理，细分后的效果如图 3.93 所示。

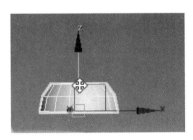
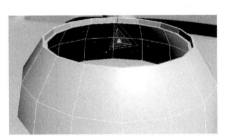

图 3.90　　　　　　　　　　　　　　　图 3.91

图 3.92　　　　　　　　　　　　　　　图 3.93

步骤 06　创建如图 3.94 所示的线段，单击"切角"按钮将图 3.94 中选择的点切角处理，效果如图 3.95 所示。

选择 ✔在视口中启用，设置厚度为 8mm，效果如图 3.96 所示，参数设置如图 3.97 所示。

将该物体转换为可编辑的多边形物体，调整形状至图 3.98 所示，在端面位置加线，如图 3.99 所示。

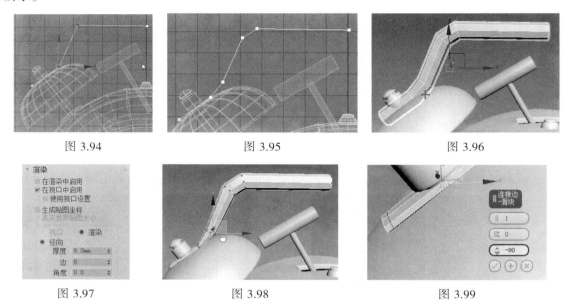

图 3.94　　　　　　　　图 3.95　　　　　　　　图 3.96

图 3.97　　　　　　　　图 3.98　　　　　　　　图 3.99

在修改器下拉列表中添加"对称"修改器，对称出另一半模型，如图 3.100 所示，整体效果如图 3.101 所示。

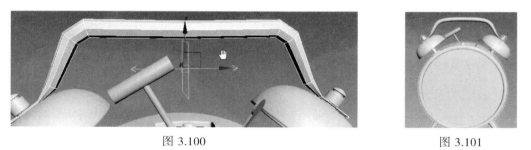

图 3.100　　　　　　　　　　　　　　　　图 3.101

步骤 07 制作旋钮。创建一个圆柱体并将其转换为可编辑多边形物体后，通过面的挤出调整至图 3.102 所示形状，将棱角位置的线段切角，如图 3.103 所示。

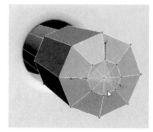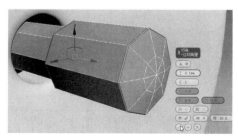

图 3.102　　　　　　　　　　　　　　图 3.103

创建一个长方体并将其转换为可编辑的多边形物体，再调整形状至图 3.104 所示。选择图 3.105 中所示的边，然后在修改器下拉列表中选择"切角"修改命令，设置好"数量"值也就是切角大小值，效果如图 3.106 所示。将图 3.107 中所示的线段切角。细分后的效果如图 3.108 所示。复制调整另一个旋钮，如图 3.109 所示。最终的效果如图 3.110 所示。

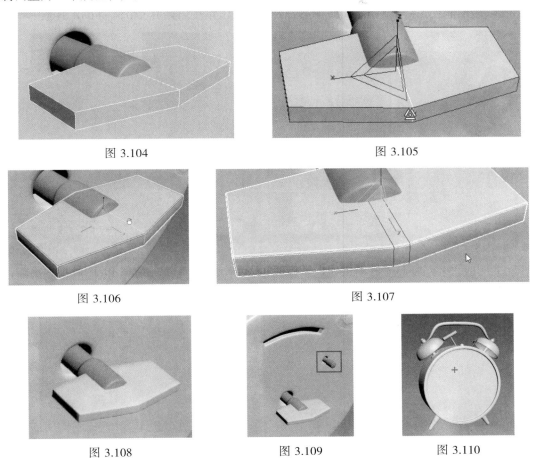

图 3.104　　　　　　　　　　　　　　　　图 3.105

图 3.106　　　　　　　　　　　　图 3.107

图 3.108　　　　　　　图 3.109　　　　　　　图 3.110

3.2　制作金属餐具

本节制作一个刀、叉的厨房小场景。首先，来看一下它的制作过程，如图 3.111～图 3.113 所示。

图 3.111　　　　　　　图 3.112　　　　　　　　　　图 3.113

 在制作模型时，如果对形状把握不好，这时可以找一些参考图，打开参考图先观察一下该图片的像素大小（比如图 3.114 中的图片像素为 568*652），创建一个等比例大小的面片物体，如图 3.115 所示。

按快捷键 M 键打开材质编辑器，在左侧材质类型中单击标准材质并拖动到右侧材质视图区域，将参考图片拖放到材质编辑器中，将贴图赋予漫反射颜色通道，如图 3.116 所示。

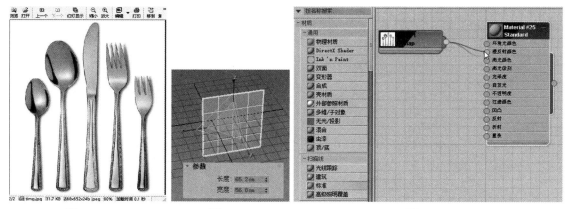

图 3.114 图 3.115 图 3.116

选择场景中的所有物体，单击 按钮将标准材质赋予所选择物体，切换到前视图，单击左上角的[线框]，选择"默认明暗处理"，按"G"键取消网格显示。设置好参考图后，注意要将参考图面片调整一下位置，不要在原点位置，这样在创建模型时，参考图就不会遮挡视线了。

步骤 02 创建一个面片并将其转换为可编辑的多边形物体，如图 3.117 所示。按快捷键 Alt+X 透明化显示，如图 3.118 所示，根据勺子参考图的形状，分别对面片物体进行挤出面调整，形状如图 3.119 所示。

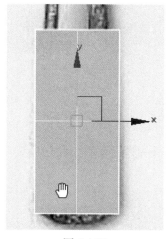
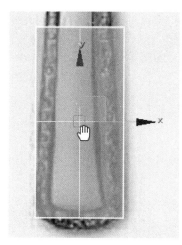

图 3.117 图 3.118 图 3.119

在图 3.120 中所示的位置加线。选择参考图面片，右击，在弹出的菜单中选择"隐藏选择物体"，将参考图物体隐藏起来。当前勺子挤出的面均在一个平面。需要在透视图中调整其他轴向上点的位置来整体控制物体形状，如图 3.121 所示。进入修改面板，单击"修改器列表"右侧的小三角按钮，添加"壳"修改命令，设置"内部量"参数为 0.4cm 左右，这样就将单面物体修改成了具有厚度的物体，如图 3.122 所示。将该模型转换为可编辑的多边形物体后，选择底部的点用缩放工具将底部适当调整厚一些，如图 3.123 所示。然后在厚度边缘两侧加线，如图 3.124 所示。细分后的效果如图 3.125 所示。

步骤 03　制作叉子模型。创建一个如图 3.126 所示形状的面片物体，按住 Shift 键向右移动复制 3 个，如图 3.127 所示。单击 附加 按钮将这 4 个面片附加在一起，然后选择底部的边并按住 Shift 键向下挤出面，如图 3.128 所示。用 "桥" 命令依次在图 3.129 中所示位置桥接出新的面。

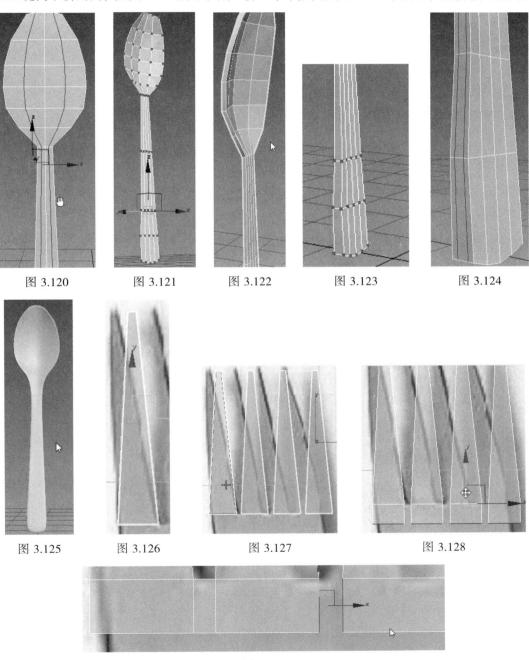

图 3.120　　　图 3.121　　　图 3.122　　　图 3.123　　　图 3.124

图 3.125　　　图 3.126　　　图 3.127　　　图 3.128

图 3.129

用同样的方法向下挤出面并调整至如图 3.130 所示。选择底部的点用 "焊接" 工具将点焊接起来，如图 3.131 所示。

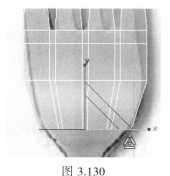
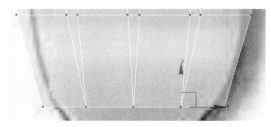

图 3.130　　　　　　　　　　图 3.131

　　继续挤出面并调整至如图 3.132 所示。综合调整整体形状后添加"壳"修改命令，效果如图 3.133 所示。将该物体转换为可编辑的多边形物体后，将插值顶端用缩放工具缩放调整，如图 3.134 所示。将底部的厚度加大，如图 3.135 所示。最后分别在顶端的位置和厚度上的位置加线，如图 3.136 和图 3.137 所示。最后的细分效果如图 3.138 所示。

　　从图 3.138 中观察发现，叉子中间部分有一些凹痕效果，这是因为中间部分的点或者边离得太近造成的，需要将这些点的距离调整均匀一些，或者把多余的点焊接起来。用"焊接"工具或者"目标焊接"工具将多余的点焊接起来，前后效果对比如图 3.139 和图 3.140 所示，再次细分后的效果如图 3.141 所示。修改之后的模型细分后凹痕得到了很大的改善。

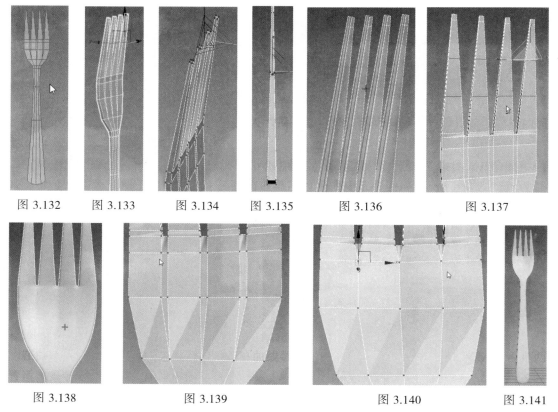

图 3.132　　图 3.133　　图 3.134　　图 3.135　　图 3.136　　图 3.137

图 3.138　　　　图 3.139　　　　图 3.140　　　图 3.141

　　步骤 04　制作刀具。与步骤 03 一样，先创建面片并调整出大致形状，如图 3.142 所示。然后添加"壳"修改命令修改为带有厚度的物体，选择图 3.143 中所示的点，用缩放工具沿着 X 轴缩放使厚度变小一些，如图 3.144 所示，同时在图 3.145 中的位置加线，细分后的效果如图 3.146 所示。

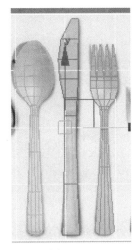

图 3.142　　　　　图 3.143　　　　图 3.144　　　　图 3.145　　　　图 3.146

步骤 05　制作器皿。创建一个长方体并将其转换为可编辑多边形物体后，删除顶部的面，如图 3.147 所示，然后在修改器下拉列表中添加"壳"修改器，分别设置"内部量"和"外部量"参数为 0.5cm，再将其转换为可编辑的多边形物体。在图 3.148 和图 3.149 中的位置分别加线。

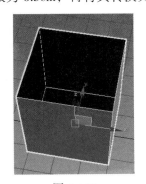
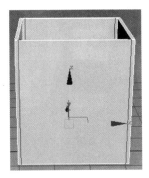

图 3.147　　　　　　　　图 3.148　　　　　　　　　图 3.149

步骤 06　将制作好的叉子模型移动到该器皿中并复制，如图 3.150 所示。选择复制好后的叉子模型，单击"镜像"按钮镜像复制，如图 3.151 所示。

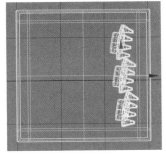
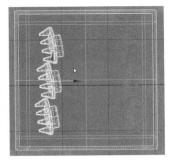

图 3.150　　　　　　　　　　　　图 3.151

用同样的方法继续复制调整，调整时注意角度位置尽量随机一些，这样显得更加真实。之后将刀具和勺子移动到器皿中，如图 3.152 和图 3.153 所示。

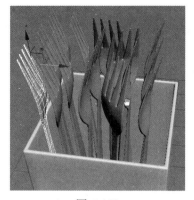

图 3.152

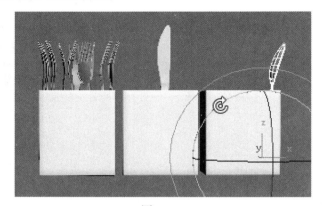

图 3.153

步骤 07 将勺子和刀具复制调整位置和角度，如图 3.154 和图 3.155 所示。

图 3.154

图 3.155

步骤 08 制作托盘。创建一个长方体并将其转换为可编辑的多边形物体。删除顶部的面，如图 3.156 所示，在修改器下拉列表中选择"壳"修改命令，设置好参数如图 3.157 所示。

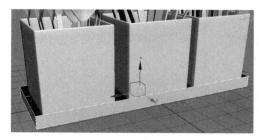

图 3.156

图 3.157

将顶部形状适当放大处理，然后分别在高度、宽度、厚度的外侧和内侧两端分别加线，细分后效果如图 3.158 所示。

将所有模型细分，最后的整体效果如图 3.159 所示。

图 3.158

图 3.159

第 4 章 厨卫产品的设计与制作

本章将通过茶具和浴缸模型的制作来学习一下厨卫产品建模的方法。随着现代生活水平的提高，人们的生活也变得越来越有品位，其中茶具也是生活中必不可少的一部分，同时也是人们闲情逸致生活的重要体现。

本章将采用中英文版本相结合的方式进行讲解，因为在以后的学习中，部分插件只支持英文版本的使用，所以我们在学习中也要适应英文版本的使用。

4.1 制作茶具

茶具按其狭义的范围是指茶杯、茶壶、茶碗、茶盏、茶碟、茶盘等饮茶用具。中国的茶具，种类繁多，造型优美，除实用价值外，也有颇高的艺术价值，因而驰名中外，为历代茶爱好者青睐。

首先来看一下本实例的制作过程，如图 4.1～图 4.4 所示。

图 4.1   图 4.2   图 4.3   图 4.4

4.1.1 制作茶壶

本实例采用英文版来制作学习。

步骤 01 依次单击 ✲Creat（创建）|⭕Geometry（几何体）| Teapot 按钮，在视图中创建一个 Radius（半径）为 8cm，Segments（分段）为 4 的茶壶模型，将模型转换为可编辑的多边形物体。按"5"键进入元素级别，选择茶壶盖和壶把及壶嘴模型，按 Alt+H 键把它们隐藏起来。按"2"键进入线段级别，选择壶身顶部的环形线段，按 Delete 键将其删除，用缩放工具调整壶身中间大小，如图 4.5 所示。然后选择图 4.6 中的线段单击 Chamfer 按钮后面的 ▫ 图标，在弹出的快捷参数面板中设置切角的值将线段切角设置，切角后的效果如图 4.7 所示。

图 4.5

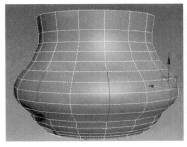
图 4.6

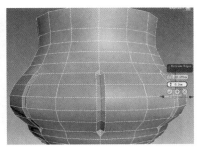
图 4.7

依次选择图中的点用缩放工具调整距离和大小，选择 ☑ Use Soft Selection （使用软选择），选择中间线段放大处理，如图 4.8 和图 4.9 所示。

选择图 4.10 中的点，单击 Weld 按钮将它们焊接成一个点，如果单击 Weld 按钮后没有反应，可以单击后面的 ▫ 图标，调大焊接距离值即可。焊接后的效果如图 4.11 所示。

在图 4.12 中的位置加线，然后调整布线，如图 4.13 所示。

对其他位置的点做同样处理后按快捷键 Ctrl+Q 细分该模型，效果如图 4.14 所示。按 "4" 键进入面级别，按 Alt+U 键将隐藏的面全部显示出来，右击，在弹出的菜单中选择 Cut，在壶嘴与壶身的交界位置切线处理，如图 4.15 所示。

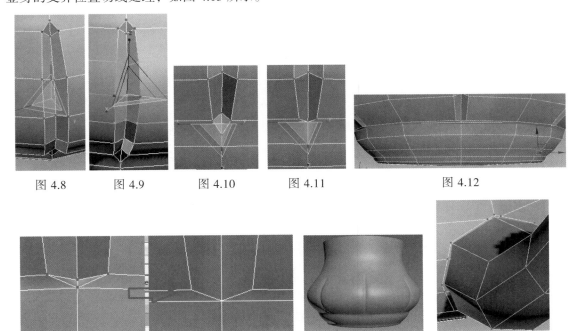

图 4.8　　　图 4.9　　　图 4.10　　　图 4.11　　　　　图 4.12

图 4.13　　　　　　　图 4.14　　　　　　图 4.15

单击 Target Weld （目标焊接）按钮将多余的点逐步焊接调整至图 4.16 所示效果，然后删除壶嘴部分的面，如图 4.17 所示。

选择开口边界线，按住 Shift 键移动挤出面，在壶嘴上继续加线细化调整，效果如图 4.18 所示。

选择顶部边界线向下挤出面调整出壶口的形状，然后在修改器下拉列表中选择 Shell 修改器将茶壶模型设置为带有厚度的物体，将模型转换为可编辑的多边形物体。按快捷键 Ctrl+Q 细分该模型，设置细分级别为 1，再次将模型转换为可编辑的多边形物体，效果如图 4.19 和图 4.20 所示。

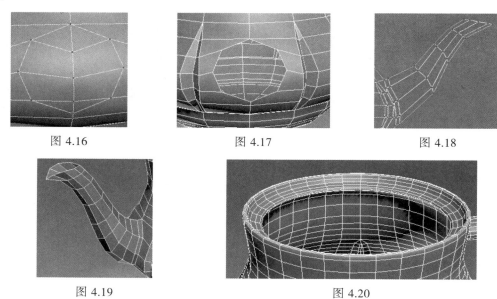

图 4.16　　　　　　　　　图 4.17　　　　　　　　　图 4.18

图 4.19　　　　　　　　　　　　　图 4.20

在壶口边缘加线，如图 4.21 所示。然后将所加线段向上移动调整，如图 4.22 所示。

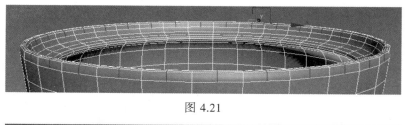

图 4.21

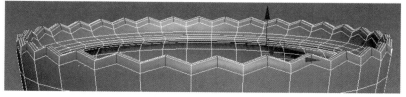

图 4.22

按快捷键 Ctrl+Q 细分该模型，效果如图 4.23 所示。

图 4.23

步骤 **02**　在壶把的位置创建一个长方体并将其转换为可编辑的多边形物体，调整其形状至

图 4.24 所示。单击 Line 按钮在视图中创建两条如图 4.25 所示形状的样条线。

单击 Rectangle 按钮再创建一个矩形，如图 4.26 所示，选择样条线，单击 Compound Objects ▼ 下的 Loft 按钮，单击 Get Shape 按钮拾取矩形完成放样操作，放样后的形状如图 4.27 和图 4.28 所示。

放样后的模型布线较密，在参数面板中 Shape Steps: 5 和 Path Steps: 5 的默认值均为 5，调整 Shape Steps: 0 和 Path Steps: 1 的值分别为 0 和 1，效果如图 4.29 所示。将放样后的物体转换为可编辑的多边形物体，单击 Attach 按钮拾取其他部分的模型完成附加，如图 4.30 所示。

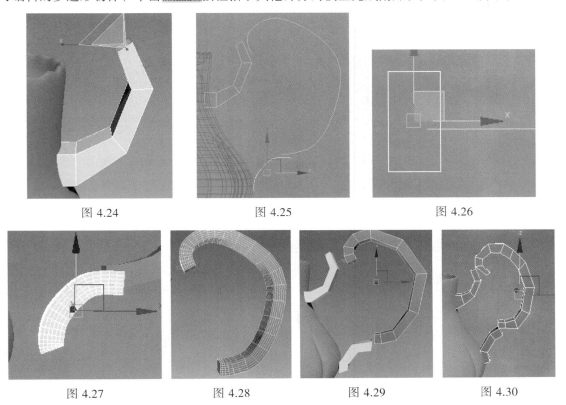

图 4.24　　　　　　图 4.25　　　　　　图 4.26

图 4.27　　　　图 4.28　　　　图 4.29　　　　图 4.30

选择图 4.31 中对应的面，单击 Bridge 按钮桥接出中间的面，用同样的方法将图 4.32 中的面也桥接出来。

按快捷键 Ctrl+Q 细分该模型，效果如图 4.33 所示。

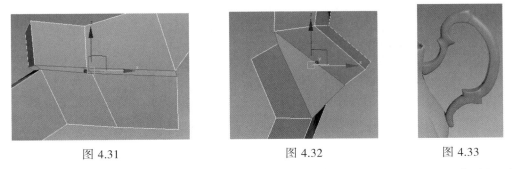

图 4.31　　　　　　图 4.32　　　　　　图 4.33

步骤 03 在壶盖的位置创建一个如图 4.34 所示的样条线。按"3"键进入样条线级别，选择样条线后单击 Outline 按钮向外挤出轮廓，如图 4.35 所示。删除最左侧的线段后在修改器下拉列表中添加 Lathe 修改器，单击 Min 按钮将旋转轴心设置在 X 轴的 Minimum（最小）值位置，旋转车削效果如图 4.36 所示。

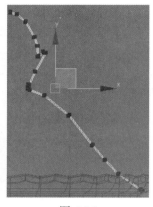
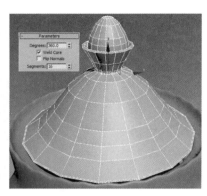

图 4.34　　　　　　　　　　图 4.35　　　　　　　　　　图 4.36

将该物体转换为可编辑的多边形物体后，在图 4.37 中所示的位置加线后再向上移动调整。

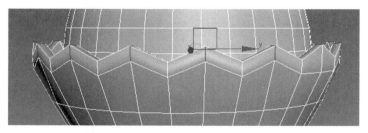

图 4.37

步骤 04 在茶壶底部位置创建一个圆柱体并将其转换为可编辑的多边形物体，删除顶部和底部的面，选择图 4.38 中所示的点，沿着 XY 轴方向向内缩放调整，然后选择边界线挤出面，如图 4.39 所示。

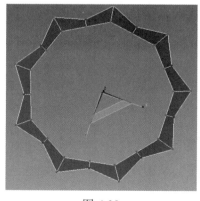
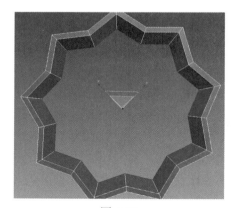

图 4.38　　　　　　　　　　　　　　　图 4.39

依次单击 Modeling Loops 按钮打开 Loop Tools 工具面板，单击 Circle 按钮将内侧的形状快速设置为一个圆形，如图 4.40 所示。

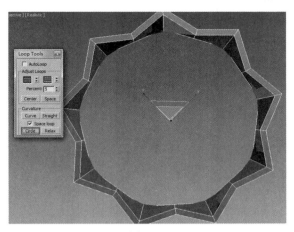

图 4.40

按住 Shift 键向内缩放挤出面，如图 4.41 所示。用同样的方法选择外圈边界线向上挤出面，如图 4.42 所示。

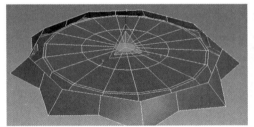

图 4.41

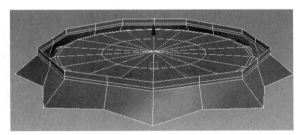

图 4.42

进入面级别，选择底部面，向下倒角挤出面，如图 4.43 所示，细分后的效果如图 4.44 所示。最后的茶壶整体效果如图 4.45 所示。

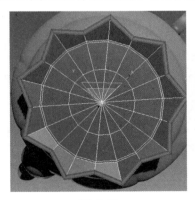

图 4.43

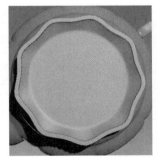

图 4.44

图 4.45

4.1.2 制作茶杯等物体

步骤 **01** 将制作好的茶壶复制一个，删除壶身一半模型，然后在修改器下拉列表中选择 Symmetry 修改器，调整好对称 Center（中心）和焊接值的大小后将模型转换为可编辑的多边形物体，如图 4.46 所示。用缩放工具沿着 Z 轴压扁缩放调整，如图 4.47 所示。

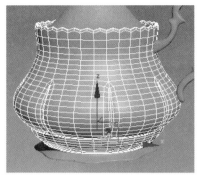

图 4.46

图 4.47

调整壶把和壶盖的大小和比例，细致调整壶身形状，在调整时可以选择软选择开关，调整好衰减值后配合缩放工具调整，如图 4.48 所示。调整好后的大小和比例如图 4.49 所示。

图 4.48

图 4.49

步骤 02 复制壶身和底座模型沿着 Z 轴缩放，如图 4.50 所示。选择顶部的点配合移动和旋转工具调整出所需形状，如图 4.51 ~ 图 4.53 所示。调整好后的壶嘴模型细分效果如图 4.54 所示。

图 4.50

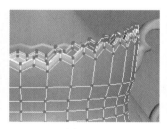

图 4.51

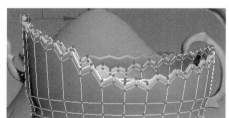

图 4.52

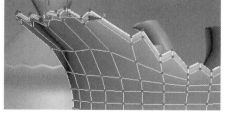

图 4.53

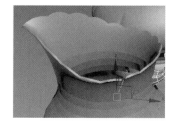

图 4.54

步骤 03　创建茶杯。单击 `Line` 按钮在视图中创建一个如图 4.55 所示的样条线，单击 `Outline` 按钮将样条线挤出轮廓，如图 4.56 所示。删除底部内侧的线段，如图 4.57 所示，右击，在弹出的菜单中选择 Refine 命令，在线段上单击加点，然后移动点位置调整样条线形状至图 4.58 所示。

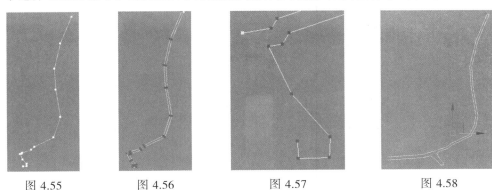

| 图 4.55 | 图 4.56 | 图 4.57 | 图 4.58 |

在修改器下拉列表中选择 Lathe 修改器，效果如图 4.59 所示。单击 `Min` 按钮设置旋转轴心，如图 4.60 所示。如果 Center（中心）位置出现黑边的情况可通过选择 ☑ `Weld Core`（焊接内核）解决。最后调整效果如图 4.61 所示。将该模型转换为可编辑多边形物体并细分后的效果如图 4.62 所示。

复制壶把模型旋转移动到合适位置，细分效果如图 4.63 所示。

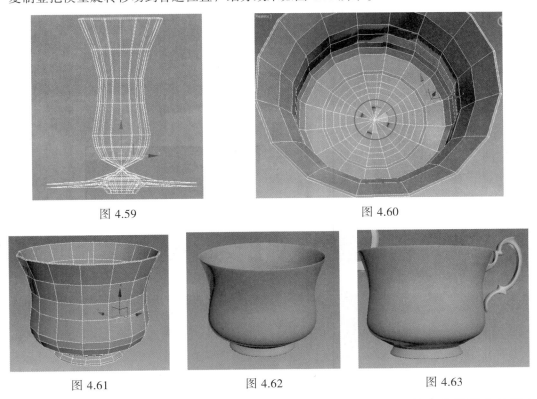

图 4.59　　　　　　　　　　图 4.60

图 4.61　　　　　　图 4.62　　　　　　图 4.63

步骤 04　在视图中创建一个如图 4.64 所示的样条线。单击 `Outline` 按钮将线段向外挤出轮廓后，加点调整形状至图 4.65 所示。添加 Lathe 修改器将曲线生成三维模型，效果如图 4.66 所示。

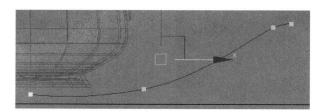

图 4.64

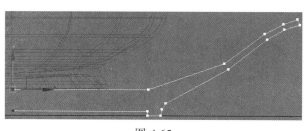

图 4.65

图 4.66

细分一级后塌陷，在边缘顶部加线并用缩放工具向外缩放，如图 4.67 所示。细分后的效果如图 4.68 所示。

步骤 05 将托盘模型复制两个，缩放调整大小，然后选择两边顶部的点移动调整至如图 4.69 所示。调整好后的形状如图 4.70 所示。

步骤 06 单击 图形面板下的 Star 按钮在视图中创建星形线，效果和参数如图 4.71 和图 4.72 所示。

图 4.67

图 4.68

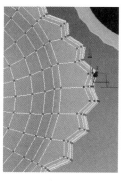

图 4.69

图 4.70

图 4.71

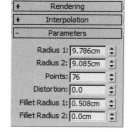

图 4.72

在修改器下拉列表中选择 Extrude（挤出）修改器，设置挤出高度值，然后将模型转换为可编辑的多边形物体。选择底部所有的点向内缩放，调整大小如图 4.73 所示。此时细分模型效果如图 4.74 所示。

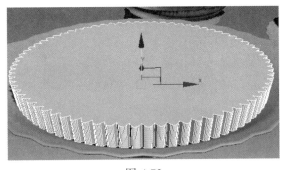
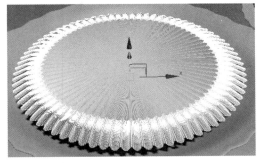

图 4.73   图 4.74

出现线这样的问题时因为顶部面是一个由很多点组成的面，所以如果想达到所需效果需要将顶部面设置为 4 边面或者 3 角面，如果通过手动加线一点一点调整就显得太麻烦了。有没有什么好的快捷的方法呢？肯定有。在修改器下拉列表中选择 Quadify Mesh 修改器，此时系统会自动将当前模型转换为三角面或者四边面，如图 4.75 所示。其中 Quad Size %: 值是用来控制布线的疏密程度，值越小，布线越密。然后依次单击 Modeling ｜ Geometry (All) ｜ Quadrify All ｜ 按钮，快速将三角面处理为四边面，如图 4.76 所示。

细分后的效果如图 4.77 所示。效果得到了明显的改善。为了表现更加真实的披萨效果，选择图 4.78 中所示的面。在修改器下拉列表中选择 Noise 修改器，调整 Strength 参数下的 Z 轴强度值和噪波大小值等（这些数值是随意的，只要模型达到理想效果就行），如图 4.79 所示。细分后的效果如图 4.80 所示。

图 4.75   图 4.76   图 4.77

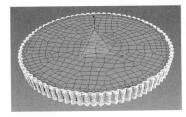
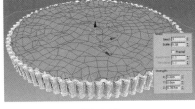

图 4.78   图 4.79   图 4.80

为了使表面凹凸效果更加明显，可以单击 Paint Deformation 中的 Push/Pull 按钮，调整 Brush Size（笔刷大小）和 Brush Strength（笔刷强度）的数值在模型边面雕刻处理，其中按住 Alt 键是向下凹陷处理，雕刻效果如图 4.81 所示。然后创建复制一些球体模型如图 4.82 所示。

将该部分模型复制调整，复制时注意随机删除一些球体使效果更加逼真，如图 4.83 所示。

图 4.81   图 4.82   图 4.83

步骤 07   最后导入刀叉模型，如图 4.84 所示。按快捷键 M 键打开材质编辑器，在左侧材质类型中单击 Standard 标准材质并拖动到右侧材质视图区域，选择场景中的所有物体，单击 🔳 按钮将标准材质赋予所选择物体，效果如图 4.85 所示。

图 4.84   图 4.85

4.2   制作浴室用品

浴缸是供沐浴或淋浴之用，通常装置在家居浴室内，主要以陶瓷产品为主。随着人们生活水平的提高，已不仅仅注重卫浴间的沐浴功能了，一天疲惫之后，让水按摩身体，一个带按摩浴缸浴室就成了放松身心和展现自我品位的场所。

首先来看一下浴缸场景的制作过程如图 4.86～图 4.89 所示。

图 4.86   图 4.87   图 4.88   图 4.89

4.2.1   制作浴缸

步骤 01   依次单击 ➕（创建）| ⬤（几何体）| "长方体" 按钮，在视图中创建一个长方体，将其转换为可编辑的多边形物体。设置长方体参数如图 4.90 所示，单击视图左上角，选择以边面模式显示选定对象，如图 4.91 所示。

图 4.90　　　　　　　　　　　图 4.91

步骤 02　选择长方体 4 个角底部的点用缩放工具缩小调整，如图 4.92 所示，效果如图 4.93 所示。

在中间位置加线并适当缩放调整，如图 4.94 所示。删除顶部面，如图 4.95 所示。

分别加线并调整点的位置至图 4.96 所示，然后选择中心位置左侧所有的点或者面并将其删除，如图 4.97 所示。

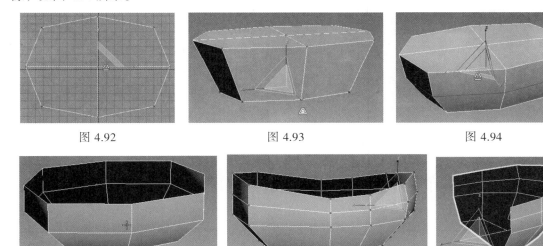

图 4.92　　　　　　　　图 4.93　　　　　　　　图 4.94

图 4.95　　　　　　　　图 4.96　　　　　　　　图 4.97

步骤 03　为了便于观察整体效果，单击 （镜像）按钮镜像出另一半，如图 4.98 所示，镜像参数设置如图 4.99 所示。

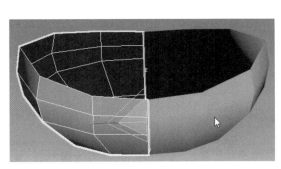

图 4.98　　　　　　　　　　图 4.99

步骤 04 在修改器下拉列表中选择"壳"修改命令并设置参数如图 4.100 所示,效果如图 4.101 所示。

将其转换为可编辑的多边形物体。再次删除一半模型后进一步细致调整至图 4.102 所示,然后在修改器下拉列表下添加"对称"修改命令对称出另一半,如图 4.103 所示。

用同样的方法对称出左侧模型如图 4.104 和图 4.105 所示。

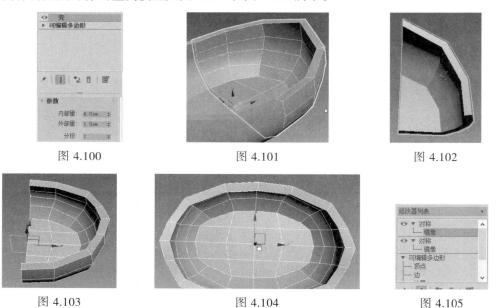

图 4.100   图 4.101   图 4.102

图 4.103   图 4.104   图 4.105

步骤 05 将该模型转换为可编辑多边形物体,检查对称中心位置有没有多余的,如果有多余的点,选择该点按 backspace 键移除。进入"边"级别,选择图 4.106 和图 4.107 中的边,然后在修改器下拉列表中选择"切角"命令,参数设置如图 4.108 所示,添加切角后的布线效果如图 4.109 所示。

按快捷键 Ctrl+Q 细分该模型,效果如图 4.110 所示。此时突然发现,内侧的底部位置不需要棱边效果,可以选择底部其中的一条边双击,即可快速选择一圈的线段,如图 4.111 所示。然后按快捷键 Ctrl+Backspace 将线段移除即可。(直接按 Backspace 键只会移除边,但点还是存在的,Ctrl+Backspace 键可以同时移除点和线段)

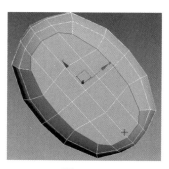

图 4.106   图 4.107   图 4.108

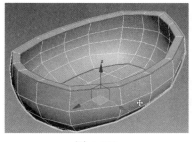
图 4.109

图 4.110

图 4.111

配合绘制变形笔刷中的 松弛 笔刷在底部面上绘制，使底部的面更加平整光滑，细分后的效果如图 4.112 所示。

步骤 06 依次单击➕（创建）|💠（图形）|"椭圆"按钮，在视图中创建如图 4.113 所示的样条线。将其转换为可编辑的样条线，单击 附加 按钮将两个椭圆附加在一起，选择💠（并集）命令，单击 布尔 按钮后拾取另一个椭圆完成并集布尔运算，如图 4.114 所示。

图 4.112

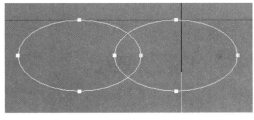
图 4.113

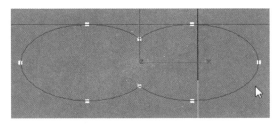
图 4.114

步骤 07 调整样条线形状至图 4.115 所示。然后再创建一个如图 4.116 所示的样条线。

在创建面板下的复合面板中，单击"放样"按钮，然后单击参数面板中的 获取图形 拾取修改后的两个椭圆形状的样条线完成放样操作，放样后的模型效果如图 4.117 所示。此时模型角度不对，单击 Loft 前面的箭头，如图 4.118 所示，单击"图形"进入图形子级别后，整体框选放样后的模型，此时会选择上放样的图形形状，然后适当调整角度即可，如图 4.119 所示。

放样参数面板中可以通过"图形步数"和"路径步数"两个值控制放样物体的分段数多少，值越高分段越多，模型越精细，系统默认值为 5，如图 4.120 所示。将 图形步数: 0 设置为 0 时的效果如图 4.121 所示。

单击"变形"卷展栏下的"缩放"按钮，如图 4.122 所示，此时会弹出一个缩放变形面板，如图 4.123 所示。通过该面板的曲线控制可以调整放样物体的缩放比例。

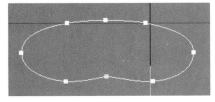
图 4.115

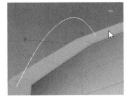
图 4.116

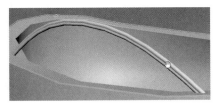
图 4.117

101

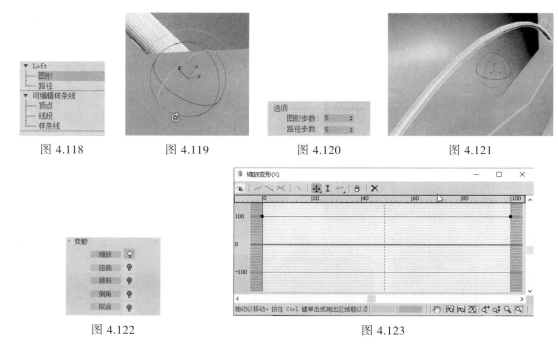

图 4.118　　　　　　图 4.119　　　　　　图 4.120　　　　　　图 4.121

图 4.122　　　　　　　　　　　　　　　图 4.123

当把缩放变形面板下左侧曲线点移动到 0 位置时，放样物体左端会缩小，如图 4.124 和图 4.125 所示。

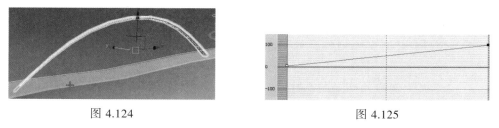

图 4.124　　　　　　　　　　　　　　图 4.125

当把缩放变形面板下右侧曲线点移动到 0 位置时，放样物体右端会缩小，如图 4.126 和图 4.127 所示。

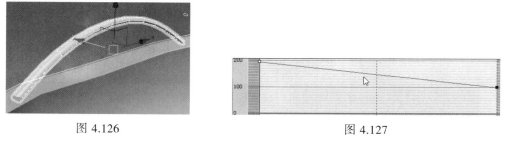

图 4.126　　　　　　　　　　　　　　图 4.127

在曲线中间部位添加一个控制点，调整曲线数值，如图 4.128 所示（这样调整的作用是两端位置适当放大，中间部位适当缩小）。

将"图形步数"设置为 0，"路径步数"设置为 2，将模型转换为可编辑的多边形物体，移除多余的线段后分别在两端位置加线。在调整时注意根据浴池边缘形状的改变而改变，如图 4.129 所示。调整后镜像复制到另一侧，整体效果如图 4.130 所示。

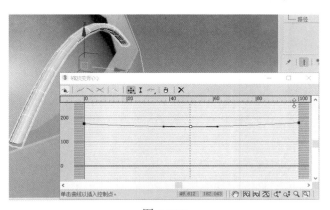

图 4.128

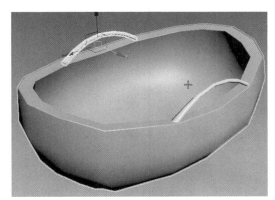

图 4.129   图 4.130

4.2.2 制作水龙头等模型

浴池制作好后，接下来制作水龙头。

步骤 01 首先，创建一个圆柱体并将其转换为可编辑的多边形物体，加线后将底部的面沿着法线方向向外挤出，如图 4.131 所示，同时删除顶部的面，选择顶部边界线，按住 Shift 键向上移动挤出面调整如图 4.132 所示。

步骤 02 顶部形状需要挤出 90° 的直角面，如果用旋转工具会改变模型的粗细如图 4.133 所示，所以此处可以单击 快速切片 按钮，在图 4.134 中的位置手动切线。

步骤 03 删除顶部的点，如图 4.135 所示，选择边界线后向右挤出面，如图 4.136 所示。

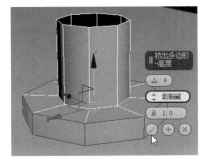

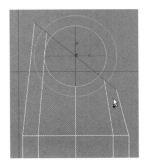

图 4.131   图 4.132   图 4.133

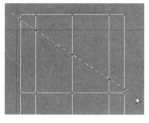

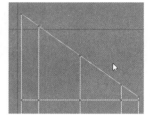

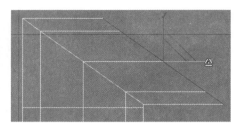

图 4.134　　　　　　　　　　图 4.135　　　　　　　　　　　　图 4.136

切换到缩放工具，沿着 X 轴方向多次缩放使边界线缩放至一个平面内，如图 4.137 所示。按 "2" 键进入 "边" 级别，依次单击石墨工具下 "建模" | "循环" | "循环工具"，在循环工具中单击 "呈圆形" 按钮将开口位置调整成一个正多边形，如图 4.138 所示。

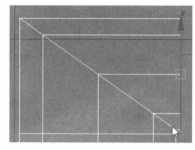

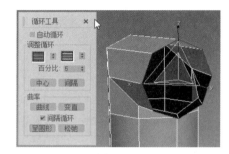

图 4.137　　　　　　　　　　　　　　　图 4.138

步骤 04 继续向右挤出面调整至图 4.139 所示。

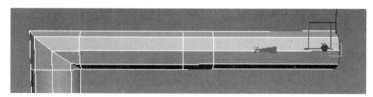

图 4.139

按住 Shift 键配合缩放和移动工具将开口位置调整成图 4.140 所示的形状，然后在中间部位加线后，选择面倒角处理，如图 4.141 所示。

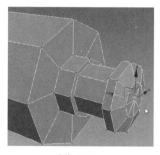

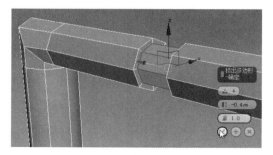

图 4.140　　　　　　　　　　　　图 4.141

依次选择拐角位置的所有边，用切角工具将线段切角。细分后的效果如图 4.142 所示，整体效果如图 4.143 所示。

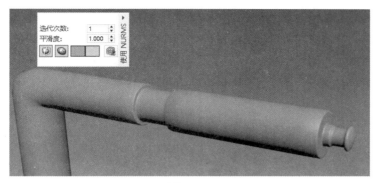

图 4.142　　　　　　　　　　　　　　　　　　图 4.143

步骤 05 创建一个管状体并将它转换为可编辑的多边形物体。如图 4.144 所示,在中间位置加线适当放大调整形状,然后将内侧边缘线段也切角处理,如图 4.145 所示。

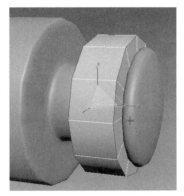
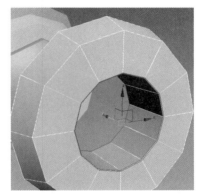

图 4.144　　　　　　　　　　　　　　　　　　图 4.145

步骤 06 创建一个球体,并将其转换为可编辑的多边形物体后,删除底部一半的面,选择底部边界线后,按住 Shift 键配合移动和缩放工具挤出面并调整至图 4.146 所示形状。切换到旋转工具,接下来我们希望围绕下方位置物体的中心点旋转复制,可是当前的旋转轴心在自身物体上,如图 4.147 所示,单击"视图"右侧的小三角,选择拾取,如图 4.148 所示。

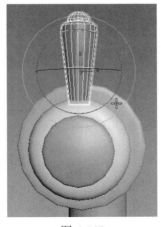

图 4.146　　　　　　　图 4.147　　　　　　　图 4.148

拾取圆环物体，此时显示的轴心物体已经变成了 Tube001 ▾，但是当前轴心似乎没有发生改变，长按 （使用轴点中心）按钮，在弹出的列表中选择第三个 （使用变换坐标中心），如图 4.149 所示，此时旋转轴心发生了改变，如图 4.150 所示。按 A 键打开角度捕捉，按住 Shift 键旋转 90°复制，复制数量设置 3，复制后的效果如图 4.151 所示。

图 4.149　　　　图 4.150　　　　　　　　图 4.151

步骤 07　将水管和水龙头整体再复制一个，效果如图 4.152 所示。

步骤 08　创建一个矩形，调整角半径参数至图 4.153 所示，效果如图 4.154 所示。将该矩形转换为可编辑的样条线，进入"点"级别后，发现该样条线两侧均为 2 个点，如图 4.155 所示。所以需要分别将它们调整为一个点。

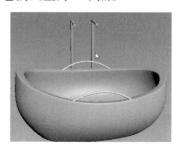

图 4.152　　　　　　　　　　　　图 4.153

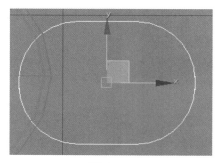

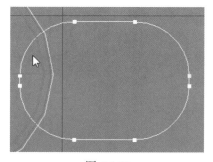

图 4.154　　　　　　　　　　图 4.155

先删除最左侧的两个点，然后将图 4.156 中左侧的点设置为"角点"，再框选最右侧两个点，单击 焊接 按钮将两个点焊接为一个点，如果单击"焊接"按钮后，两个点没有任何变化，可以将 焊接 2.1 cm ⬍ 后面的值适当增大后再次单击"焊接"按钮即可。

再创建一个圆形，如图 4.157 所示，用"附加"命令将两个样条线附加在一起，选择图 4.158 中的样条线，选择 ⊙（差集），单击 ▉布尔▉ 按钮，拾取圆形完成布尔运算，运算后的效果如图 4.159 所示。

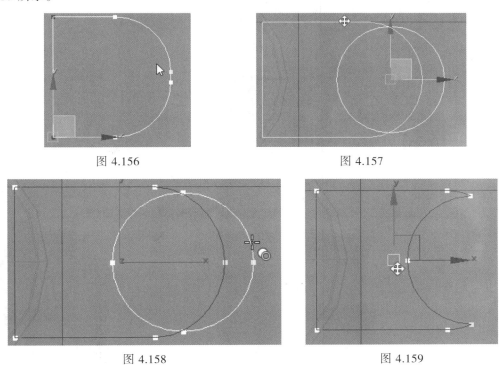

图 4.156　　　　　　　　　　　　　　　　图 4.157

图 4.158　　　　　　　　　　　　　　　　图 4.159

再创建一个如图 4.160 所示形状的样条线，用同样的方法完成并集的样条线布尔运算，运算后的效果如图 4.161 所示。

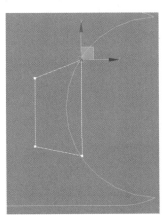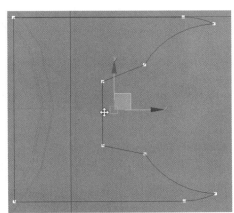

图 4.160　　　　　　　　　　　　　　　　图 4.161

调整比例大小形状后，在修改器下拉列表中选择"挤出"修改命令，效果如图 4.162 所示。

步骤 09 创建一个圆柱体，如图 4.163 所示，将其转换为可编辑的多边形物体，用缩放工具分别将顶端和底部的面缩小。将图 4.164 中所示的线段切角处理，然后将切角位置的面向内倒角挤出，如图 4.165 所示。

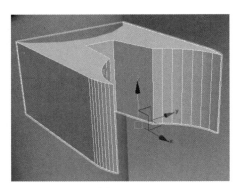

图 4.162 图 4.163

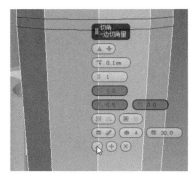

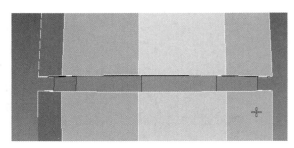

图 4.164 图 4.165

将图 4.166 中所示的边缘线段切角处理。

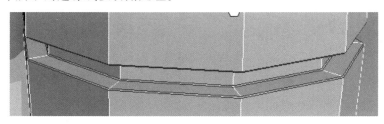

图 4.166

　　继续在顶端和底部边缘位置加线，图 4.167 中所示位置也加线处理。按快捷键 Ctrl+Q 细分该模型，将细分级别设置为 1，然后再次将该模型转换为可编辑的多边形物体，此时物体的面将增加一倍，如图 4.168 所示。

　　要选择图 4.169 中线框区域的所有面，有没有更加快捷的选择方法呢？答案肯定是有的。

　　在石墨建模工具面板中依次单击"建模"|"修改选择"|"步模式"，如图 4.170 所示，这样就打开了步模式，先选择图 4.171 中所示的第一个面，然后按住 Shift 键再单击图中 2 的面，中间的面会自动选择，如图 4.171 所示。用同样的方法依次单击拐角位置的面，中间的面都会自动选择，直至所有面选择上位置，过程如图 4.172～图 4.174 所示。

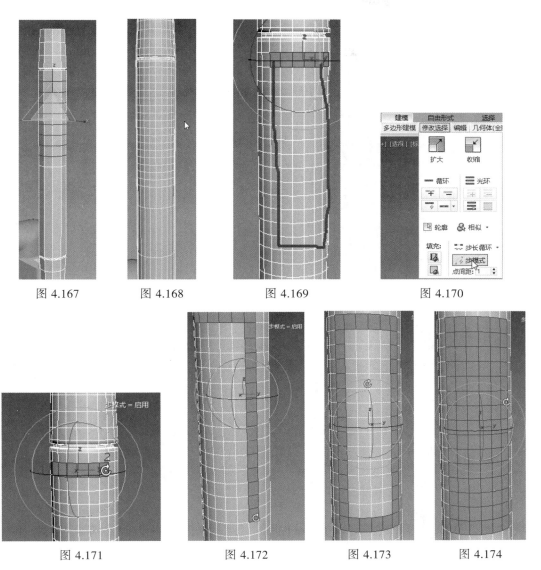

図 4.167　　　　　図 4.168　　　　　図 4.169　　　　　図 4.170

図 4.171　　　　　図 4.172　　　　　図 4.173　　　　　図 4.174

除此之外，还可以使用"填充"快捷选择的方式，创建一个面片并将其转换为可编辑的多边形物体，进入"面"级别，选择图 4.175 中所示对角位置的两个面，然后单击石墨建模工具下的"填充"（如图 4.176 所示）按钮即可把中间所有的面填充选择，如图 4.177 所示。

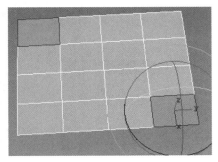

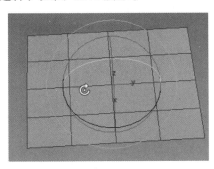

図 4.175　　　　　　　　図 4.176　　　　　　　　図 4.177

步骤 10 选择好需要的面之后，打开倒角命令面板，单击 右侧的箭头，选择 按多边形 然后设置高度和轮廓值，如图 4.178 所示，单击 "+" 号按钮再次将面向内倒角挤出，如图 4.179 所示，按 Delete 键删除当前所选择面，细分后的效果如图 4.180 所示。在修改器下拉列表中选择 "对称" 修改命令对称对另一半物体后的细分效果如图 4.181 所示。

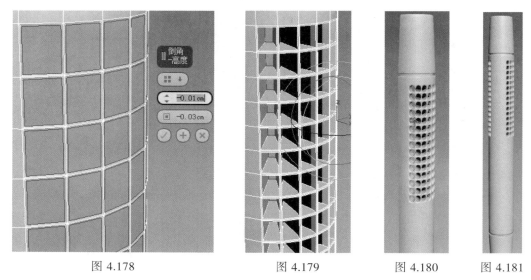

| 图 4.178 | 图 4.179 | 图 4.180 | 图 4.181 |

步骤 11 创建一个如图 4.182 所示的样条线，选择 ✔ 在视口中启用，设置 厚度：1.0cm ，效果如图 4.183 所示。

步骤 12 最后制作出洗手池、置物架、蜡烛等模型（这些模型不是本节重点，这里不再详细讲解），当然也可以导入或者合并自己收集的模型，可通过选择 "文件" | "导入" | "导入" 命令将模型导入，或者选择 "文件" | "导入" | "合并" 命令将模型合并到当前场景中，整体效果如图 4.184 所示。导入花瓶模型如图 4.185 所示。

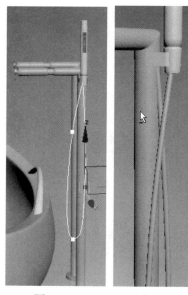

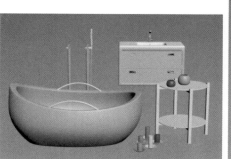

| 图 4.182 | 图 4.183 | 图 4.184 | 图 4.185 |

4.2.3　制作毛巾

步骤 01　创建一个长方体，分段数可以适当设置高一些，将其转换为可编辑的多边形物体。删除图 4.186 中 1、2、3 侧边的所有面。选择软选择面板中的"使用软选择"选项，选择部分点移动调整形状，如图 4.187 所示。

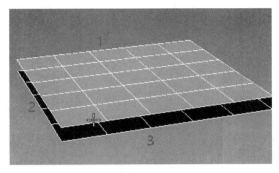

图 4.186

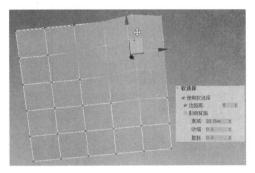

图 4.187

由于上下两侧的面间距较小，使用软选择调整时会影响到另一侧的面，所以可以选择"边距离"选项，选择边距离后，系统只会以选择的点或者边为中心，以边距离值为依据进行软选择，而不会影响到和它不相交的面。继续调整形状至图 4.188 所示。

步骤 02　在修改器下拉列表下添加"噪波"修改命令，设置参数如图 4.189 所示，模型效果如图 4.190 所示。用同样的方法添加"壳"修改命令，参数如图 4.191 所示，效果如图 4.192 所示，将该物体转换为可编辑的多边形物体后，在图 4.193 中所示的位置加线调整。

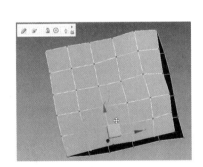

图 4.188

图 4.189

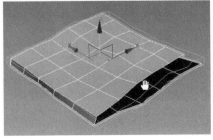

图 4.190

图 4.191

111

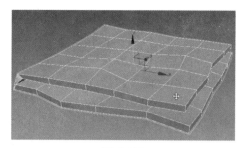

图 4.192   图 4.193

步骤 03 删除图 4.194 中所示的面，效果如图 4.195 所示。

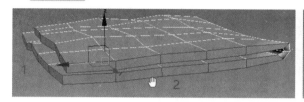

图 4.194   图 4.195

步骤 04 再次添加"壳"修改命令，参数如图 4.196 所示，效果如图 4.197 所示。

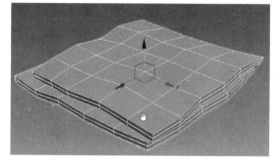

图 4.196   图 4.197

再添加"噪波"修改命令，适当设置参数后再次转换为可编辑的多边形物体，选择"使用软选择"，取消选择"边距离"，当取消"边距离"时，系统会以当前选择的点或边面为中心，向四周延展一定的距离衰减选择，这个距离就是由"衰减"值大小决定的（也就是说当前选择的点的四周均会被衰减选择），如图 4.198 所示。

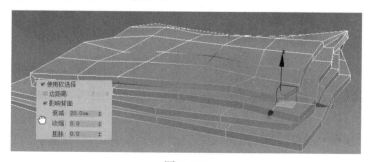

图 4.198

调整好形状后细分效果如图 4.199 所示。

步骤 05 将制作好的毛巾模型复制调整，如图 4.200 所示。最后的整体效果如图 4.201 所示。

图 4.199

图 4.200

图 4.201

第 5 章　照明灯具的设计与制作

照明灯具的作用已经不仅仅局限于照明，它也是家居的眼睛，更多的时候它起到的是装饰作用。因此照明灯具的选择就要更加复杂得多，它不仅涉及安全、省电，而且还会涉及材质、种类、风格、品位等诸多因素。一个好的灯饰，很可能会成为装修的灵魂。

照明灯具的品种很多，有吊灯、吸顶灯、台灯、落地灯、壁灯、射灯等；照明灯具的颜色也有很多，无色、纯白、粉红、浅蓝、淡绿、金黄、奶白。选购灯具时，不要只考虑灯具的外形和价格，还要考虑亮度，而亮度的定义应该是不刺眼、经过安全处理、清澈柔和的光线。同时，也要按照居住者的职业、爱好、情趣、习惯进行选配，并应考虑家具陈设、墙壁色彩等因素。照明灯具的大小与空间的比例有密切的关系，选购时，也应考虑实用性和摆放效果，方能达到空间的整体性和协调感。

5.1　制作地球仪台灯

本实例通过一个类似地球仪的复古台灯模型来学习一下此类灯具模型的制作方法。首先来看一下渲染效果图，如图 5.1 所示。本实例以英文版本进行讲解。

图 5.1

5.1.1　制作底座

本实例的制作顺序为先制作底座再制作支撑杆和玻璃球体，最后制作内部的灯泡机构。

步骤 01 依次单击 Creat（创建）| Geometry（几何体）Cylinder（圆柱体）按钮，在视图中创建一个半径为 71mm，高度为 23mm，端面分段为 2，边数为 18 的圆柱体模型，将模型转换为

可编辑的多边形物体。先将顶部适当缩放调整，再将顶部中的点向下调整，如图 5.2 所示。然后在高度上添加分段，如图 5.3 所示。

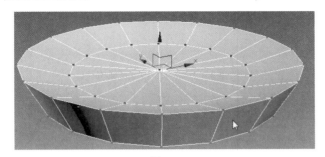

图 5.2

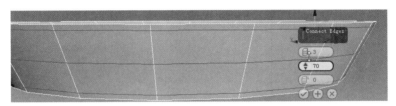

图 5.3

用 Chamfer（切角）工具将图 5.4 中的线段切角，按快捷键 Ctrl+Q 细分该模型，效果如图 5.5 所示。

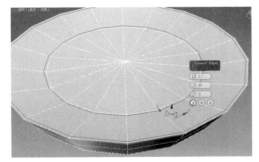

图 5.4

图 5.5

步骤 02　再创建一个圆柱体，大小比例如图 5.6 所示，然后在修改器下拉列表中选择 Taper（锥化）修改器，设置参数和效果如图 5.7 所示。

图 5.6

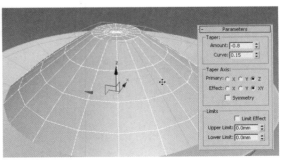

图 5.7

提
示 当要使用 Curve 值时，物体的高度分段数必须大于 1（曲线值才有作用），该值的作用是将物体向外膨胀或者向内收缩处理，如果模型的高度上没有分段数，那么调整该值时模型是没有任何变化的，只有有了分段数后，模型才会相应地发生形状的改变，如图 5.8 所示。

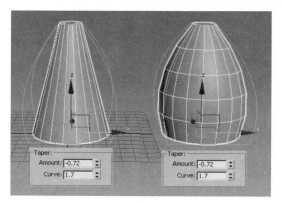

图 5.8

调整完成后将该物体转换为可编辑的多边形物体，删除顶部的面，选择顶部边界线，按住 Shift 键移动缩放挤出面并调整，效果如图 5.9 所示，然后选择挤出面的棱角位置的线段，用切角工具将线段切角处理，如图 5.10 所示。

选择底座侧面上的一个点，单击 Chamfer 按钮后面的 ▢ 图标，在弹出的"切角"快捷参数面板中设置切角的值将一点切成为 4 点，如图 5.11 所示，然后删除切角内部的面，在该开口位置单击 Torus 圆环按钮创建一个圆环物体并调整到合适位置，如图 5.12 所示。

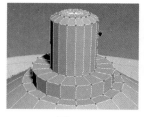  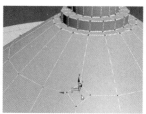 

图 5.9　　　　　　图 5.10　　　　　　图 5.11　　　　　　图 5.12

步骤 03　单击创建面板下的 Tube（管状体）按钮，在视图中创建一个管状体，注意高度分段数设置为 1，边数为 18，效果如图 5.13 所示。将模型转换为可编辑的多边形物体。按"1"键进入"顶点"级别，删除不需要的面，效果如图 5.14 所示。

框选边界线，单击 Cap（补洞）按钮封口处理，然后分别在厚度边缘以及两端位置加线，细分后的效果如图 5.15 所示。

步骤 04　在顶视图中创建一个球体，用旋转工具适当旋转调整到合适位置，如图 5.16 所示。按住 Shift 键沿着 XYZ 轴方向等比例缩放复制（在该球体的内部再复制一个球体）。

这两个球体作为玻璃灯罩物体肯定是透明的，为了更加直观地观察透明效果，先把渲染器设置为 VRay 渲染器。按 F10 键打开渲染设置面板，在渲染器下拉列表中选择 VRay 渲染器，如图 5.17 所示。按 M 键打开材质编辑器，单击 Standard 按钮，如图 5.18 所示。在弹出的材质/贴图

浏览器中选择 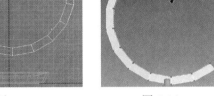（VRay 材质），这样就把当前的标准材质设置成了 VRay 标准材质。

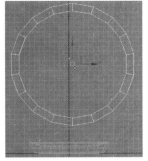

图 5.13　　　　　图 5.14　　　　　图 5.15　　　　　图 5.16

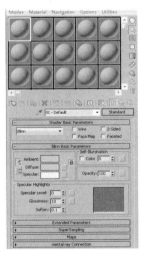

图 5.17　　　　　　　　　　图 5.18

 提示　　如果不选择 VRay 渲染器是没有 VRay 材质的，只有先设置 VRay 渲染器，在材质中才会多出一个 VRay 材质卷展栏，如图 5.19 所示。

设置反射颜色为白色，折射颜色也为白色（VRay 渲染器的反射和折射是通过颜色的调整来控制的，黑色代表不折射和不反射，白色代表完全反射和折射，如果是灰色则代表了半反射和半透明效果）。设置高光光泽为 0.85，光泽度为 0.99 左右，如图 5.20 所示。

 提示　　由于我们安装的 VRay 渲染器版本为汉化版本，所以这里涉及到的 VRay 渲染器的一些参数为中文显示。

再调整烟雾颜色为绿色，如图 5.21 所示。参数设置好后，单击 按钮将该材质赋予两个球体模型，此时球体就变得透明了，如图 5.22 所示。

步骤 05　在支撑杆的顶端位置创建一个圆柱体并将其转换为可编辑的多边形物体，适当调整形状至图 5.23 所示。

图 5.19

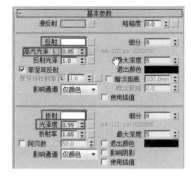

图 5.20

图 5.21

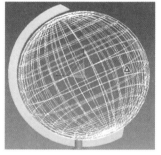

图 5.22

图 5.23

5.1.2　制作灯泡底座

步骤 01　将外部球体再复制一个，进入"顶点"级别，删除不需要的面只保留底部的面，如图 5.24 所示。

按 M 键打开材质编辑器，选择一个材质球设置漫反射颜色为绿色，然后将该材质赋予当前面（这样处理是为了便于观察模型），在修改器下拉列表中选择 Shell（壳）修改器，设置厚度后的效果如图 5.25 所示。将该物体再次转换为可编辑的多边形物体后，选择底部中心位置的点并删除，然后按"3"键进入"边界"级别，选择边界线，按住 Shift 键向内挤出面并调整，如图 5.26 所示。

用同样的方法挤出面并调整，过程如图 5.27 和图 5.28 所示。

图 5.24

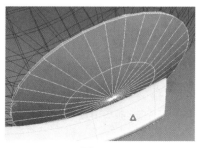

图 5.25

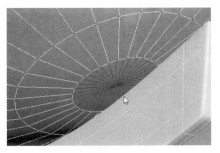
图 5.26

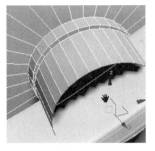
图 5.27

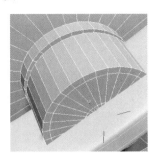
图 5.28

最后将拐角位置线段切角并在需要表现棱角的边缘位置加线，如图 5.29 所示。按快捷键 Ctrl+Q 细分该模型，效果如 5.30 图所示。

图 5.29

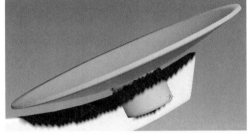
图 5.30

步骤 02 创建一个圆柱体并将其转换为可编辑的多边形物体，删除图 5.31 中所示的顶部面，选择边界线，按住 Shift 键配合移动和缩放工具挤出所需要的面并调整，效果如图 5.32 和图 5.33 所示。调整好形状后，选择拐角位置的环形线段切角处理，如图 5.34 所示。分别在图 5.35 中所示的位置加线或者切线处理，细分后的效果如图 5.36 所示。

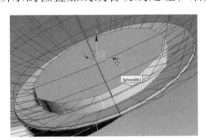
图 5.31

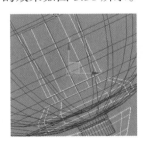
图 5.32

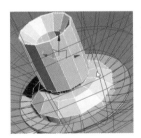
图 5.33

图 5.34

图 5.35

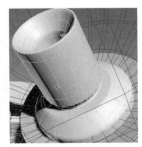
图 5.36

5.1.3 制作灯泡

灯泡是由球体模型修改得到。

步骤 01 在制作灯泡模型之前，首先将灯泡的底座模型旋转复制一个调整至水平位置，如图 5.37 所示，这样做的目的是便于轴向的控制。

在底座上方创建一个球体，如图 5.38 所示，用缩放工具沿着 Z 轴缩放拉长处理后将其转换为可编辑的多边形物体，删除底部的面，如图 5.39 所示。选择边界线向下挤出调整至图 5.40 形状。

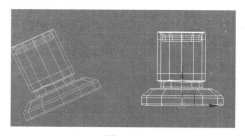

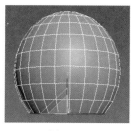

图 5.37　　　　　　　图 5.38　　　　　图 5.39　　　　　图 5.40

步骤 02 右击调整后的球体，在弹出的菜单中选择"隐藏选定对象"，先将灯泡隐藏起来，在底座内部创建一个圆柱体并将其转换为可编辑的多边形物体，分别删除顶部和底部的面，将该物体以实例方式向右再复制一个（复制的目的为了便于观察制作），如图 5.41 所示。

选择顶部的边界线，按住 Shift 键分别挤出面，如图 5.42 所示，然后选择底部的边界线用同样的方法向下挤出面，效果如图 5.43 所示。

右击模型，在弹出的菜单中选择"全部取消隐藏"将灯泡模型显示出来，给其赋予一个透明材质，此时模型比例效果如图 5.44 所示。

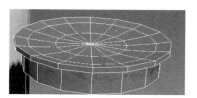

图 5.41　　　　　　　　　　　　　　　　图 5.42

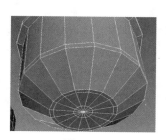
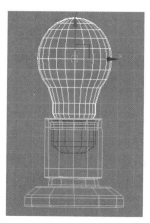
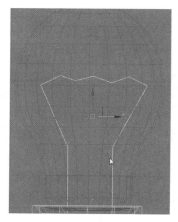

图 5.43　　　　　　　图 5.44　　　　　　　图 5.45

步骤 03 制作灯丝。单击 ✳ Creat（创建）| ◌ Shape（图形）| Line 按钮，按图 5.45 中所示创建样条线。选择所有点，右击，选择"Bezier"点将角点处理为 Bezier 点，注意灯丝不可能都在一个平面上，所以要在透视图中调整点的位置，如图 5.46 所示。选择 Rendering 卷展栏下的 ☑ Enable In Renderer 和 ☑ Enable In Viewport，设置 Thickness（厚度值）和 Sides（边数）值为 0.6 左右，边数为 10。

用同样的方法创建出如图 5.47 所示的线段，调整点使之与灯丝模型相扣，如图 5.48 所示。

图 5.46

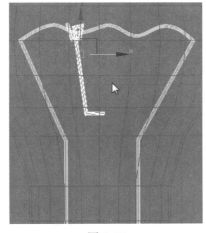
图 5.47

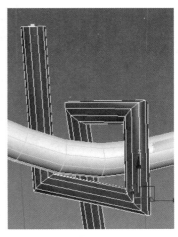
图 5.48

单击 Fillet Fillet（圆角）命令将直角点处理为圆角，如图 5.49 所示。单击 闪 沿着 X 轴方向复制，效果如图 5.50 所示。

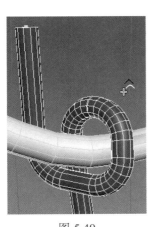
图 5.49

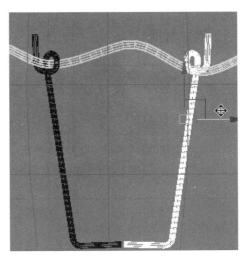
图 5.50

单击 Attach 按钮拾取复制的样条线将两者附加起来，附加之后注意要将底部中间位置的点焊接起来。

步骤 04 选择灯泡模型，为了便于观察模型，可以先赋予一个绿色材质，底部封口之后，调整布线，选择图 5.51 中所示的面，向上挤出面，如图 5.52 所示。

由于这些面的调整在灯泡的内部，观察起来不是很方便，此时可以选择图 5.53 所示底部的面，单击 Hide Selected（隐藏选择）将选择的面隐藏起来，效果如图 5.54 所示（面的隐藏是把面暂时隐藏起来并不是删除掉，这一点要区别开来）。

加线继续挤出面并调整至图 5.55 所示，调整布线和形状如图 5.56 和图 5.57 所示。选择顶部的面挤出，向外挤出面再向上挤出，然后在上下两端的位置加线，如图 5.58 所示。最后根据模型的变换调整灯丝三维空间位置至图 5.59 所示。

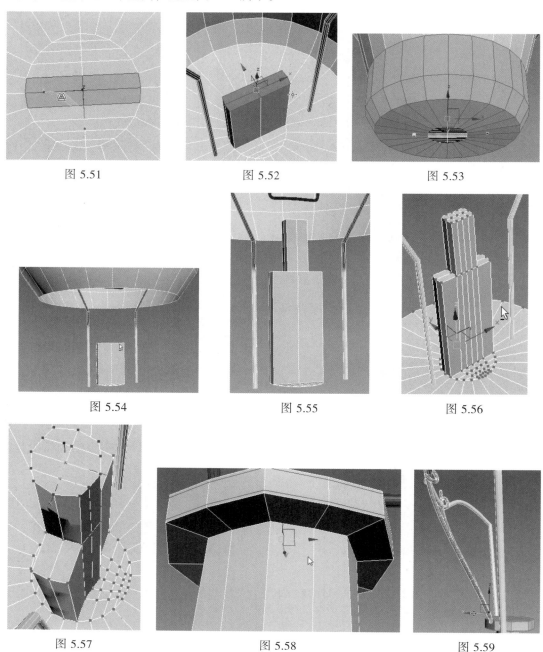

图 5.51　　　　　图 5.52　　　　　图 5.53

图 5.54　　　　　图 5.55　　　　　图 5.56

图 5.57　　　　　图 5.58　　　　　图 5.59

5.1.4　处理其他细节

步骤 01 选择底座侧面上的一个点，单击 Chamfer 按钮，在点上单击并拖动将点切角，如图 5.60 所示，然后删除切角位置的面，向内挤出面，如图 5.61 所示。

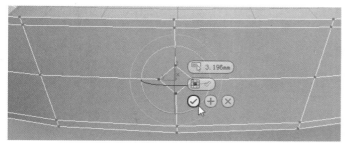

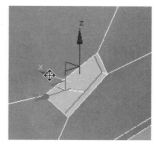

图 5.60　　　　　　　　　　　　　　图 5.61

步骤 02 复制前面创建的圆环物体并调整到开口位置，如图 5.62 所示。

单击 Line 按钮在视图中创建一条如图 5.63 所示的样条线，此时注意三维空间的点的调整。再创建一个圆角矩形如图 5.64 所示。选择创建面板下的复合对象面板，线选择样条线，单击 Loft 按钮，单击 Get Shape（获取图形）按钮拾取圆角矩形，完成放样。将参数面板下的"图形步数"设置为 1，"路径步数"设置为 4，进入 Loft 下的"图形"子级别，框选图形旋转调整角度，参数模型放样效果如图 5.65 所示。

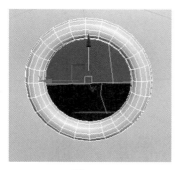

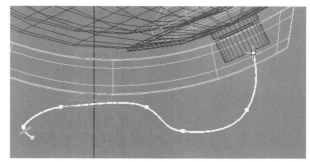

图 5.62　　　　　　　　　　　　　　图 5.63

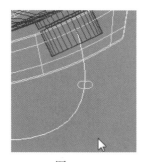

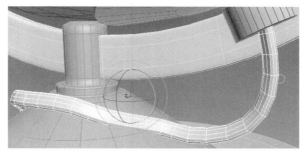

图 5.64　　　　　　　　　　　　　　图 5.65

单击参数面板下的 Twist （扭曲）按钮（如图 5.66 所示），打开 Twist Deformation（扭曲曲线）编辑器面板，曲线编辑器面板中的线段两端分别对应放样物体的起点和终点，如图 5.67 所示。

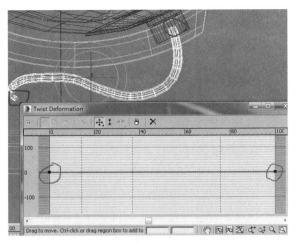

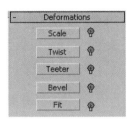

图 5.66   图 5.67

当然可以单击 ⊹ （插入点）按钮在线段上插入一个点，单击 ✛ 按钮拖动右侧点向上调整，如图 5.68 所示，放样物体的末端会根据调整值的大小进行旋转，如图 5.69 所示。

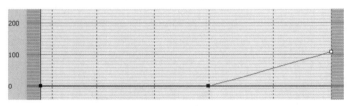

图 5.68

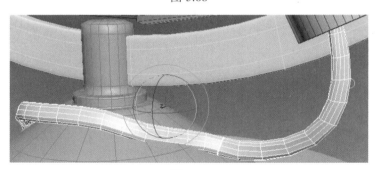

图 5.69

此时模型旋转角度偏小，在曲线面板中单击 ⊕ 按钮将曲线参数缩放处理，调整数值显示如图 5.70所示。

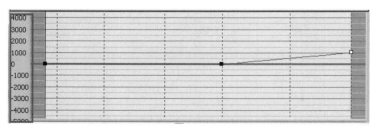

图 5.70

再次拖动右侧的点向上调整，此时放样物体扭曲角度大大增加，如图 5.71 所示。如果觉得放样物体扭曲比较生硬，可以将曲线面板下的点设置为"Bezier-平滑"点或者"Bezier-角点"，调整点使其曲线过渡更加自然，如图 5.72 和图 5.73 所示。

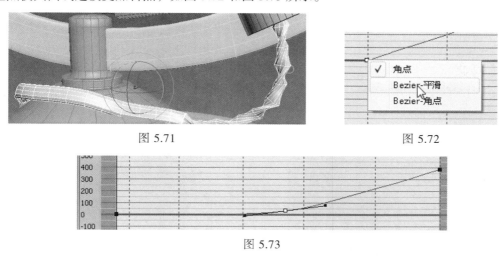

图 5.71　　　　　　　　　　　　　　　　图 5.72

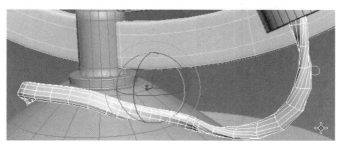

图 5.73

逐步调整数值直至模型扭曲角度比较满意位置，如图 5.74 所示。

图 5.74

如果发现模型嵌入到其他物体里面，可以回到 Line 级别，调整点的位置即可。调整好后，将该放样物体转换为可编辑的多边形物体，在修改器下拉列表线添加 MeshSmooth （网格平滑）进行细分，通过添加"网格平滑"修改器和多边形级别下的细分效果一样。

步骤 03　在图 5.75 中所示的位置创建一条样条线，同样，选择 Rendering 卷展栏下的 ☑ Enable In Renderer 和 ☑ Enable In Viewport，然后在台灯底部位置创建并复制出长方体模型作为书本物体，效果如图 5.76 所示。至此模型部分全部制作完成。

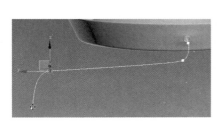

图 5.75　　　　　　　　　　　　　　　　图 5.76

5.1.5 制作刻度尺

刻度尺如果用模型来表现就显得有点复杂了，所以此处可以用贴图的方式来代替。

步骤 01 选择旋转杆模型，先取消模型细分，在修改器下拉列表下添加 UVW Map 修改器，在参数面板中的 Parameters 参数卷展栏中选择 Planar 平面贴图方式，然后在修改器下拉列表中添加 UVWrap UVW（UVW 展开）修改器，按 M 键打开材质编辑器，选择一个空白材质球，将材质类型设置为 VRay 材质，在漫反射通道上单击然后选择"Bitmap 位图"并赋予一张如图 5.77 所示的贴图，单击 按钮将材质赋予旋转杆模型，单击 （视口中显示明暗处理材质）按钮在模型上显示贴图，此时显示效果如图 5.78 所示。

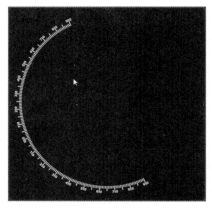

图 5.77

图 5.78

此时贴图和模型非常不匹配。单击 Open UV Editor ... （打开 UV 编辑器）按钮，然后单击 CheckPattern（Checker）下的小三角选择 Pick Texture （拾取纹理）选项，如图 5.79 所示，在弹出的 Material/Map Browser（材质/贴图浏览器）面板中双击 Bitmap，然后选择标尺贴图文件，此时显示效果如图 5.80 所示。

图 5.79

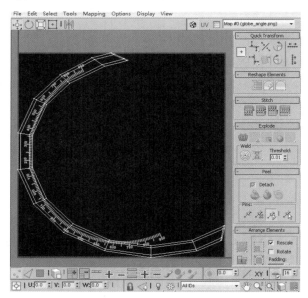

图 5.80

步骤 **02**　单击底部的 按钮进入"点"级别,选择 (自由工具)(结合了移动、旋转、缩放工具),整体选择 UV 点进行缩放调整处理,然后再在逐步选择部分点细致调整 UV 点与贴图一一对应,效果如图 5.81 所示。关闭 UVW 展开面板,然后给当前模型添加 TurboSmooth (涡轮平滑)修改器,模型显示效果如图 5.82 所示。

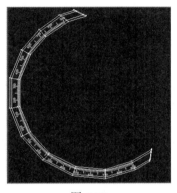
图 5.81

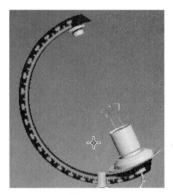
图 5.82

由于取消了线框显示,同时灯泡材质和玻璃罩材质为透明材质贴图类型,所以这里看不到它们的显示效果,后期配合材质贴图灯光设定进行最终的渲染出图即可。

5.2　制作现代台灯

本实例学习制作一个现代台灯模型,制作过程如图 5.83~图 5.85 所示。

图 5.83

图 5.84

图 5.85

步骤 **01**　依次单击 (创建) | (图形) | "线"按钮,在视图中创建如图 5.86 所示的样条线。在修改器下拉列表中添加"车削"修改命令,单击"最小值"按钮后选择 焊接内核 和 翻转法线,效果如图 5.87 所示。右击模型,在弹出的快捷菜单中选择"转换为" | "转换为可编辑多边形"命令,将其转换为可编辑的多边形物体。注意:如果中心点没有自动焊接在一起,比如图 5.88 所示,单击一个点移动时会发现它们分别都是独立的点,这就说明中心点没有焊接在一起,只需要框选所有中间的点,单击 焊接 按钮即可。将图 5.89 中线框内的边做切角处理。

步骤 **02**　创建一个圆柱体,设置边数为 12,如图 5.90 所示,将该圆柱体转换为可编辑的多边形后，将图 5.91 中所示的顶部的面向下倒角挤出。切换到"边"级别后，将图 5.92 中的红色箭头所指的环形线段切角。

步骤 03 创建一个如图 5.93 所示的样条线，然后添加"车削"修改命令，将分段数设置为10，右击模型，在弹出的快捷菜单中选择"转换为"｜"转换为可编辑多边形"命令，将该模型转换为可编辑的多边形物体。框选中心位置的点，单击"焊接"按钮将点焊接在一起，效果如图 5.94 所示，然后将图 5.95 中所示的棱角位置的线段切角。

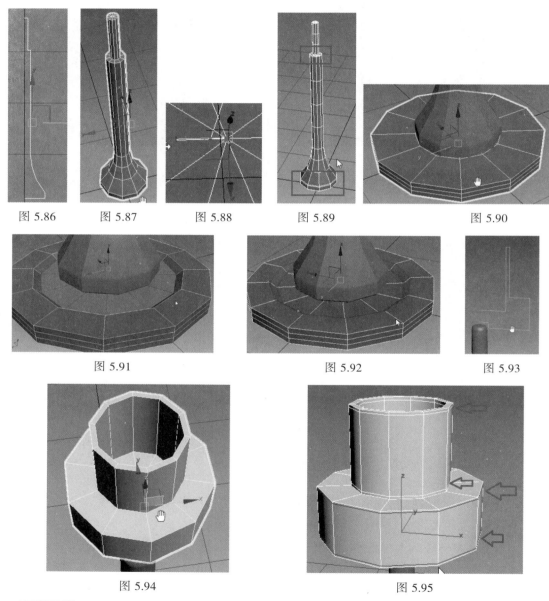

图 5.86　图 5.87　图 5.88　图 5.89　图 5.90

图 5.91　图 5.92　图 5.93

图 5.94　图 5.95

步骤 04 在灯口位置创建一个圆柱体，如图 5.96 所示，用同样的方法将模型转换为可编辑的多边形物体，删除顶部和底部的面，将底部的边界缩小处理，如图 5.97 所示。

在修改器下拉列表中选择"壳"修改命令，设置好厚度参数后的效果如图 5.98 所示，然后将该物体转换为可编辑的多边形物体，分别在顶部和底部的位置加线，如图 5.99 所示。

继续创建一个圆柱体，单击 ▤（对齐）按钮和底部物体对齐，如图 5.100 所示。

图 5.96

图 5.97

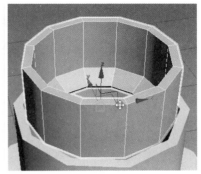
图 5.98

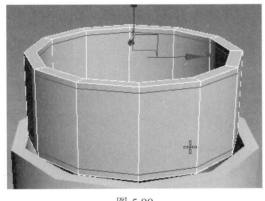
图 5.99

图 5.100

先来学习一下 ▤（对齐）工具的使用方法。在视图中创建一个圆柱体和一个圆锥体，如图 5.101 所示。先选择圆锥体模型，单击 ▤ 按钮然后在视图中单击圆柱体，此时会弹出对齐参数面板。对齐参数面板中有很多对齐方式，首先选择 X 位置、Y 位置以及 Z 位置，对齐对象和目标对象选择默认的中心对中心对齐，效果和参数如图 5.102 和图 5.103 所示。

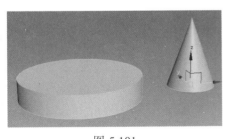
图 5.101

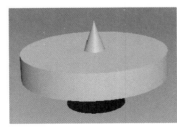
图 5.102

图 5.103

单击"应用"按钮先将当前的对齐效果保留下来。然后再次选择圆锥体，单击 ▤（对齐）按钮后拾取圆柱体物体，此时取消选择 XY 轴对齐，只保留 Z 轴对齐，当前对象选择"最小"目标对象选择"最大",对齐效果和参数如图 5.104 和图 5.105 所示。（注意：当前对象就是指开始选择的物体；目标对象是对齐拾取的物体；当前对象的最小值是指 Z 轴负方向的边缘位置，本例也就是物体的底座；目标对象的最大值就是拾取对象 Z 轴正方向的边缘位置，本例也就是圆柱体最上方。所以它们的对齐效果就是圆锥物体的最底部对齐圆柱物体的最上方）

当选择当前对象最大值对齐目标对象最小值时的效果和参数如图 5.106 和图 5.107 所示。

当前对象最小值对齐目标对象最小值的效果和参数如图 5.108 和图 5.109 所示。

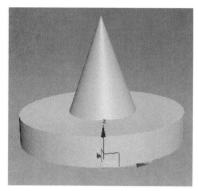

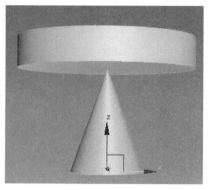

| 图 5.104 | 图 5.105 | 图 5.106 |

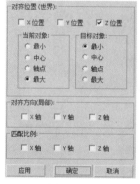

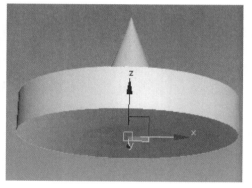

| 图 5.107 | 图 5.108 | 图 5.109 |

当前对象最大值对齐目标对象最大值的效果和参数如图 5.110 和图 5.111 所示

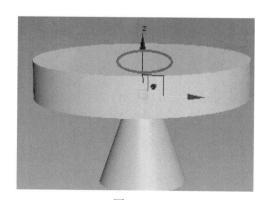

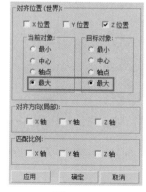

| 图 5.110 | 图 5.111 |

对齐效果除了和参数有关以外，还和最开始选择的顺序有关。如果开始选择的是圆柱体那么它就变成了当前对象，对齐圆锥物体时，圆锥体就变成了目标对象。对齐效果也就不一样了。所以一定要判断好哪个是当前对象，哪个是目标对象。

回到本实例制作中来。

将圆柱体转换为可编辑的多边形物体后删除一半模型，然后在图 5.112 所示的位置创建一个六边形物体，参考多边形的形状调整模型点的位置，调整好后的效果如图 5.113 所示，整体效果如图 5.114 所示。

选择开口处的边界线，按住 Shift 键向上移动挤出面，如图 5.115 所示。同样向内缩放挤出面后再向下挤出面，如图 5.116 所示。

在修改器下拉列表中选择"对称"修改命令对称出另一半，如图 5.117 所示。分别加线调整后的整体效果如图 5.118 所示。

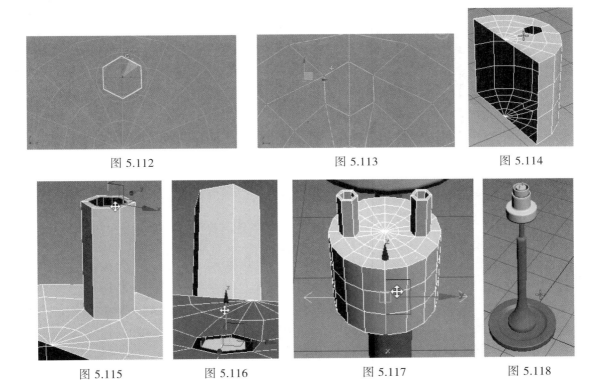

图 5.112　　　　　图 5.113　　　　　图 5.114

图 5.115　　图 5.116　　图 5.117　　图 5.118

步骤 05　依次单击＋（创建）|　（图形）|　螺旋线　按钮，创建一个如图 5.119 所示的样条线，设置参数如图 5.120 所示，此时螺旋线的效果如图 5.121 所示。将其转换为可编辑的样条线，右击样条线，在弹出的菜单中选择"细化"命令，在螺旋线的最底端位置线段上添加一个点，然后将最下方的点向下移动，如图 5.122 所示。单击　圆角　按钮将拐角位置的点处理成圆角，如图 5.123 所示。选择 ✔在渲染中启用 和 ✔在视口中启用，效果如图 5.124 所示。将该样条线旋转 180°复制一个，如图 5.125 所示。

单击　附加　按钮拾取复制的样条线，将两条样条线附加在一起，暂时取消选择"在视口中启用"，注意灯管模型顶部是相连通的，当前没有连接在一起，如图 5.126 所示。

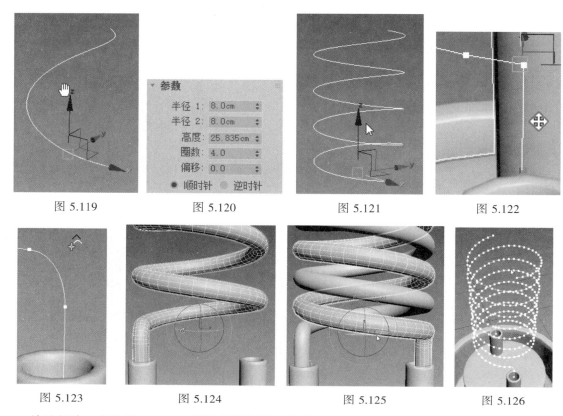

图 5.119　　　　　　　图 5.120　　　　　　　图 5.121　　　　　　　图 5.122

图 5.123　　　　　　　图 5.124　　　　　　　图 5.125　　　　　　　图 5.126

　　单独创建一条如图 5.127 中所示的样条线，将整个样条线附加在一起。将图 5.128 中所示线框中的点焊接起来，然后调整该位置点的曲线使其过渡更加平滑。

　　再次选择"在视口中启用"选项，效果如图 5.129 所示，整体效果如图 5.130 所示。

　　选择图 5.131 中上方所有的点，沿着 XY 轴方向向外缩放，缩放后选择图 5.132 中所示的直角点，同样用圆角命令将直角点处理为圆角，如图 5.133 所示。

　　调整后的效果如图 5.134 所示，选择"在视口中启用"后的效果如图 5.135 所示。

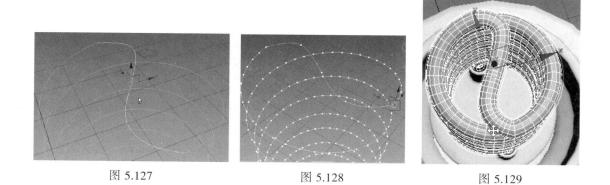

图 5.127　　　　　　　　　图 5.128　　　　　　　　　图 5.129

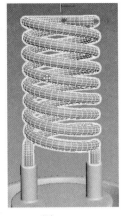

图 5.130

图 5.131

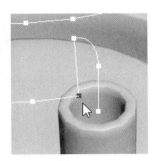

图 5.132

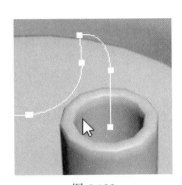

图 5.133

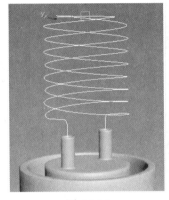

图 5.134

图 5.135

步骤 06 创建一个灯罩的支架圆柱体并沿着中心轴旋转复制，如图 5.136 所示。

步骤 07 创建一个如图 5.137 所示的圆柱体，将其转换为可编辑多边形后删除顶部和底部的面，如图 5.138 所示。依次单击石墨建模工具下的"建模"|"多边形建模"|"生成拓扑"按钮，如图 5.139 所示，此时会弹出拓扑面板，如图 5.140 所示。

按"4"键进入"面"级别，框选所有面，单击拓扑面板下的网格按钮，如图 5.141 所示，模型会自动生成一样的拓扑布线效果。确定后，选择所有面，单击"插入"按钮向内插入面，如图 5.142 所示。

图 5.136

将插入的面删除，效果如图 5.143 所示。在修改器下拉列表中选择"壳"修改命令，参数和效果如图 5.144 所示。

当前模型如果再细分的话，开口位置会变成圆形，而我们需要保持原有的形状，所以接下来就需要将开口位置所有拐角位置的线段切角。这么多线段难道要一条一条进行选择吗？答案是否定的。首先选择其中的任一个拐角位置的线段，比如图 5.145 中所示，依次单击石墨建模工具下的"建模"|"修改选择"|"相似"按钮，如图 5.146 所示，此时系统会自动选择与当前

所选线段所有相似的线段。

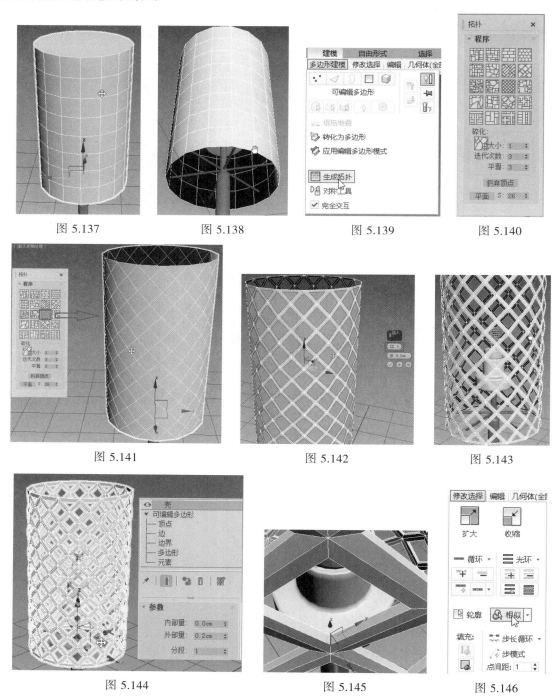

图 5.137　　　　　　图 5.138　　　　　　图 5.139　　　　　　图 5.140

图 5.141　　　　　　　　图 5.142　　　　　　　　图 5.143

图 5.144　　　　　　　　图 5.145　　　　　　　　图 5.146

　　由于顶部和底部拐角位置的线段和中间部位的形状有所区别,系统在选择相似线段时会漏选掉,按住 Shift 键选择底部其中一条线段后,再次执行"相似"命令即可。选择所有线段后单击 切角 右侧的 ■ 图标,将当前的边切角,设置 ▲ (切角类型)为三角型,▼ (边切角量)为 0.3mm,如图 5.147 所示。线段切角后,模型表面会多出很多点,比如图 5.148 中所示。

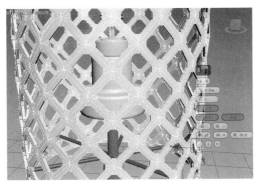
图 5.147

图 5.148

同时当前模型的布线也存在一定的问题，需要将结构调整至图 5.149 中黑色粗线段所示的布线效果。由于模型面数较多，如果一个一个单独调整那就太麻烦了。仔细观察模型发现，都存在重复性，所以只需独立调整一小部分，剩余的部分可以通过镜像或者旋转复制的方法来解决。确定好思路后，接下来选择图 5.150 中所示的点，用"相似"命令选择其他位置所有相似的点，单击 焊接 按钮右侧的 ▫ 图标，设置焊接距离值，确认将选择区域的点焊接成一个点。

接下来需要先删除一半的点，由于对称中心位置缺少线段如图 5.151 所示，所以要先在对称中心位置加线，如图 5.152 所示。

图 5.149

图 5.150

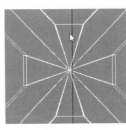
图 5.151

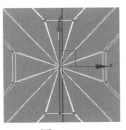
图 5.152

全部加线后，选择一半的点并删除。观察发现，模型还是存在重复性，只保留图中一小块区域模型即可，如图 5.153 所示。用同样的方法在图 5.154 中所示的位置加线连接，删除不需要的部分，只保留图 5.155 中所示的部分（观察图 5.155 发现，上下部分也是对称的，所以，同样可以删除底部一半的面，只需要调整上半部分的布线即可）。

图 5.153

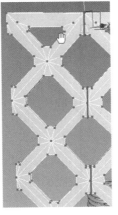
图 5.154

图 5.155

　　将剩余的模型调整布线，调整布线的方法有加线、点的目标焊接、焊接、剪切、线段移除等命令，当前模型为双面模型，只需要调整一面即可，另一面先删除。大致调整后的布线效果如图 5.156 所示。之后添加"壳"修改命令，如图 5.157 所示，将该模型转换为可编辑的多边形物体后，删除图 5.158 中所示的两侧多余的面。

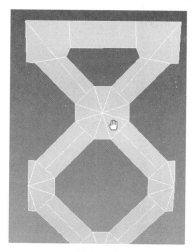  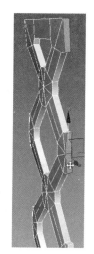

　　　　图 5.156　　　　　　　　　　　图 5.157　　　　　　　　　图 5.158

　　在厚度两侧位置加线，如图 5.159 所示。添加"对称"修改命令，调整好对称轴向和镜像中心对称出底部另一半模型，然后将其转换为可编辑的多边形物体。单击"工具"菜单中的 阵列(A)... 命令，打开阵列面板，如图 5.160 所示。

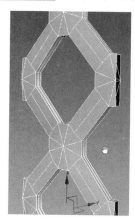 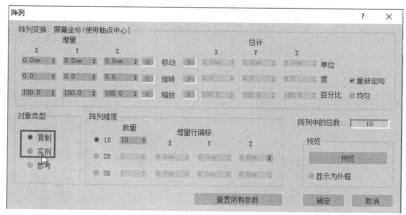

　　　　图 5.159　　　　　　　　　　　　　　　　　图 5.160

　　阵列就是对物体有规律地进行复制、旋转、缩放等。在进行阵列复制物体时，要考虑到后期是否对物体进行附加，如果需要将阵列的物体附加在一起调整，在对象类型中千万不要选择"实例"方式，而要选择"复制"方式。接下来学习一下阵列工具的使用方法。

　　以茶壶为例，创建一个茶壶，打开阵列面板，首先在 X 轴上复制，调整 X 轴上的复制位移距离为 25cm，然后在 1D 参数中调整需要复制的数量，单击"预览"按钮可以预览当前阵列效果如图 5.161 所示（1D 复制可以简单理解为直线上的复制）。

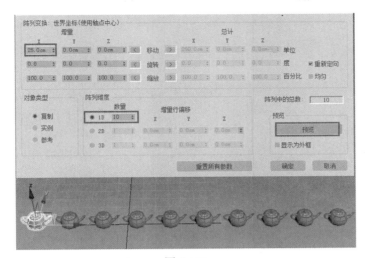

图 5.161

接下来是平面上的复制，选择 2D，此时 1D 下的参数变成了灰色，设置 2D 中需要整体复制的数量为 5，再设置当前复制的轴向和移动的距离，参数和复制的效果如图 5.162 所示（2D 复制可以简单地理解为平面内的复制）。

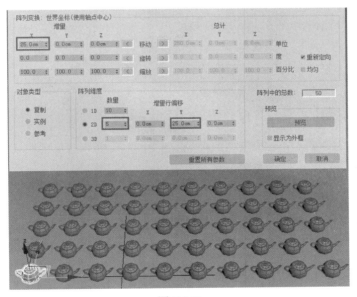

图 5.162

最后是 3D 的复制，选择 3D 参数选项，保留 1D 和 2D 参数不变，设置 3D 中需要复制的数量，再调整 Z 轴的复制距离如图 5.163 所示，预览后的复制效果如图 5.164 所示（3D 复制可以简单地理解为空间的整体复制）。

除了直接复制外，还可以配合旋转参数同时调整旋转效果。以 2D 复制为例，设置 Z 轴旋转角度为 45 度，其他参数不变，复制后的效果如图 5.165 所示（可以简单地理解为复制+旋转）。

最后配合缩放参数观察一下同时旋转和缩放复制的效果。保留其他参数不变，设置 XYZ 轴比例为 90，预览后的复制效果如图 5.166 所示（可以简单地理解为复制+旋转+缩放）。

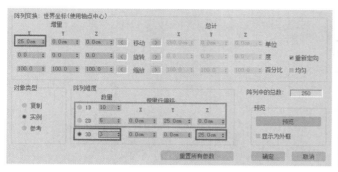

图 5.163

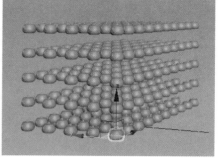

图 5.164

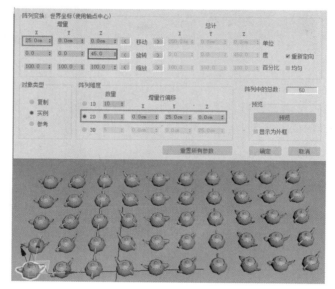

图 5.165

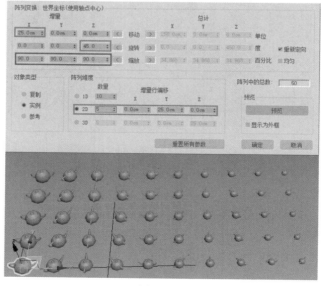

图 5.166

回到本实例制作中来，设置阵列参数如图 5.167 所示，阵列后的旋转复制效果如图 5.168 和图 5.169 所示。

单击 附加 按钮依次拾取阵列的所有模型将它们附加在一起。注意此时模型虽然附加在了一起，但是边缘相连接的部分的点并没有焊接在一起，如图 5.170 所示。框选所有点，单击 焊接 后面的 ▣ 图标，设置一个合适的焊接参数值，将相邻的点焊接起来，如图 5.171 所示。

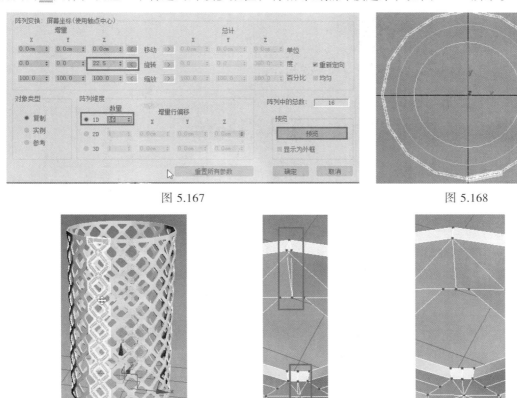

图 5.167   图 5.168

图 5.169   图 5.170   图 5.171

在图 5.172 中所有厚度边缘位置加线，细分后的效果如图 5.173 所示。

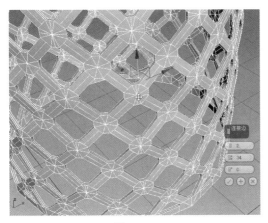
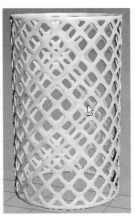

图 5.172   图 5.173

步骤 08 创建一个矩形，设置角半径后将其转换为可编辑的样条线，如图 5.174 所示。分别将顶部的两个点和底部的两个点焊接成一个点，选择 ☑在渲染中启用 ☑在视口中启用，设置厚度为 0.15cm，边数为 10，效果如图 5.175 所示。将该模型转换为可编辑的多边形物体后向下复制，如图 5.176 所示。

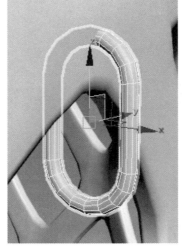

| 图 5.174 | 图 5.175 | 图 5.176 |

用阵列工具沿着边缘旋转复制，如图 5.177 所示。复制后进一步复制调整好位置，如图 5.178 所示。

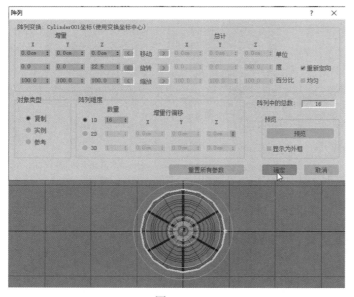

| 图 5.177 | 图 5.178 |

单击 附加 右侧的 ■ 按钮，在弹出的附加列表中选择所有吊环模型（如图 5.179 所示）后单击"确定"按钮，这样就一次性地将所有吊环模型附加在了一起，如图 5.180 所示。

至此，模型全部制作完成，最终的效果如图 5.181 所示。

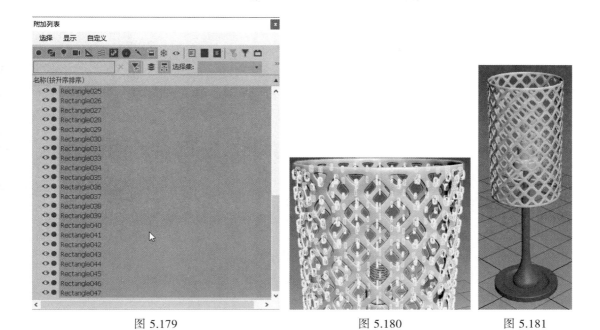

图 5.179　　　　　　　　　　图 5.180　　　　　图 5.181

第 6 章 电子类产品的设计与制作

随着时代的发展，电子产品更新换代的速度也越来越快，特别是像手机这类电子产品已是每个人必备的电子器材。本章将通过介绍 U 盘和耳机的制作过程来学习一下这类模型的制作方法。

6.1 制作 U 盘模型

6.1.1 制作盘体

首先看一下本实例中 U 盘的制作过程，如图 6.1～图 6.4 所示。

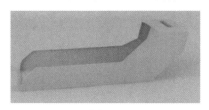

图 6.1

图 6.2

图 6.3

图 6.4

步骤 01 在制作之前先来设置一张参考图。创建一个 60cm×80cm 大小的面片，按 M 键打开材质编辑器，在左侧材质类型中单击标准材质并拖动到右侧材质视图区域，将参考图片拖放到材质编辑器的漫反射颜色贴图通道中，如图 6.5 所示。创建一个长方体，设置长宽高分别为 17cm、64cm、15cm（此处尺寸放大了十倍，便于多边形编辑下参数的调整），将该长方体模型转换为可编辑的多边形物体，按 Alt+X 组合键，将长方体透明化显示，如图 6.6 所示。

切换到前视图，设置为"默认明暗处理"的显示模式，分别加线调整至图 6.7 所示。

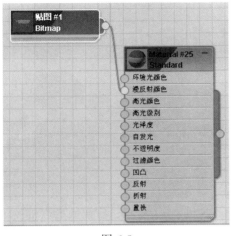

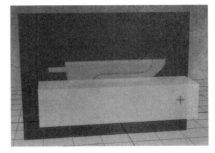

图 6.5　　　　　　　　　　　　　　　　　　　　　图 6.6

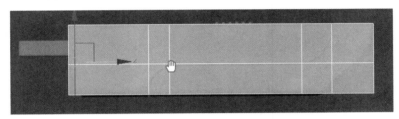

图 6.7

调整布线并调整点的位置，如图 6.8 所示。

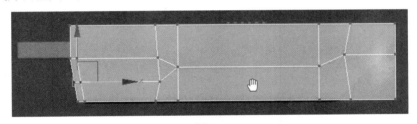

图 6.8

步骤 02　删除参考图片，按 Alt+X 组合键取消透明化显示后，继续调整模型形状至图 6.9
所示。

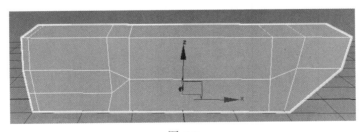

图 6.9

将图 6.10 中所示的线段切角处理，线段切角后，需要及时将三角面的点用目标焊接工具或
者"焊接"工具焊接起来，如图 6.11 所示。

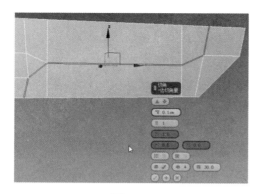

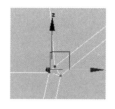

图 6.10 图 6.11

步骤 03 选择图 6.12 和图 6.13 中的面向内挤出，如图 6.14 所示，挤出面后直接按 Delete 键将当前选择的面删除。这样操作的目的是为了将两部分分离开，也就是进入元素级别后可以方便地选择分开的面，如图 6.15 所示。

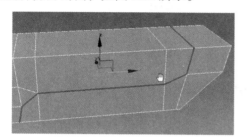

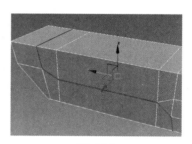

图 6.12 图 6.13

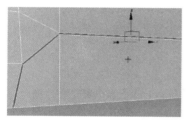

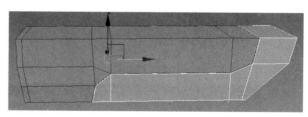

图 6.14 图 6.15

步骤 04 在图 6.16 中所示的位置加线，加线后，将图 6.17 中所示的面向内挤出面处理。

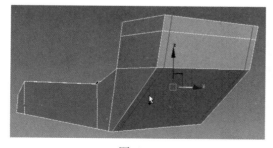

图 6.16 图 6.17

步骤 05 右击 图标，在弹出的"栅格和捕捉设置"面板中选择"顶点"，在"选项"面板中选择"启用轴约束"，如图 6.18 和图 6.19 所示。按"A"键打开捕捉开关。

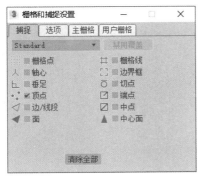

图 6.18　　　　　　　　　　　　　　　　　图 6.19

选择要移动的点，沿着 Y 轴方向移动拖放到另一个需要对齐的点上释放，这样可以快速精确控制点的位置移动和对齐，如图 6.20 所示。在图 6.21 和图 6.22 中的位置分别加线。

将隐藏的面全部显示出来。

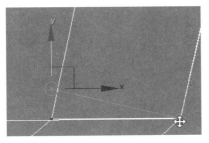

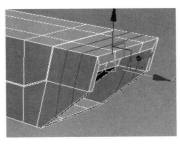

图 6.20　　　　　　　　　　图 6.21　　　　　　　　　　图 6.22

右击模型，在弹出的菜单中选择"剪切"工具，在图 6.23 中所示的位置手动切线。同理，将图 6.24 中所示的内侧线段切角处理。

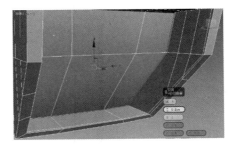

图 6.23　　　　　　　　　　　　　　　　图 6.24

 选择 4 个角的线段切角处理，如图 6.25 所示，切角后，要及时将图 6.26 中多余的点焊接调整。

在图 6.27 中所示的位置加线，右击模型，在弹出的菜单中选择"剪切"工具手动加线调整，如图 6.28 所示，并调整点的位置如图 6.29 所示。

用同样的方法加线调整形状，如图 6.30 和图 6.31 所示。

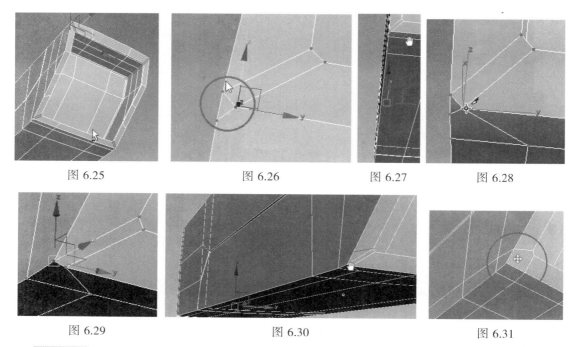

图 6.25　　　　　　　图 6.26　　　　　　　图 6.27　　　　　　　图 6.28

图 6.29　　　　　　　　　　图 6.30　　　　　　　　　　图 6.31

步骤 07　在左右对称中心位置加线后删除右侧一半模型，调整模型布线，在修改器下拉列表中选择"对称"修改命令，镜像出另一半模型后再次将模型转换为可编辑的多边形物体，然后将图 6.32 中所示的上下对应的面删除，选择开口位置的线段，单击"桥"按钮桥接出对应的面，如图 6.33 所示，然后在桥接面的两侧边缘加线，如图 6.34 所示。

　　删除左侧的部分面，如图 6.35 所示，按"5"键进入"元素"级别，选择左上方的元素面，单击 隐藏选定对象 将面隐藏起来，然后选择图 6.36 中所示的边界线，按住 Shift 键向内缩放挤出面，效果如图 6.37 所示。

　　挤出如图 6.38 所示的面，同样按住 Shift 键移动挤出面，如图 6.39 所示。用"桥"工具桥接出上下对应的面，如图 6.40 所示。最后选择右侧的三角边界线，单击"封口"按钮封口处理。用同样的方法调整模型布线，整体效果如图 6.41 所示。

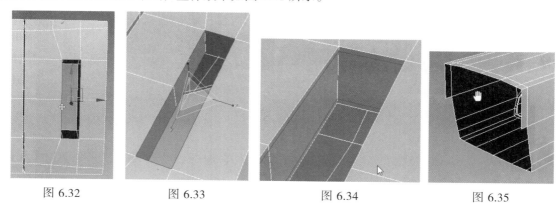

图 6.32　　　　　　　图 6.33　　　　　　　　图 6.34　　　　　　　图 6.35

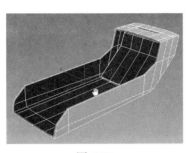
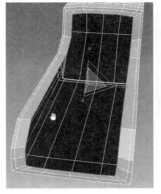
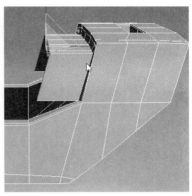

图 6.36　　　　　　　　　　图 6.37　　　　　　　　　　图 6.38

图 6.39　　　　　　　　　　图 6.40　　　　　　　　　　图 6.41

选择左侧的边界线，按住 Shift 键向左侧移动挤出面，然后用缩放工具沿着 X 轴多次缩放使其开口边界线缩放在一个平面内，如图 6.42 所示。按 Ctrl+Q 组合键细分该模型，效果如图 6.43 所示。

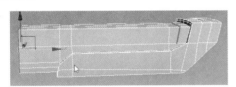

图 6.42　　　　　　　　　　　　　　　　图 6.43

步骤 08　单击 全部取消隐藏 按钮将隐藏的面显示出来，分别加线使模型布线更加均匀，如图 6.44 和图 6.45 所示。

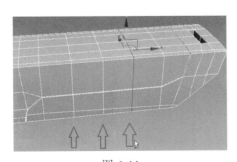
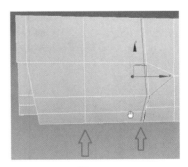

图 6.44　　　　　　　　　　　　　　　　图 6.45

在图 6.46 中所示的一圈位置加线。然后将左侧的开口封口处理，如图 6.47 所示。封口后，需要手动调整布线至图 6.48 所示。

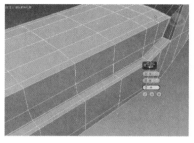
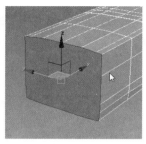

图 6.46   图 6.47   图 6.48

调整好布线后，在边缘位置加线约束，如图 6.49 所示。细分后的效果如图 6.50 所示。

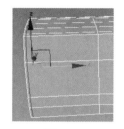
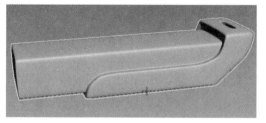

图 6.49   图 6.50

步骤 09 选择 U 盘壳的面，单击"分离"按钮将壳分离出来，为了和原物体区分，给它换一种颜色。选择图 6.51 中所示的边界线，按 Delete 键删除，删除后的效果如图 6.52 所示。

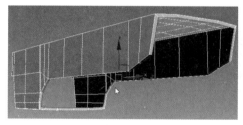
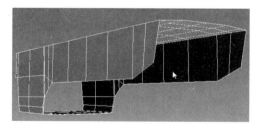

图 6.51   图 6.52

在修改器下拉列表中选择"壳"修改命令，如图 6.53 所示，将模型转换为可编辑的多边形物体，然后在厚度边缘位置加线，如图 6.54 所示。

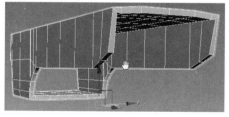
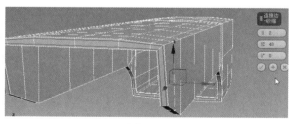

图 6.53   图 6.54

同样，在图 6.55 和图 6.56 中所示的位置加线。细分后的效果如图 6.57 所示。在挂绳开口位置加线，调整形状至图 6.58 所示。

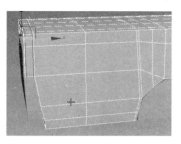

图 6.55

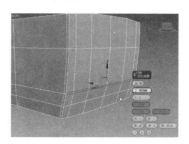

图 6.56

图 6.57

图 6.58

6.1.2　制作插口

步骤 01　创建一个长方体模型，大小和位置如图 6.59 所示。分别加线后删除图 6.60 中所示上下对应的面以及侧边的面，继续在厚度上下两端位置以及侧边边缘位置、中心线位置加线调整，删除左侧一半的面，如图 6.61 所示。

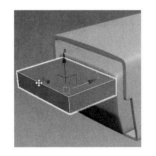

图 6.59

图 6.60

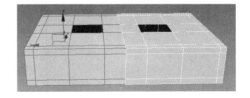

图 6.61

步骤 02　删除侧边部分的面，如图 6.62 所示。用"桥"命令桥接出图 6.63 中所示的面。

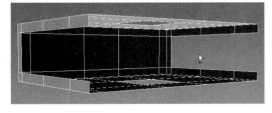

图 6.62

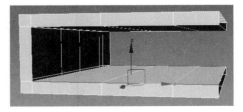

图 6.63

配合"封口"命令将开口位置封口处理后，继续加线，然后删除图 6.64 中所示的面。同理，将上下对应的面桥接出来，如图 6.65 所示。

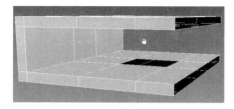
图 6.64

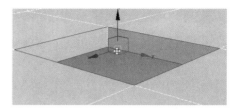
图 6.65

在修改器下拉列表中选择"切角"修改命令，细分后的效果如图 6.66 所示。调整拐角位置的布线，前后对比如图 6.67 和图 6.68 所示（这样调整的目的是为了使布线更加规整）。

图 6.66

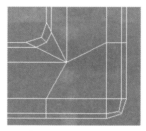
图 6.67

图 6.68

步骤 03 分别在图 6.69～图 6.74 中所示的位置加线。

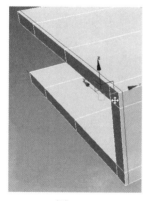
图 6.69

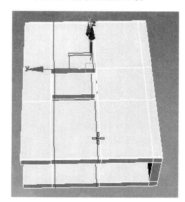
图 6.70

图 6.71

图 6.72

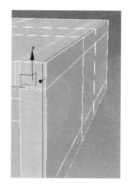
图 6.73

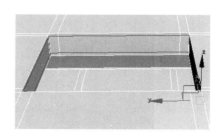
图 6.74

步骤 04　添加"对称"修改命令对称出另一半模型然后将其转换为可编辑的多边形物体，细分后整体效果如图 6.75 所示。

步骤 05　在创建面板中的下拉列表中选择"扩展基本体"，创建一个切角长方体，如图 6.76 所示。用同样的方法再创建如图 6.77 所示的长方体，最后在 U 盘壳的上方创建切角长方体并复制调整至图 6.78 所示。

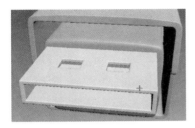

图 6.75

图 6.76

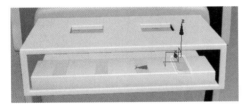

图 6.77

图 6.78

将 U 盘壳先隐藏起来，在内侧表面位置创建一个切角长方体，沿着 Y 轴方向复制。注意在复制时，由于距离和数量不是很容易控制，此处可以使用阵列命令来预览复制，先调整要复制的数量单击预览按钮，然后再调整 Y 轴的位移值，逐步增加数值，直至效果满意为止，如图 6.79 所示。

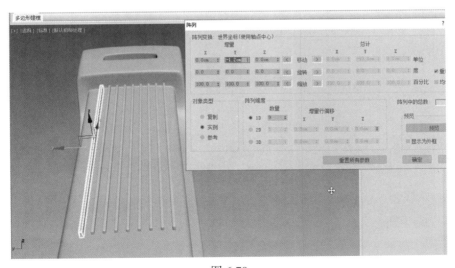

图 6.79

用同样的方法继续复制调整出侧面的一些效果，如图 6.80 所示。最后整体复制 U 盘模型，将 U 盘壳适当移动调整位置，整体的效果如图 6.81 所示。

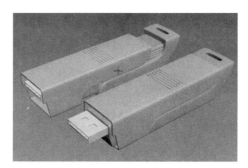

图 6.80   图 6.81

6.1.3 MeshInsert 插件介绍

MeshInsert 插件：只支持英文版本，不支持中文版。所以用英文版来讲解该插件的使用方法。MeshInsert 插件可以快速制作出一些小的物件、按钮等等。

步骤 01 先打开 3ds Max 软件，再双击 MeshInsert_seup_114.exe 文件进行安装，如果安装了多个版本的 3ds Max 软件，选择合适的版本安装即可。安装完成之后，将 MeshInsertLic_Gen.mse 文件拖放到 3ds Max 软件中，系统会生成许可证号直接将其关闭。打开 3ds Max 安装根目录，找到 MeshInsert_12.lic 文件，将该文件复制到 scripts 文件夹中即可。

安装完之后该如何打开该脚本呢？依次单击 Scripting|Run Script 打开 MeshInsert 文件夹，打开 MeshINSERE_V114.mse 文件，默认界面如图 6.82 所示。如果第一次打开时，系统内置的模型文件是空的，此时单击█图标，在弹出的文件夹中找到 MeshInsert 安装目录，选择 Insert_ASSETS_2013 文件夹后单击 Select Folder 按钮即可将系统提供的模型文件加载进来。

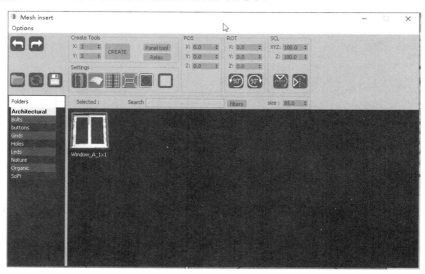

图 6.82

步骤 02 创建一个球体并将其转换为可编辑的多边形物体，选择任意一个面，单击 Bolts 下的█图标来插入模型，系统默认会弹出如图 6.83 所示的错误提示框，单击█图标进入自由边界绘制模式，此时的图标会变成█样式，再次单击█即可在选择的面上快速插入一个模型，如图 6.84 所示。

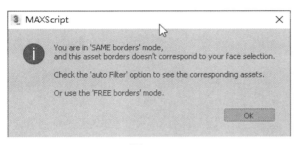

图 6.83　　　　　　　　　　　　　　　　　图 6.84

同样，再次选择其他位置的面，单击内置的模型按钮，系统会在选择的面上快速生成模型，如图 6.85 所示。该插件的强大之处在于它还会自动调整模型布线。

缩放适配工具：开启"缩放适配"后，系统会自动适配插入的模型大小，如果将其关闭，插入的模型会以原始大小显示，如图 6.86 所示。

自动焊接工具：该工具控制插入的模型是否与原物体进行自动焊接，关闭和开启后的效果如图 6.87 所示。

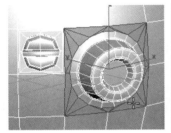
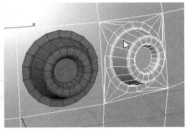

图 6.85　　　　　　　　　　图 6.86　　　　　　　　　　图 6.87

曲面适配工具：该工具可以控制插入的模型是否自动适配原模型物体表面的曲率。关闭和开启效果对比如图 6.88 和图 6.89 所示。

旋转工具：调整插入的模型角度变化，如图 6.90 和图 6.91 所示。

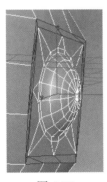

图 6.88　　　　　　图 6.89　　　　　　图 6.90　　　　　　图 6.91

镜像工具：调整插入模型的镜像变化如图 6.92 和图 6.93 所示。

SCL 下的 XYZ: 100.0 为整体缩放调节。当值为 200 时也就是等比例放大 2 倍。对比效果如图 6.94 和图 6.95 所示。

系统内置的模型如图 6.96～图 6.101 所示。

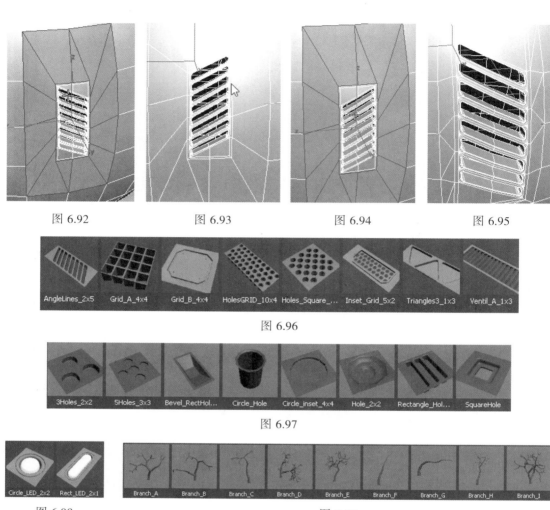

图 6.92 　　　　　　图 6.93 　　　　　　图 6.94 　　　　　　图 6.95

图 6.96

图 6.97

图 6.98 　　　　　　　　　　　　图 6.99

图 6.100

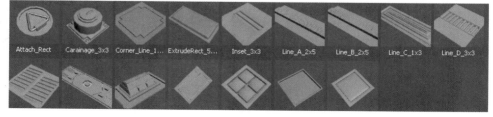

图 6.101

　　除了系统内置的模型外，还可以自定义模型。创建一个面片将中间的面挤出，如图 6.102 所示，挤出面后分别在边缘位置加线调整，如图 6.103 所示。

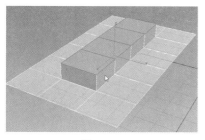

图 6.102

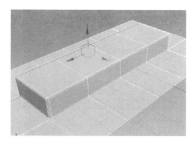

图 6.103

单击 🖫（保存）按钮，将当前制作的模型保存，模型会在插件中显示，如图 6.104 所示。

图 6.104

打开 U 盘模型，选择图 6.105 中所示的面，单击 MeshInsert 插件下的自定义模型，出现图 6.106 所示效果，是因为创建的模型轴心出现了偏差。回到创建的模型中，单击 ⊞ Affect Pivot Only 按钮，移动物体轴心到中心位置。

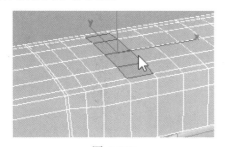

图 6.105

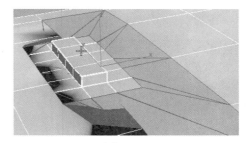

图 6.106

在自定义模型上右击，在弹出的菜单中选择 Delete 将其删除，如图 6.107 所示。再次单击🖫 按钮，将设置好轴心的物体保存。再次执行刚才同样的操作，可以发现创建的模型已经正常了，但是模型偏小，如图 6.108 所示，可以调整 XYZ: 200.0 ⬍ 值适当放大模型，也可以进入多边形子级别后自定义缩放，调整大小后的效果如图 6.109 所示。

图 6.107

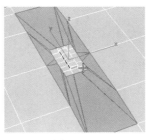

图 6.108

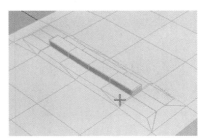

图 6.109

其他部位也执行同样的操作即可快速制作出需要的效果。

6.2 制作耳机

随着时代的发展，电子产品越来越精巧，比如耳机，由开始的有线耳机逐步演变为无线耳机。本节来学习制作一个无线的高保真耳机模型，制作过程如图 6.110～图 6.113 所示。

 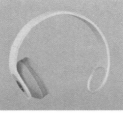  

图 6.110　　　　　　图 6.111　　　　　　图 6.112　　　　　　图 6.113

步骤 01　依次单击+（创建）| （几何体）| 管状体 按钮创建一个半径 1 为 12.3cm，半径 2 为 11.7cm，高度为 3.75cm，边数为 26 的管状体。将其转换为可编辑的多边形物体。删除四分之三部分的面，如图 6.114 所示，在图 6.115 所示位置加线。

步骤 02　再创建一个半径 1 为 3.77、半径 2 为 3.28、高度为 0.6cm、边数为 18 的管状体，如图 6.116 所示。同样将该管状体转换为可编辑的多边形物体。删除图 6.117 中所示的面，单击 附加 按钮拾取另一个模型将两者附加在一起，然后选择边界线后单击 桥 按钮桥接出中间的面，如图 6.118 所示。调整布线至图 6.119 所示，整体效果如图 6.120 所示。

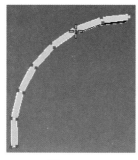   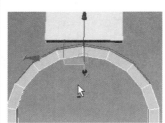

图 6.114　　　　　　图 6.115　　　　　　图 6.116　　　　　　图 6.117

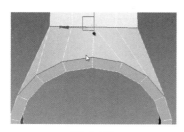 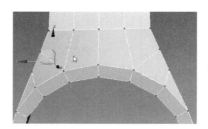 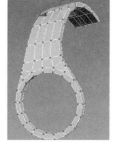

图 6.118　　　　　　　　　图 6.119　　　　　　　　　图 6.120

步骤 03　单击 按钮镜像复制出另一半模型，如图 6.121 所示。在图 6.122 所示的位置加线。

选择图 6.123 中所示的线段，将线段切角处理，如图 6.124 所示。

选择切角内部的面向内挤出，如图 6.125 所示。然后按 Delete 键将面删除，图 6.125 中右侧位置的面也要删除。

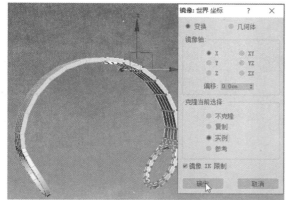
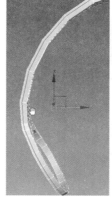
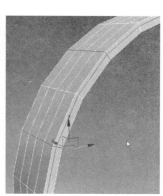

图 6.121　　　　　　　　图 6.122　　　　　　　　图 6.123

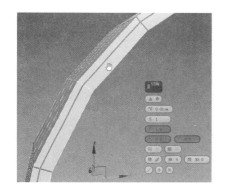
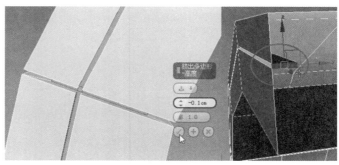

图 6.124　　　　　　　　　　　　图 6.125

步骤 04 按"5"键进入"元素"级别，选择图 6.126 中所示部分，按 Alt+I 组合键反向隐藏所选面，如图 6.127 所示。

将顶部的面桥接起来，如图 6.128 所示，然后在中间位置加线，如图 6.129 所示。

两侧开口做封口处理后调整布线，如图 6.130 所示，然后在图 6.131 中所示的位置加线。

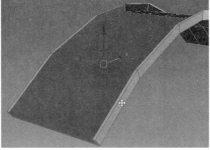
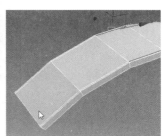

图 6.126　　　　　　　　图 6.127　　　　　　　　图 6.128

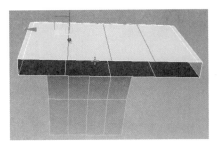

图 6.129   图 6.130   图 6.131

步骤 05　按 Alt+U 组合键取消隐藏的面，选择图 6.132 中所示的元素，按 Alt+I 组合键反向隐藏所选面，选择接口位置内侧的面并删除，如图 6.133 所示。然后再选择接口位置如图 6.134 中所有的点，单击 [焊接] 按钮将相邻的点焊接起来。

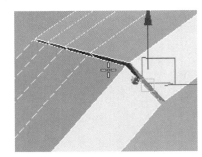

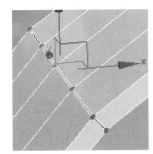

图 6.132   图 6.133   图 6.134

删除图 6.135 中所示区域的面，然后在边缘位置加线，如图 6.136 所示。

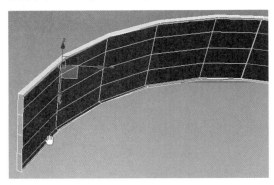

图 6.135   图 6.136

步骤 06　在图 6.137 中所示位置加线后将线段切角，然后选择切角位置其中的一条边，如图 6.138 所示。单击 [环形] 按钮快速选择环形线段，右击，在弹出的菜单中选择转换到面选择，如图 6.139 所示，按 Delete 键删除选择的面。（之所以要删除该位置的面，是为了将两部分分离开，方便两个元素部分的选择，如图 6.140 所示）

分别在图 6.141 和图 6.142 中所示的位置加线。

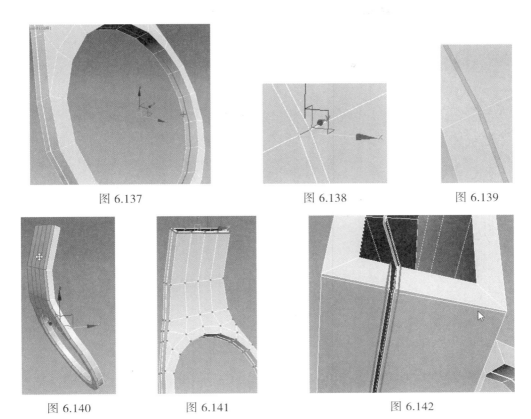

图 6.137　　　　　　　　　　图 6.138　　　　　　　　　图 6.139

图 6.140　　　　　　图 6.141　　　　　　图 6.142

将图 6.143 中所示的边缘线段切角，全部调整好后的细分效果如图 6.144 所示。

步骤 07　创建一个如图 6.145 所示大小的圆柱体，将该圆柱体再缩放复制一个并更换颜色显示，删除两侧的面，如图 6.146 所示。选择右侧边界线，按住 Shift 键配合移动和缩放工具挤出面，调整过程如图 6.147～图 6.149 所示。

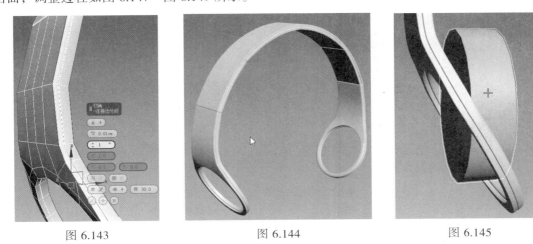

图 6.143　　　　　　　　图 6.144　　　　　　　图 6.145

选择图 6.150 中的环形线段，单击 分割 按钮，这样就把模型分割成了两个部分，如图 6.151 所示。在图 6.152 中所示位置加线并切角处理，然后将切角位置的面向下挤出，如图 6.153 所示，再删除内部的面。这样操作同样可以把物体分成几个部分，便于选择编辑操作，如图 6.154 所示。

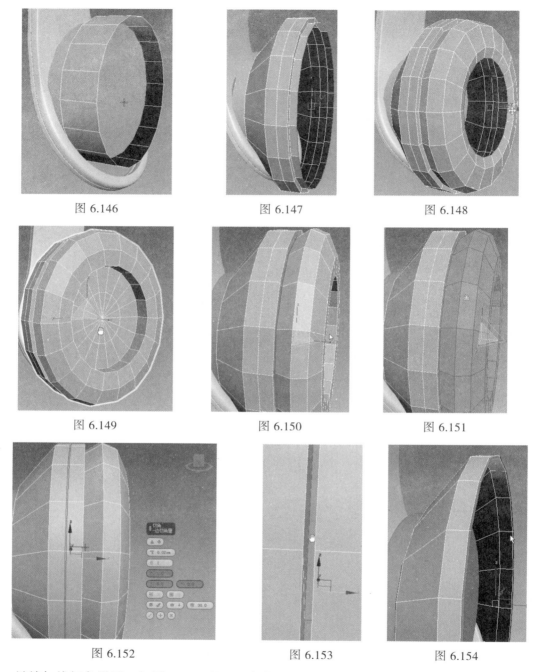

图 6.146　　　　　　　　图 6.147　　　　　　　　图 6.148

图 6.149　　　　　　　　图 6.150　　　　　　　　图 6.151

图 6.152　　　　　　　　图 6.153　　　　　　　　图 6.154

　　继续加线切角设置，如图 6.155 所示。隐藏除中间部位元素外的所有模型，按住 Shift 键向内缩放挤出面并调整，如图 6.156 所示。

　　用同样的方法将中间部位的面分离出来，单击图 6.157 中的颜色框，在弹出的对象颜色面板中拾取另一个颜色，如图 6.158 所示，效果如图 6.159 所示。更改颜色后在图 6.160 中所示位置加线。

图 6.155　　　　　　　　　图 6.156　　　　　　　　　图 6.157

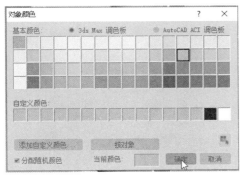

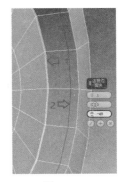

图 6.158　　　　　　　　　　图 6.159　　　　　　　　图 6.160

　　按 Ctrl+Q 组合键细分该模型，细分一级后塌陷使模型布线增加一倍，依次选择图 6.161 中箭头所示位置的边缘点（可以间隔选择）然后用缩放工具整体缩放调整至图 6.161 所示。为了使模型更加自然，可以添加噪波修改器如图 6.162 和图 6.163 所示，也可以使用绘制笔刷工具在模型表面绘制一些凹凸变化效果。

　　细分模型后的效果如图 6.164 所示。

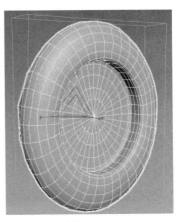

图 6.161　　　　　　　　　图 6.162　　　　　　　　图 6.163

暂时删除中心部位的面，如图 6.165 所示，然后选择边界线，按住 Shift 键向内挤出面重新调整该部位的布线，如图 6.166 所示。最后的整体效果如图 6.167 所示。

图 6.164

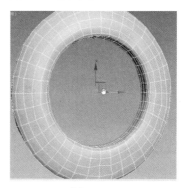

图 6.165

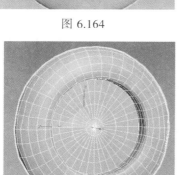

图 6.166

图 6.167

步骤 08 依次单击 + （创建）| ⊡ （图形）| "圆"按钮创建两个圆，再单击"矩形"按钮创建一个矩形，如图 6.168 所示，将圆和矩形均转换为可编辑的样条线，单击 附加 按钮拾取样条线将所有样条线附加在一起。按"3"键进入样条线级别，选择图 6.169 中的样条线，选择 ⊡ 差集，单击 布尔 运算按钮，拾取矩形完成差集运算，如图 6.170 所示。再拾取内部的圆，效果如图 6.171 所示。

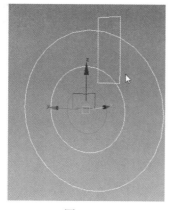

图 6.168

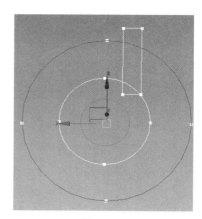

图 6.169

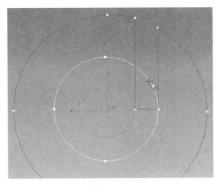
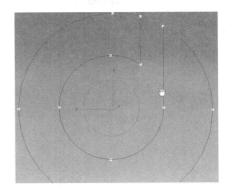

图 6.170　　　　　　　　　　　　　　图 6.171

　　将最小的圆也附加起来，添加"挤出"修改命令，如图 6.172 所示，再添加"切角"修改命令，参数设置如图 6.173 所示，效果如图 6.174 所示。

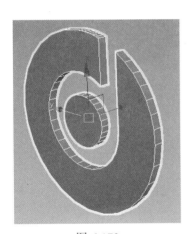

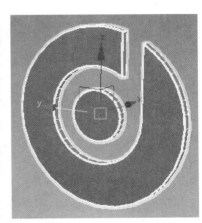

图 6.172　　　　　　　　图 6.173　　　　　　　　图 6.174

　　将该物体移动到图 6.175 中所示位置，然后整体旋转调整角度至图 6.176 所示。

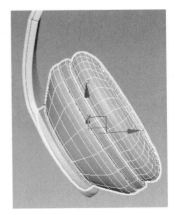

图 6.175　　　　　　　　　　　　　　图 6.176

步骤 09　选择图 6.177 中的元素，单击 分离 按钮将其分离出来，给该模型换一个颜色显示。

在修改器下拉列表中选择"对称"修改命令将制作好的物体对称复制出来，如图 6.178 所示。

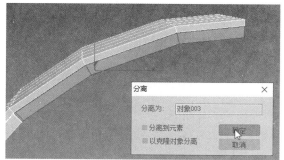

图 6.177

图 6.178

选择图 6.179 中的面向下移动调整形状，侧面位置加线后调整形状至如图 6.180 所示。

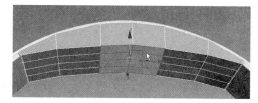

图 6.179

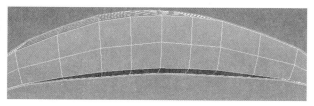

图 6.180

选择图 6.181 所示底部所有的面添加"噪波"修改命令，设置参数如图 6.182 所示，效果如图 6.183 所示。

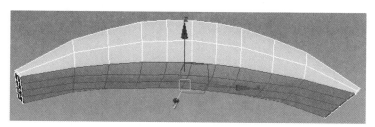

图 6.181

图 6.182

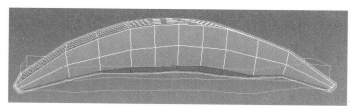

图 6.183

细分后的效果如图 6.184 所示。

图 6.184

步骤 10 将制作好的耳机模型整体复制一个，按 M 键打开材质编辑器，在左侧材质类型中单击"标准材质"并拖拉到右侧材质视图区域，选择场景中的所有物体，单击 ![button] 按钮将标准材质赋予所选择物体。单击修改面板右侧的颜色框，在弹出的"对象颜色"面板中选择"黑色"，单击"确定"按钮，指定线框颜色为黑色，最后的整体效果如图 6.185 所示。

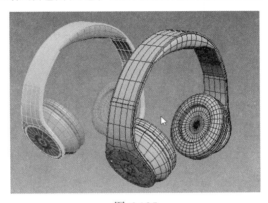

图 6.185

第 7 章　装饰摆件类产品的设计与制作

装饰摆件类工艺品是指现代通过机器成批量生产的，有一定艺术属性的能够满足人民群众日常生活所需，具有装饰、使用功能的商品。工艺品来源于人们的生活，却又创造了高于生活的价值。它是人类的智慧和现代工业技术的结晶。

客厅、卧室、书桌都可以适当摆放一些工艺品，具有装饰的作用。

7.1　制作装饰摆件

本节制作一个两只鸟的摆件，制作过程如图 7.1～图 7.2 所示。

图 7.1

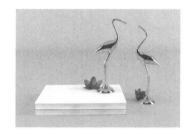
图 7.2

7.1.1　制作书本

步骤 01 依次单击 + （创建）| ● （几何体）| "长方体" 按钮，在视图中创建一个长方体，设置长宽高分别为 21cm、27cm、0.5cm，向上再复制两个，将中间的长方体更改颜色便于三者区分，如图 7.3 所示。

图 7.3

步骤 02 将 3 个长方体都转换为可编辑的多边形物体，加线调整形状至图 7.4 所示。再创建或者复制一个长方体，删除前后和右侧的面，如图 7.5 所示。

图 7.4　　　　　　　　　　　　　　　　图 7.5

分别加线切角处理，如图 7.6 所示，调整形状至图 7.7 所示。删除底部一半的面，然后添加"对称"修改命令，将调整好形状的一半模型对称出来。

图 7.6　　　　　　　　　　　　　　　　图 7.7

步骤 03　单击☑按钮进入修改面板，单击"修改器列表"右侧的小三角按钮，添加"壳"修改命令，设置"内部量"参数为 0，"外部量"参数为 0.2cm，效果如图 7.8 所示。将其转换为可编辑的多边形物体后在边缘位置加线，如图 7.9 和图 7.10 所示。

按 Ctrl+Q 组合键细分该模型，显示效果如图 7.11 所示。

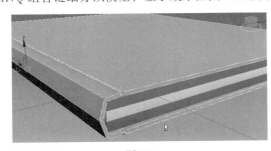

图 7.8　　　　　　　　　　　　　　　　图 7.9

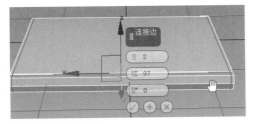

图 7.10　　　　　　　　　　　　　　　　图 7.11

步骤 **04** 将外侧的书皮模型复制一个，调整大小至图 7.12 所示，将厚度调整薄一些，细分后的效果如图 7.13 所示。

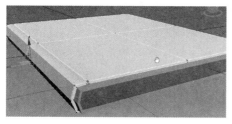

图 7.12

图 7.13

将整个书本再向上复制，如图 7.14 所示。

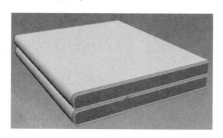

图 7.14

7.1.2 制作鸟装饰品

步骤 **01** 依次单击 + （创建）| ● （几何体）| "圆锥体"按钮，将其转换为可编辑的多边形物体。单击石墨建模工具下的"自由形式"|"绘制变形"|"偏移"笔刷，如图 7.15 所示，快速调整模型形状至图 7.16 所示。

"偏移"笔刷工具可以针对模型进行整体的比例形状调整，有点类似于"软选择"工具的使用，但是它使用起来会更加快捷更加灵活。当开启"偏移"工具时，鼠标的位置会出现两个圈，外圈为黑色，内圈为白色。外圈控制笔刷的衰减值，内圈控制强度。Ctrl+Shift+鼠标左键拖动可以同时快速调整内圈和外圈的大小，Ctrl+鼠标左键拖动可调整外圈衰减值大小，Shift+左键拖动控制调整内圈强度值。

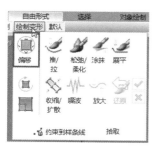

图 7.15

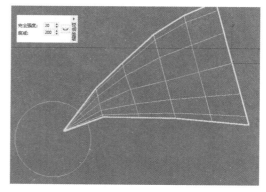

图 7.16

步骤 **02** 删除右侧的面，如图 7.17 所示，按"3"键进入"边界"级别，选择边界线按住 Shift

键向右移动挤出面，调整至图 7.18 所示形状。

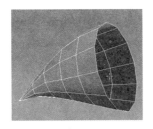
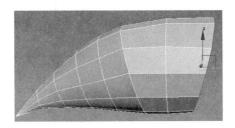

图 7.17　　　　　　　　　　　　　图 7.18

单击 封口 按钮将开口封口，如图 7.19 所示，右击模型，在弹出的菜单中选择"剪切"工具，手动加线调整布线，如图 7.20 和图 7.21 所示。

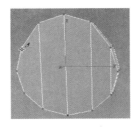

图 7.19　　　　　　　图 7.20　　　　　　　图 7.21

步骤 03　将右侧部分缩放调整，如图 7.22 所示。继续调整布线和形状后删除另一半模型，如图 7.23 所示。单击 按钮镜像出另一半便于整体观察效果。选择图 7.24 中所示的面并将其删除。

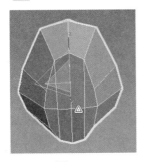
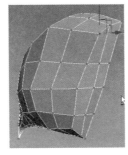
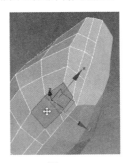

图 7.22　　　　　　　图 7.23　　　　　　　图 7.24

按住 Shift 键向下挤出面，如图 7.25 所示。继续向下挤出面并调整出鸟的腿部，如图 7.26 所示。

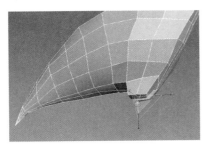

图 7.25　　　　　　　　　　　　　图 7.26

步骤 04　删除图 7.27 中所示的面，同样选择开口位置的边后向上挤出面并调整，如图 7.28 所示。

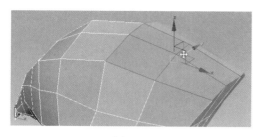

图 7.27

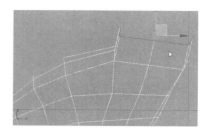

图 7.28

该位置尽可能调整成圆形，如图 7.29 所示。继续挤出面（边挤出面边调整形状）调整至图 7.30 所示形状。

图 7.29

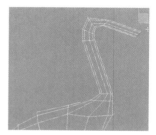

图 7.30

步骤 05 选择图 7.31 中的上下边，单击 桥 按钮桥接出中间的面，如图 7.32 所示，然后选择边界线单击 封口 按钮将开口封闭起来，如图 7.33 所示，然后调整布线至图 7.34 所示。

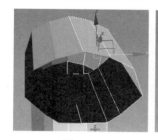

图 7.31

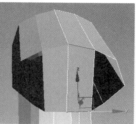

图 7.32

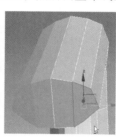

图 7.33

图 7.34

在图 7.35 和图 7.36 中所示位置加线调整形状，最后添加"对称"修改命令对称出另一半模型，细分后的效果如图 7.37 所示。

图 7.35

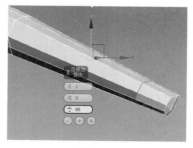

图 7.36

图 7.37

步骤 06 创建一个球体，分段数设置为 16，将其转换为可编辑多边形物体，删除底部一半的面，用缩放工具沿着 Z 轴缩放，如图 7.38 所示。选择底部的边界线后缩放挤出面并调整形状至图 7.39 所示。

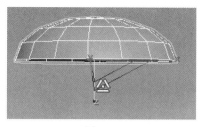

图 7.38 　　　　　　　　　　　　　　　　　　图 7.39

分别将图 7.40 中的线段切角处理，制作好底座后，将底座和鸟模型镜像复制，如图 7.41 所示。

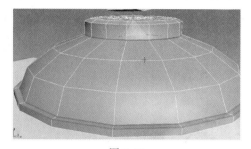

图 7.40 　　　　　　　　　　　　　　　　　　图 7.41

7.1.3　制作花瓣

步骤 01　创建一个面片，设置长宽分别为 3cm、1.5cm 左右，长度分段数为 4，宽度分段数为 2，将其转换为可编辑的多边形物体，在修改器下拉列表中选择"锥化"修改命令，效果和参数设置如图 7.42 和图 7.43 所示。

单击"绘制变形"下的"偏移"笔刷，快速调整面片形状至图 7.44 所示，再添加"弯曲"修改命令，效果和参数设置如图 7.45 和图 7.46 所示。

之后再次添加一个"弯曲"修改命令，效果和参数如图 7.47 和图 7.48 所示。

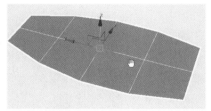

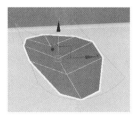

图 7.42 　　　　　　图 7.43 　　　　　　图 7.44 　　　　　　图 7.45

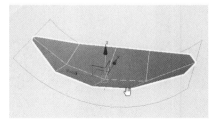

图 7.46 　　　　　　　　　图 7.47 　　　　　　　　　图 7.48

步骤 02　单击 按钮镜像复制一个花瓣模型，如图 7.49 所示。再次旋转复制出一个花瓣模型，用偏移笔刷调整大小和形状，如图 7.50 所示。

再次镜像复制调整，如图 7.51 所示。用同样的方法再复制几个并调整大小、位置和形状后的效果如图 7.52 所示。

步骤 03 创建一个圆柱体作为花蕊模型，如图 7.53 所示，将该模型转换为可编辑的多边形物体后挤出顶部面，如图 7.54 所示，细分后效果如图 7.55 所示。

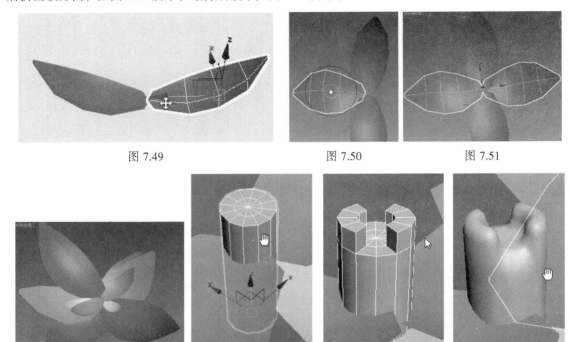

图 7.49　　　　　　　图 7.50　　　　　　　图 7.51

图 7.52　　　　　图 7.53　　　　　图 7.54　　　　　图 7.55

步骤 04 右击，选择"全部取消隐藏"，将隐藏的模型全部显示出来，复制整个花瓣并调整好位置，如图 7.56 所示。

步骤 05 修改调整右侧鸟模型的形状。选择图 7.57 中所示的点用旋转工具旋转调整形状，在旋转调整时物体形状会扭曲，如图 7.58 所示，这时只需要配合移动工具向上调整位置即可，用这种方法边旋转边移动调整出图 7.59 所示形状。最后的整体效果如图 7.60 所示。

图 7.56

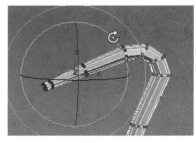

图 7.57

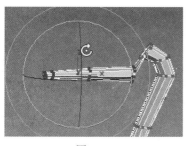

图 7.58

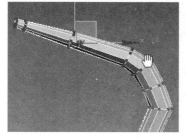

图 7.59

图 7.60

7.2　制作花瓶摆件

本节制作一个装满花朵的花瓶以及书本摆件，制作过程如图 7.61～图 7.63 所示。

图 7.61

图 7.62

图 7.63

7.2.1　制作花瓶

步骤 01　花瓶的制作有两种方法。第一种，依次单击 + （创建）| ⚙ （图形）| "线"按钮，在视图中创建如图 7.64 所示的样条线，单击 ☑ 按钮进入修改面板，单击"修改器列表"右侧的小三角按钮，添加"车削"修改命令，单击 最小 按钮调整旋转的轴心，同时选择 ☑焊接内核 ☑翻转法线，分段数设置为 16，效果如图 7.65 所示。然后再添加"壳"修改命令，参数设置如图 7.66 所示。

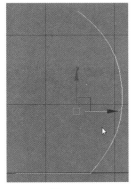

图 7.64

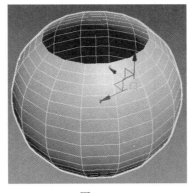

图 7.65

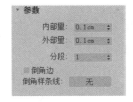

图 7.66

第二种制作方法：创建一个球体，删除顶部和底部的部分面，如图 7.67 所示。然后选择底部边界线向内缩放挤出面并调整，如图 7.68 所示。最后单击"塌陷"按钮将中心的点焊接成一个点。

在修改器下拉列表中选择"壳"修改命令，设置好厚度后，然后将该模型转换为可编辑的多边形物体。注意，在厚度上添加分段如图 7.69 所示。两种方法制作的效果对比如图 7.70 所示。

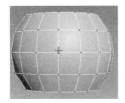

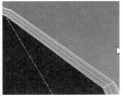

图 7.67　　　　　　图 7.68　　　　　　图 7.69　　　　　　　　图 7.70

步骤 02 创建一个薄薄的圆柱体，如图 7.71 所示，该圆柱体可以通过后期的材质设置来模拟土壤或者水的效果，如图 7.72 所示。

步骤 03 创建一个如图 7.73 所示的样条线，选择 ✔在渲染中启用 ✔在视口中启用，厚度设置为 1cm，边数设置为 8，效果如图 7.74 所示。

将该样条线转换为可编辑的多边形物体后，删除顶部的面，选择顶部边界线，如图 7.75 所示。按住 Shift 键向上挤出面并缩放调整形状，如图 7.76 所示。最后将顶部的面封口并调整布线，如图 7.77 所示。

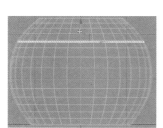

图 7.71　　　　　　　　　　图 7.72　　　　　　　　　　图 7.73

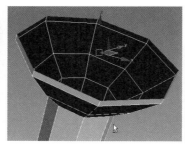
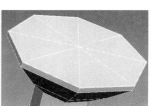

图 7.74　　　　　　图 7.75　　　　　　　图 7.76　　　　　　　图 7.77

步骤 04 创建一个分段数为 3 和 2 的面片物体，如图 7.78 所示，将该面片转换为可编辑的多边形物体并调整形状至图 7.79 所示，在调整花瓣形状时，要注意各个轴向上的形状变化。为了制作出花瓣的凹痕效果，先加线，然后移动部分线并调整至凸起或者凹陷即可，如图 7.80 所示。

> **知识点**
>
> 在加线调整模型时，有时线段的分布并不合理，有的地方稀疏有的地方密集，如何将线段分布平均呢？以本花瓣为例，先选择横向上的环形线段，依次单击"建模"|"循环"|"循环工具"，然后在循环工具面板中单击"间隔"按钮，这样就可以快速将纵向上的线段调整为平均距离大小，也就是每条线段之间的距离都是相同的，如图 7.81 所示。

将图 7.82 中的线段沿着 Y 轴向内侧移动，如图 7.83 所示，然后将图 7.84 中的线段向外侧移动，制作出一些凹陷和凸起的效果。细分后的效果如图 7.85 所示。添加"壳"修改命令，设置外部量值为 0.1cm，内部量值为 0，效果如图 7.86 所示。

图 7.78　　　　图 7.79　　　　图 7.80　　　　图 7.81

图 7.82　　　　图 7.83　　　　图 7.84　　　　图 7.85　　　　图 7.86

步骤 05 旋转 90°，复制出另一个花瓣模型，如图 7.87 所示。用同样的方法选择 2 个花瓣再次旋转 90° 复制，如图 7.88 所示。

再用同样的方法复制出内部的花瓣模型，如图 7.89 所示。单击 附加 按钮拾取复制的其他花瓣模型将所有的花瓣附加在一起，选择 ✓ 使用软选择 选择顶部的点如图 7.90 所示。缩放调整顶部花瓣的大小，效果如图 7.91 所示。

整体调整花瓣和花杆模型比例，如图 7.92 所示。为了更加美观，将每一个花瓣分离出来，然后更改不同的颜色显示，如图 7.93 所示。复制出其他的花朵模型，调整大小、位置后的整体效果如图 7.94 所示。

图 7.87　　　　　　　图 7.88　　　　　　　　　图 7.89　　　　　　　　图 7.90

图 7.91　　　　　　　图 7.92　　　　　　　　图 7.93　　　　　　　　图 7.94

步骤 06 再创建一个面片物体并调整形状至图 7.95 所示。再加线调整，如图 7.96 所示。

细分一级后将模型塌陷，使模型面数增加一倍，然后移动边来调整物体形状，如图 7.97 所示。添加"壳"修改命令，塌陷后的细分效果如图 7.98 所示。

用"偏移"笔刷调整形状至图 7.99 所示。调整好形状后旋转 90° 复制，如图 7.100 所示。

继续旋转复制，更改模型不同颜色显示，如图 7.101 所示。继续缩放复制调整角度，效果如图 7.102 所示。

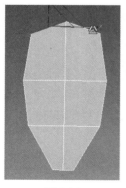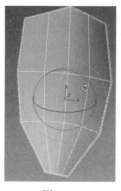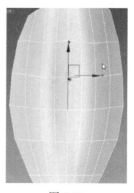

图 7.95　　　　　　　图 7.96　　　　　　　　图 7.97　　　　　　　　图 7.98

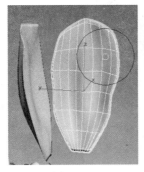
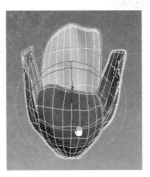

| 图 7.99 | 图 7.100 | 图 7.101 | 图 7.102 |

步骤 07 在花朵中心位置创建一个球体，如图 7.103 所示。

步骤 08 依次单击 ✛（创建）| （图形）| "线"按钮，在视图中依次创建样条线，如图 7.104 所示。复制调整出其他的花朵模型，如图 7.105 所示。

步骤 09 创建出叶子模型，如图 7.106 所示，创建的方法也是基于面片的多边形修改，不再赘述。最后整体复制出图 7.107 所示效果。

| 图 7.103 | 图 7.104 | 图 7.105 |

| 图 7.106 | 图 7.107 |

7.2.2　制作书本

步骤 01 创建一个长宽高分别为 19cm、24cm、3.7cm 的长方体，如图 7.108 所示。将该长方体转换为可编辑的多边形物体后，将图 7.109 中所示的面向外挤出，然后将图 7.110 中所示的面向内挤出。

图 7.108

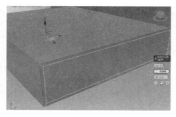
图 7.109

图 7.110

步骤 02 将该书本模型向上复制一个并调整大小，如图 7.111 所示。选择底部书本模型，在厚度上加线，调整侧面形状如图 7.112 所示。

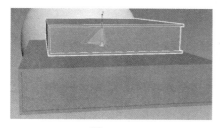
图 7.111

图 7.112

步骤 03 再复制一本，调整至图 7.113 所示形状。

在侧边缘位置加线，如图 7.114 所示，加线后移动线的位置调整出凹凸效果，如图 7.115 所示。

图 7.113

图 7.114

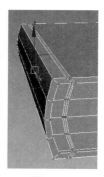
图 7.115

步骤 04 将内部的面分离出来，外侧的书皮更换一种颜色显示，如图 7.116 所示。继续复制调整，注意堆叠的角度尽可能随机一些这样显得更加真实，如图 7.117 所示。

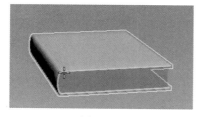
图 7.116

图 7.117

步骤 05 将书皮模型再复制一个，删除一半如图 7.118 所示。

图 7.118

调整左侧点至图 7.119 所示，然后在修改器下拉列表中选择"对称"修改命令，对称出另一半书皮模型，如图 7.120 所示。

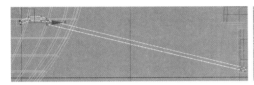

图 7.119

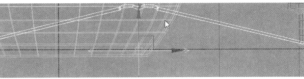

图 7.120

对称后的书皮中心形状如图 7.121 所示，将其调整至图 7.122 所示形状。整体细分后的效果如图 7.123 所示。

图 7.121

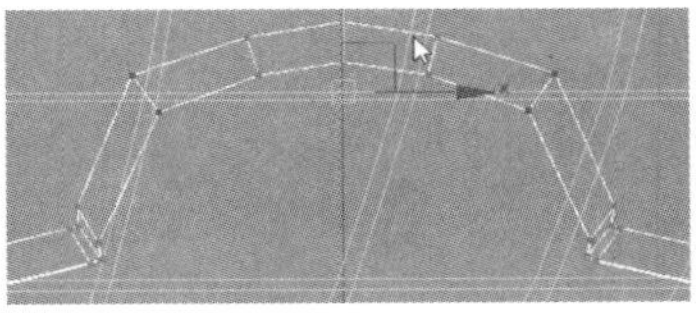

图 7.122

图 7.123

步骤 06　创建一个如图 7.124 所示的样条线。

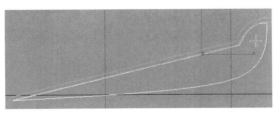

图 7.124

在修改器下拉列表中选择"挤出"修改命令，厚度大小如图 7.125 所示。然后添加"对称"修改命令，如图 7.126 所示。

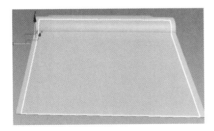

图 7.125

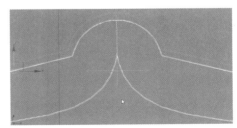

图 7.126

此时发现书本模型并不真实，回到样条线级别重新调整形状至图 7.127 所示，最后的效果如图 7.128

所示。整体效果如图 7.129 所示。至此，本实例模型制作完毕。

 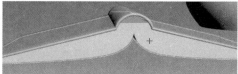 

图 7.127　　　　　　　图 7.128　　　　　　　图 7.129

第 8 章　小家电类产品的设计与制作

小家电一般是指除了大功率输出的电器以外的家电，一般这些小家电都占用比较小的电力资源，或者机身体积也比较小，所以称为小家电。

按照小家电的使用功能，可以将其分为四类。

厨房小家电产品：主要包括酸奶机、煮蛋器、电热饭盒、豆浆机、电热水壶、电压力煲、豆芽机、电磁炉、电饭煲、电饼铛、烤饼机、消毒碗柜、榨汁机、电火锅、微波炉、多功能食品加工机等。

家居家电产品：主要包括电风扇、音响、吸尘器、电暖器、加湿器、空气清新器、饮水机、净水器、电动晾衣机等。

个人生活小家电产品：主要包括电吹风、电动剃须刀、电熨斗、电动牙刷、电子美容仪、电子按摩器等。

个人使用数码产品：主要有 MP3、MP4、电子词典、掌上学习机、游戏机、数码相机、数码摄像机等等。

小家电也可以被称为软家电，是提高人们生活质量的家电产品，例如被市场很认可的豆浆机、电磁炉等，例如加湿器、空气清新器、消毒碗柜、榨汁机、多功能食品加工机、电子美容仪、电子按摩器等追求生活品质的家电。

本章将以电熨斗和吹风机为例讲解一下这类模型的制作方法。

8.1　制作电熨斗

首先来看一下电熨斗的制作过程，如图 8.1～图 8.4 所示。

| 图 8.1 | 图 8.2 | 图 8.3 | 图 8.4 |

步骤 01 在制作之前，尽可能地找一些参考图，比如当前的参考图尺寸为 640×480 像素大小，创建长宽高分别为 64cm、48cm、48cm 的长方体，将其转换为可编辑的多边形物体，如图 8.5 所示。

按 "4" 键进入面级别，选择所有的面，单击 翻转 按钮将选择面的法线反转，效果如图 8.6 所示。

这里讲解一下法线的知识：模型面都具有法线，法线在编辑多边形时起着非常重要的作用，表面的法线要么都朝内，要么都朝外。如果在分离或粘合各种多边形时，会发现有时它们的方向并不一致，这样就会造成边界边不能正确地合并，也不能正确地进行纹理贴图。图 8.5 中的法线朝外，所以外部观察长方体显示正常，当我们把法线翻转之后，长方体从外部观察就全部变成黑色了，这是因为法线朝内了，但是从内部观察模型面又会正常显示。这就是法线的作用。

删除部分面后，物体从内部观察是能正常显示的，如图 8.7 所示。再选择其中的一个面，单击 分离 按钮将面分离开来，如图 8.8 所示（保持默认参数即可）。

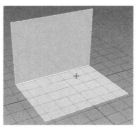

图 8.5   图 8.6   图 8.7   图 8.8

找到参考图图片，直接将参考图拖放到两个面片上，显示效果如图 8.9 所示，当前参考图角度不正确。单击 ☑ 按钮进入修改面板，单击 "修改器列表" 右侧的小三角按钮，添加 "UVW 贴图" 修改命令，单击 ▼ UVW 贴图 前面的小三角，单击 Gizmo 进入 Gizmo 级别，将底部面片的贴图 Gizmo 旋转 90°，此时效果如图 8.10 所示。单击 适配 按钮，此时效果如图 8.11 所示。

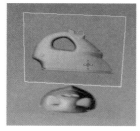

图 8.9   图 8.10   图 8.11

选择侧面图片同样进入 Gizmo 级别，只需要将侧面图片显示效果翻转一下即可，选择 U 向平铺：1.0 ✓翻转 翻转，此时显示效果如图 8.12 所示。选择两个面片，右击，在弹出的右键菜单中选择 "对象属性"，如图 8.13 所示，然后在对象属性面板中取消选择 "以灰色显示冻结对象" 如图 8.14 所示，单击 "确定" 按钮后，再次右击，选择 "冻结当前选择"，如图 8.15 所示，将面片冻结起来。冻结后的物体将不能再选择操作，这样就避免了对参考图的一些误操作。

步骤 02 分别将顶视图和前视图的显示模式设置为 "默认明暗处理"，创建一个长方体模型，此时物体会遮挡住参考图的显示，如图 8.16 所示。按 Alt+X 组合键透明化显示该物体，效果如图 8.17 所示。

在顶视图中加线删除一半的面，如图 8.18 所示，在侧面中调整模型高度至图 8.19 所示。

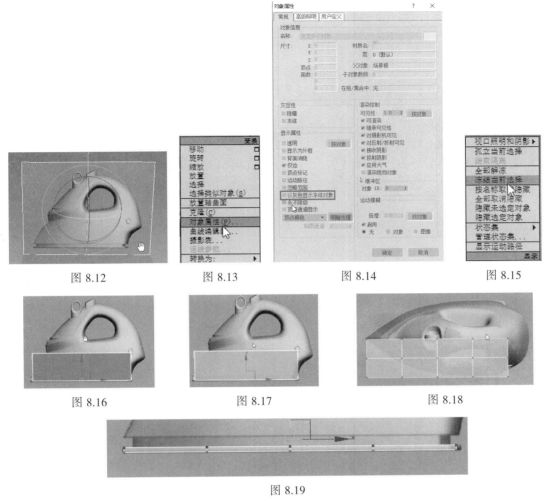

图 8.12　　　　　　图 8.13　　　　　　图 8.14　　　　　　图 8.15

图 8.16　　　　　　　　图 8.17　　　　　　　　图 8.18

图 8.19

步骤 03 根据参考图形状调整至图 8.20 所示。进入"面"级别，选择顶部的面向内插入面，如图 8.21 所示。

注意　　由于图 8.21 中的距离较小，插入面后部分点会出现交叉或者挤压的现象，如图 8.22 和图 8.23 所示，需要手动调整点的位置至图 8.24 所示。

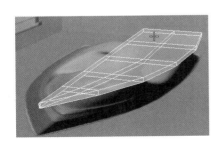

图 8.20

图 8.21

图 8.22

将图 8.25 中所示线内的面删除，然后选择图 8.26 中所示的边界线，用缩放工具沿着 Y 轴方向缩放调整，使其缩放在一个平面内。

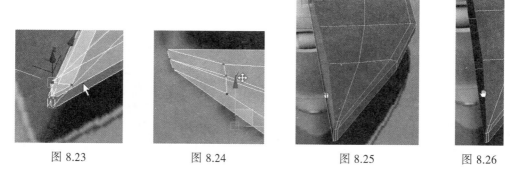

| 图 8.23 | 图 8.24 | 图 8.25 | 图 8.26 |

步骤 04 继续将顶部的面向上挤出，如图 8.27 所示。删除对称中心位置的面，如图 8.28 所示。

将顶部的面向外倒角，如图 8.29 所示，同样需要将对称中心位置的面删除后调整形状，再将顶部的面向上挤出并调整，如图 8.30 所示。

继续挤出面，挤出的同时注意侧面形状的调整，如图 8.31 所示。注意在透视图中也要观察调整模型其他轴向上的整体形状，如图 8.32 所示。

将图 8.33 中所示的面挤出，调整点的位置来调整模型形状至图 8.34 所示。

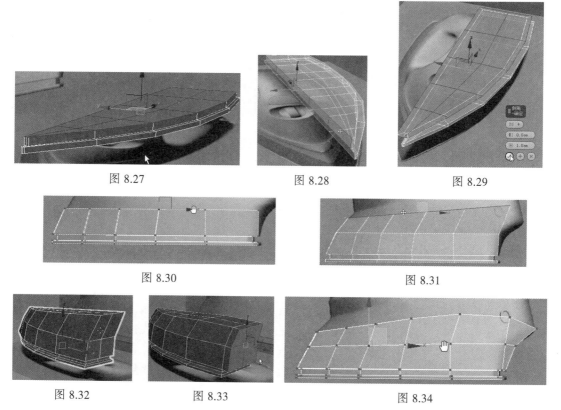

图 8.27　　　　　　　　图 8.28　　　　　　　　图 8.29

图 8.30　　　　　　　　　　　　图 8.31

图 8.32　　　　图 8.33　　　　　　图 8.34

继续挤出面并调整至图 8.35 所示。注意每次挤出面后都需要删除内侧对称中心位置的面，后面不再赘述。删除图 8.36 中所示前段位置的面。选择边，按住 Shift 键向上挤出面并调整，如图 8.37 和图 8.38 所示。

注意　在透视图中及时调整形状，不要只顾一个轴向上的形状而忽略了其他轴向上形状的变化。如图 8.39 所示。然后用同样的方法继续挤出面并调整，如图 8.40 所示。

删除图 8.41 中所示箭头指向的面，选择边后向上挤出面并调整，如图 8.42 所示。

边挤出面边调整形状，如图 8.43 所示。最后将两侧的面桥接起来，如图 8.44 所示。

图 8.35　　　　　　图 8.36　　　　　　图 8.37

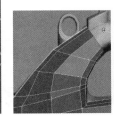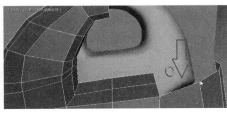

图 8.38　　　图 8.39　　　图 8.40　　　图 8.41

图 8.42　　　　　　图 8.43　　　　　　图 8.44

单击 按钮先以实例方式镜像出另一半便于整体观察效果。

步骤 05　接下来制作细节，需要制作出图 8.45 和图 8.46 所示线段位置的棱角凹痕效果。接下来就要首先观察一下该位置的布线是否足够或者线段的走向是否合适，如果布线不合理，就需要先手动加线调整出该位置的大致线段走向。

右击模型，选择"剪切"工具，在图 8.47 所示位置加线，在加线时，也要随时调整模型布线，比如多余的线段要随手将其移除，线段移除的方法也很简单，选择图 8.48 中所示的线段，按 Ctrl+Backspace 组合键即可将线段移除。

继续加线调整至图 8.49 所示。要制作出图 8.50 中参考图所示的棱角效果，就需要在该位置加线调整出它的形状，如图 8.51 所示。

在图 8.52 中所示位置加线，调整布线后的效果如图 8.53 所示。

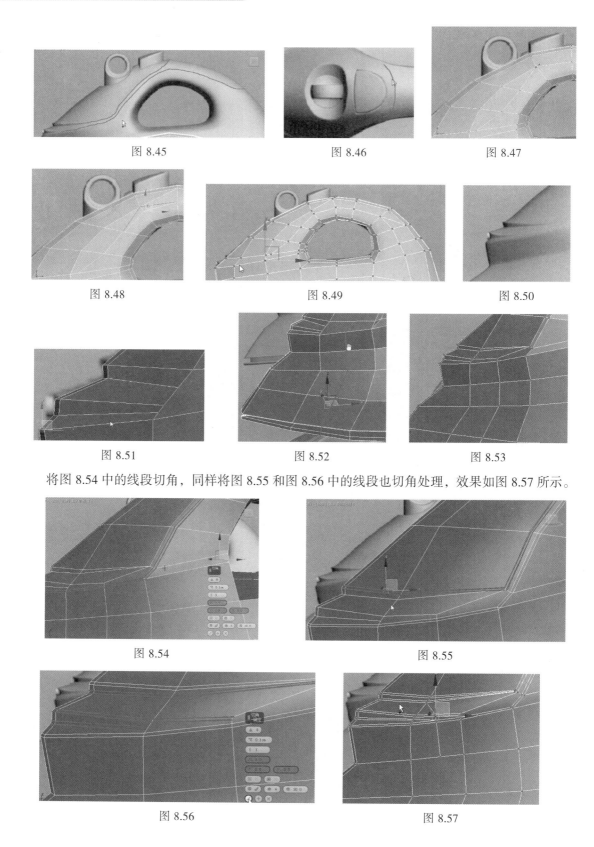

图 8.45　　　　　　　　　　图 8.46　　　　　　　　　　图 8.47

图 8.48　　　　　　　　　　图 8.49　　　　　　　　　　图 8.50

图 8.51　　　　　　　　　　图 8.52　　　　　　　　　　图 8.53

将图 8.54 中的线段切角，同样将图 8.55 和图 8.56 中的线段也切角处理，效果如图 8.57 所示。

图 8.54　　　　　　　　　　　　　　　　图 8.55

图 8.56　　　　　　　　　　　　　　　　图 8.57

由于切角的线段比较多，所以会多出来很多点，这时就需要用 自标焊接 工具来将多余的点焊接起来，同时配合剪切工具加线调整布线。

调整布线后按 Ctrl+Q 组合键细分，先来观察一下效果，如图 8.58 所示。但是观察效果并不是很满意，继续细致调整布线，这个过程比较漫长，需要耐心调整。

整体布线后的大致效果如图 8.59 所示，然后在图 8.60 中所示位置加线，尽可能地使模型面数保持 4 边面。

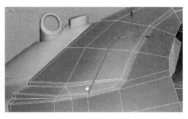

图 8.58　　　　　　　　　　　图 8.59　　　　　　　　　　　图 8.60

步骤 06 接下来将图 8.61 中所示位置的线段切线处理。

切线后出现图 8.62 中所示的小三角面，要及时用焊接工具将其焊接起来，如图 8.63 所示。

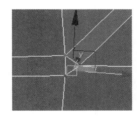
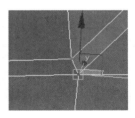

图 8.61　　　　　　　　　　　图 8.62　　　　　　　　　　　图 8.63

在图 8.64 中所示位置加线，此处加线的目的是为了模型细分后保持棱角边缘形状。

在图 8.65 中所示位置加线并切角设置。

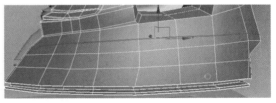

图 8.64　　　　　　　　　　　　　　　图 8.65

步骤 07 制作顶部按钮。先确定好按钮位置，如图 8.66 所示，选择该部位的面，用倒角命令向内挤出面并调整，如图 8.67 所示。

删除图 8.68 中所示的面，然后将选择的面向中间位置移动靠拢，如图 8.69 所示。

删除中心位置的面，如图 8.70 所示。然后选择开口位置的边，按住 Shift 键先向下挤出再缩放挤出面，最后再向上挤出面并调整，如图 8.71 和图 8.72 所示。

挤出面后，用"桥"命令和"封口"命令将顶部封口处理，如图 8.73 所示，然后在图 8.74 中所示的位置加线。

图 8.66　　　　　　　　　　图 8.67　　　　　　　　　　图 8.68

图 8.69　　　　　　　　　　图 8.70　　　　　　　　　　图 8.71

图 8.72　　　　　　　　　　图 8.73　　　　　　　　　　图 8.74

步骤 08　在另一个需要挤出面的地方加线，需要将图 8.75 中的面调整成一个圆形。创建一个圆柱体并透明化显示，如图 8.76 所示。根据圆柱体的形状调整模型的点的位置使其调整成一个标准的圆，如图 8.77 所示。

　　调整好形状后删除该位置的面，如图 8.78 所示，此时注意侧面的形状，如图 8.79 所示。先用缩放工具沿着 Y 轴缩放至一个平面，然后用选择工具旋转调整角度，如图 8.80 和图 8.81 所示。最后调整出弧度如图 8.82 所示。

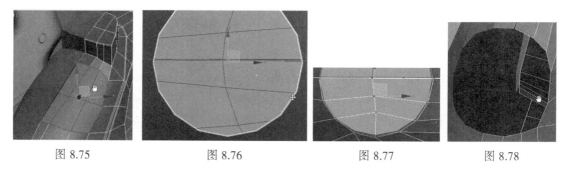

图 8.75　　　　　　　图 8.76　　　　　　　图 8.77　　　　　　　图 8.78

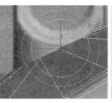

图 8.79　　　　　　　　图 8.80　　　　　　　　图 8.81　　　　　　　　图 8.82

选择边，向内挤出面并调整，如图 8.83 所示，继续向上挤出面并调整形状，如图 8.84 所示。

选择内侧的一个边，按住 Shift 键挤出如图 8.85 所示形状的面，然后再向内挤出面，如图 8.86 所示。

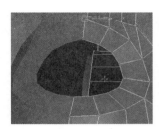
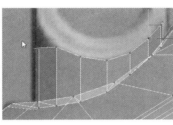

图 8.83　　　　　　　　图 8.84　　　　　　　　图 8.85　　　　　　　　图 8.86

用"桥"命令连接出图 8.87 中所示的面，然后用"封口"命令将开口封闭后加线并调整布线至图 8.88 所示。

右击模型，选择"剪切"工具在图 8.89 中所示位置加线，单击"目标焊接"按钮将对应的点焊接在一起，如图 8.90 所示。

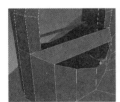

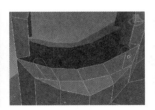
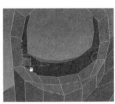

图 8.87　　　　　　　　图 8.88　　　　　　　　图 8.89　　　　　　　　图 8.90

步骤 09　创建如图 8.91 所示大小的圆柱体，根据圆柱体点的位置来调整模型对应的点的位置，使开口位置调整成一个标准的圆形，如图 8.92 所示。

选择圆形边界线，按住 Shift 键沿着 Y 轴向内挤出面，如图 8.93 所示，然后在图 8.94 中外边缘位置加线。

同样将内边缘线段切角，如图 8.95 所示，将图 8.96 中的线段也做切角处理。

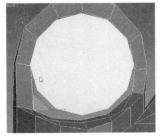

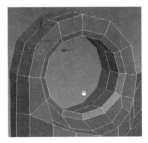

图 8.91　　　　　　　　　　　图 8.92　　　　　　　　　　　图 8.93

189

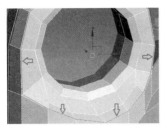
图 8.94

图 8.95

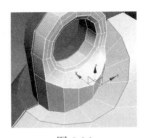
图 8.96

步骤 10 在电熨斗的尾部创建一个如图 8.97 所示的物体，删除另一半，在修改器下拉列表中选择"对称"修改命令对称出另一半，整体效果如图 8.98 所示。

考虑后期不同部位材质的设定可以将图 8.99 中选择的面分离出来。至此，电熨斗模型全部制作完成。

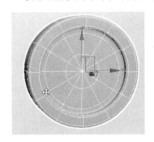
图 8.97

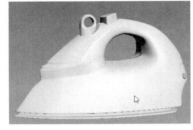
图 8.98

图 8.99

8.2 制作吹风机

本节将制作一个小型的家用吹风机模型，制作过程如图 8.100～图 8.102 所示。

图 8.100

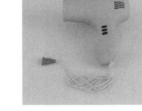
图 8.101

图 8.102

步骤 01 创建一个半径为 5cm，高度为 15cm 的圆柱体，设置高度分段数为 1，边数为 12，将圆柱体转换为可编辑的多边形物体。删除前后两端的面，然后选择边界线，按住 Shift 键向右挤出面并调整形状至图 8.103 所示。在图 8.104 中所示位置加线并适当缩放调整形状。

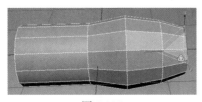
图 8.103

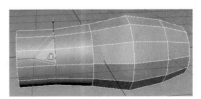
图 8.104

步骤 02 删除图 8.105 中所示的面，然后选择边界线后向下挤出面并调整至如图 8.106 所示的形状。

图 8.105

图 8.106

步骤 03 选择吹风机底部的边界线，挤出图 8.107 中所示的面，然后再次向内挤出面后，用"塌陷"命令将中心点全部塌陷在一起，如图 8.108 所示。再选择出风口处的边界线向内侧挤出面，如图 8.109 所示。

图 8.107

图 8.108

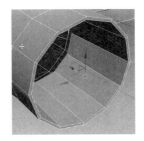

图 8.109

将模型细分一级后塌陷，使模型面数增加一倍，塌陷后和塌陷前效果对比如图 8.110 所示。

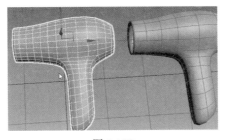

图 8.110

步骤 04 选择吹风机把手顶部的面，向内倒角挤出，如图 8.111 所示，然后删除面，选择边界线向下继续挤出面，如图 8.112 所示。

图 8.111

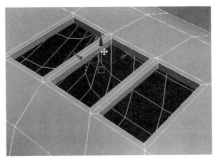

图 8.112

添加分段如图 8.113 所示，添加分段的目的是为了增加空口位置的点从而调整空口形状，如图 8.114 所示。调整形状后分别选择空口位置的点用旋转工具适当调整角度，如图 8.115 所示。

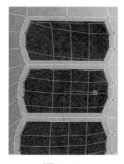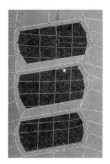

图 8.113　　　　　　　　　图 8.114　　　　　　　　　图 8.115

注意，此处侧面线段有点密集，模型布线太密的话细分后物体表面会出现一些褶皱效果，所以需要将多余的线段修改调整。先选择图 8.116 中的一个边，单击石墨建模工具下的"相似"按钮即可快速选择所有相似的边，如图 8.117 所示。单击 塌陷 按钮将当前的线段塌陷，塌陷后的效果如图 8.118 所示。

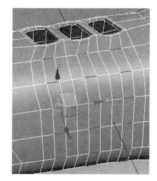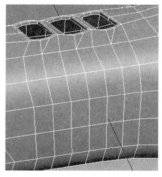

图 8.116　　　　　　　　　图 8.117　　　　　　　　　图 8.118

步骤 05　制作出吹风机机身尾部的散热口，如图 8.119 所示线形状。首先观察一下该位置线段是否足够调整出所需的形状，如果线段不够就需要在该位置加线调整形状。

将模型再次细分一级后转换为可编辑的多边形，将图 8.120 中所示的面向内挤出并调整。用同样的方法依次调整出图 8.121 中所示的形状。

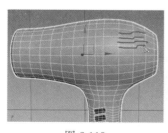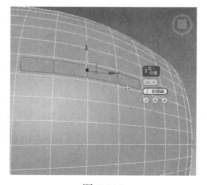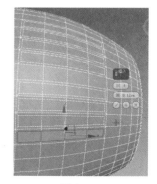

图 8.119　　　　　　　　　图 8.120　　　　　　　　　图 8.121

删除图 8.122 中所示的面，进入"边界"级别后，框选该位置所有的边界线，按住 Shift 键向下挤出面，如图 8.123 所示。

选择图 8.124 中的点，适当旋转调整，调整后的细分效果如图 8.125 所示。

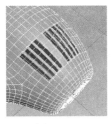
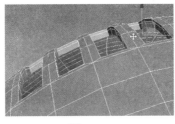

图 8.122　　　　　　　　图 8.123　　　　　　　　图 8.124　　　　　　　　图 8.125

步骤 06　在出风口位置创建一个长方体，如图 8.126 所示，然后复制调整大小，如图 8.127 所示，继续向下复制至图 8.128 所示，将所有长方体模型附加在一起后，根据出风口形状调整长方体的长短，如图 8.129 所示。

图 8.126　　　　　　　　图 8.127　　　　　　　　图 8.128　　　　　　　　图 8.129

步骤 07　制作插头。创建一个长方体，如图 8.130 所示，然后加线调整形状后将图 8.131 中所示的面删除，选择边界线后按住 Shift 键配合缩放和挤出工具挤出面并调整至图 8.132 所示形状。

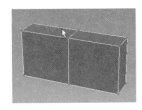
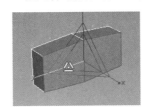
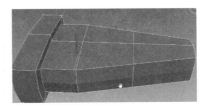

图 8.130　　　　　　　　　　图 8.131　　　　　　　　　　图 8.132

在石墨建模工具下打开"循环"工具，选择右侧开口位置的边，单击"呈圆形"按钮，如图 8.133 所示，将边的形状快速设置成圆形，如图 8.134 所示。之后再次挤出面并调整至图 8.135 所示形状。

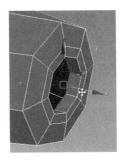

图 8.133　　　　　　　　　　图 8.134　　　　　　　　　　图 8.135

分别在两侧位置加线，如图 8.136 所示，注意加线后，尾部的线段需要稍微处理一下，将多余的线合并或者移除，如图 8.137 和图 8.138 所示。

图 8.136

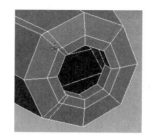
图 8.137

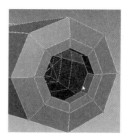
图 8.138

按 Ctrl+Q 组合键细分模型，细分一级后将模型塌陷使布线增加一倍，如图 8.139 所示。将图 8.140 中所示的面向内倒角挤出。

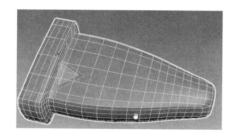
图 8.139

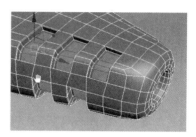
图 8.140

删除另一半的面，在修改器下拉列表中选择"对称"修改命令，将制作好的一半对称过来，细分后的效果如图 8.141 所示。

将图 8.142 中所示的面挤出，然后将左侧挤出的点和下方的点焊接起来，调整形状至图 8.143 所示。

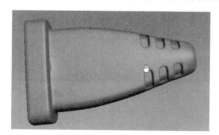
图 8.141

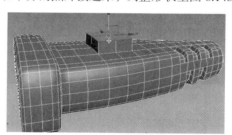
图 8.142

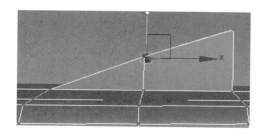
图 8.143

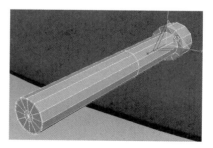
图 8.144

步骤 08 创建一个圆柱体并将其转换为可编辑的多边形物体，加线挤出面并调整至图 8.144 所示形状。再创建一个圆柱体，如图 8.145 所示，最后将制作好的插头复制，如图 8.146 所示。

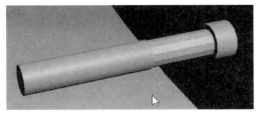

图 8.145　　　　　　　　　　　　　　　　　　　图 8.146

 创建如图 8.147 所示的样条线，在创建此样条线时注意将拖动类型修改成"平滑"方式后再创建。

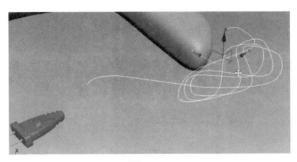

图 8.147

当前创建的样条线均在一个平面内，如图 8.148 所示。

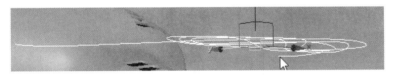

图 8.148

按"1"键进入"顶点"级别，选择 ✔在渲染中启用　✔在视口中启用 选项，然后移动调整点的位置，使样条线看上去没有挤压在一起即可，如图 8.149 所示。

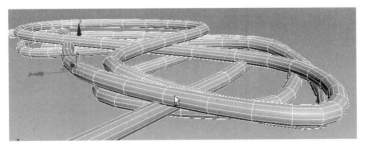

图 8.149

将一段的点移动到插头内，如图 8.150 所示。此时看上去不太美观，右击，选择"细化"命令，在端点位置添加一个点，然后使样条线调整更加平滑，如图 8.151 所示。

步骤 10　创建一个管状体，参数和效果如图 8.152 和图 8.153 所示。

在修改器下拉列表中选择"锥化"修改命令，设置参数如图 8.154 所示，效果如图 8.155 所示。

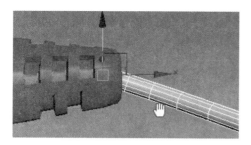

图 8.150

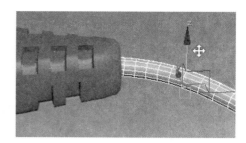

图 8.151

图 8.152

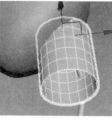

图 8.153

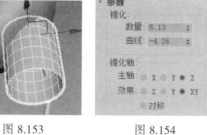

图 8.154

图 8.155

最后细致调整样条线，最终的效果如图 8.156 所示。

图 8.156

第 9 章　儿童玩具类产品的设计与制作

儿童玩具能发展运动能力，训练知觉，激发想象，唤起好奇心，为儿童身心发展提供了物质条件。作为儿童玩具，它拥有一个关键性的因素，那就是必须能吸引儿童的注意力。这就要求玩具具有鲜艳的色彩、丰富的声音、易于操作的特性。就其材质来说，常见的儿童玩具有木制玩具、金属玩具、布绒玩具等。

9.1　制作玩具小飞机

本实例学习制作一个卡通小飞机，它的特点是造型可爱，色彩对比鲜明，制作过程如图 9.1～图 9.3所示。

图 9.1　　　　　　　　　　图 9.2　　　　　　　　　　图 9.3

9.1.1　制作机身

玩具飞机制作的思路原则是从整体到局部，先制作出机身，然后是轮子和螺旋桨。

步骤 01　首先创建一个长方体模型，参数和效果如图 9.4 和图 9.5 所示。

将该长方体转换为可编辑的多边形物体后，删除 Y 轴方向上的一半模型，通过调整点的位置调整形状，如图 9.6 所示，同时注意调整侧面形状，使中间部分厚，边缘薄一些，如图 9.7 所示。

　　　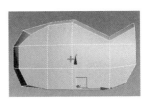

图 9.4　　　　　　图 9.5　　　　　　图 9.6　　　　　　图 9.7

步骤 02 挤出尾部形状如图 9.8 所示。在尾部加线进一步细化调整形状，如图 9.9 所示。

单击 ▦（镜像）按钮先把另一半模型以"实例"方式复制出来（如图 9.10 所示），这样便于整体观察效果。在图 9.11 中所示位置继续加线。

调整尾部形状至图 9.12 所示。然后选择图 9.13 中的面向外倒角挤出。

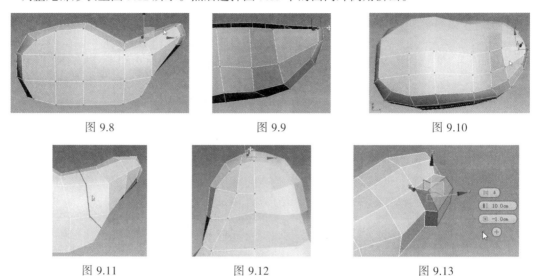

| 图 9.8 | 图 9.9 | 图 9.10 |

| 图 9.11 | 图 9.12 | 图 9.13 |

细分后的效果如图 9.14 所示。

步骤 03 右击模型，在弹出的菜单中选择"剪切"工具，在图 9.15 中所示的位置手动加线。选择图 9.16 中所示的点，单击"切角"按钮将选择的点切角处理，然后加线，如图 9.17 所示。

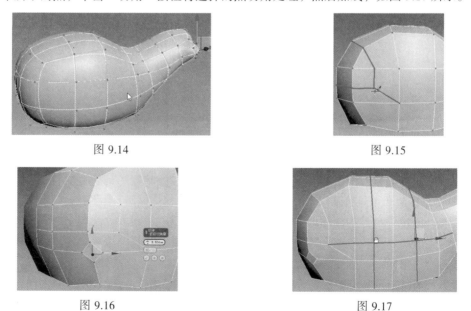

| 图 9.14 | 图 9.15 |

| 图 9.16 | 图 9.17 |

手动加线将窗户位置的线段添加出来，如图 9.18 所示。然后在图 9.19 中所示的位置加线调整模型布线。

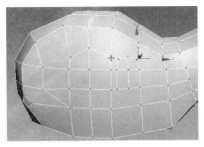

图 9.18　　　　　　　　　　　图 9.19

步骤 04　手动剪切出轮胎所在位置的线段后选择图 9.20 中所示位置的面，按 Delete 键删除，进一步调整模型布线，如图 9.21 所示。

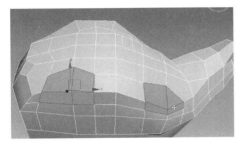
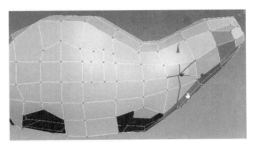

图 9.20　　　　　　　　　　　图 9.21

用同样的方法调整图 9.22 中的模型布线（布线调整的原则是尽量使模型都是四边面）。

选择轮胎位置的边，按住 Shift 键向内挤出面，如图 9.23 所示。

单击 目标焊接 按钮，将图 9.24 中所示的点焊接起来，单击 封口 命令将轮胎位置的开口封口，然后进一步调整布线，如图 9.25 所示。后轮位置做同样的处理，效果如图 9.26 所示。

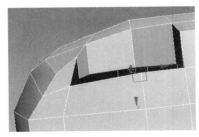

图 9.22　　　　　　　　　图 9.23　　　　　　　　　图 9.24

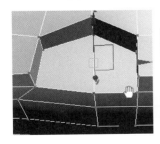

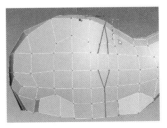

图 9.25　　　　　　　　　图 9.26　　　　　　　　　图 9.27

步骤 05　在图 9.27 中所示的位置加线，然后删除窗户位置的面，如图 9.28 所示。按"3"键进入"边界"级别，选择窗户位置的边界线，按住 Shift 键向内挤出面。（挤出面时先向内挤出再缩放挤出面，最后在向外挤出面后调整该位置的布线，过程如图 9.29 和图 9.30 所示）

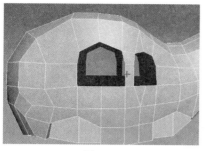

图 9.28

图 9.29

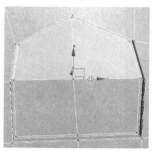

图 9.30

将窗户的面分离出来，如图 9.31 和图 9.32 所示，为了便于区分，更改窗户的颜色。

图 9.31

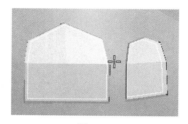

图 9.32

图 9.33

步骤 06 删除图 9.33 中所示的面，选择边界线后分别向内挤出和缩放挤出面并调整，如图 9.34 和图 9.35 所示，然后将挤出的部分面分离出来，如图 9.36 所示。

图 9.34

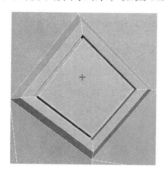

图 9.35

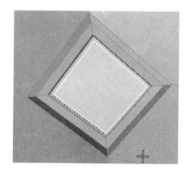

图 9.36

步骤 07 在轮毂位置加线，如图 9.37 所示。创建一个如图 9.38 所示的圆柱体。

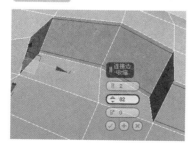

图 9.37

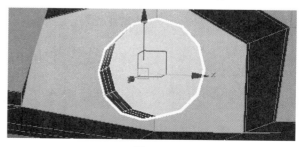

图 9.38

再创建一个管状体，如图 9.39 所示，将管状体模型转换为可编辑的多边形物体后，选择中间的两个环形线段，用缩放工具向两侧位置缩放移动，如图 9.40 所示，然后在图 9.41 中的位置加线。

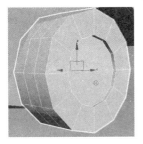

图 9.39　　　　　　　　　　图 9.40　　　　　　　　　　图 9.41

调整轮胎大小，细分后的效果如图 9.42 所示，复制出后轮模型，如图 9.43 所示。

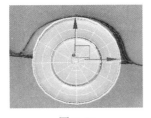
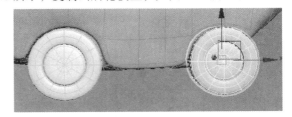

图 9.42　　　　　　　　　　　　　　　　图 9.43

步骤 08　删除复制的另一半机身模型，在修改器下拉列表中选择"对称"修改命令对称出另一半，然后将该模型转换为可编辑的多边形物体。选择前档玻璃位置的面，分别向内挤出面，再缩放挤出面和向外挤出面并调整，如图 9.44 和图 9.45 所示。

图 9.44　　　　　　　　　　　　　　　图 9.45

在图 9.46 中所示位置加线，然后选择图 9.47 中所示的面分别向外倒角挤出。

图 9.46　　　　　　　　　　　　　　　图 9.47

将拐角位置的线段切角处理，如图 9.48 所示，切角后单击 目标焊接 按钮将多余的点焊接起来，如图 9.49 所示，其他位置做同样的处理。进一步调整布线，如图 9.50 所示。

模型细分后的效果如图 9.51 所示。

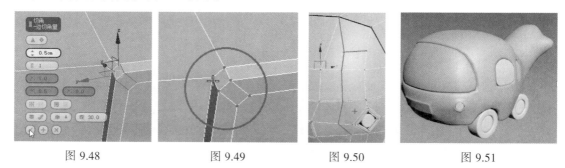

图 9.48   图 9.49   图 9.50   图 9.51

9.1.2 制作螺旋桨

步骤 01 创建一个半径为 18cm 左右大小的球体，分段数设置为 18，用缩放工具沿着 Z 轴缩放，如图 9.52 所示。

步骤 02 创建一个如图 9.53 所示的长方体，调整形状至图 9.54 所示。加线调整，如图 9.55 所示，用缩放工具将边缘调整薄一些，中间厚一些，如图 9.56 所示。

继续加线调整形状，如图 9.57 所示，细分后的效果如图 9.58 所示。

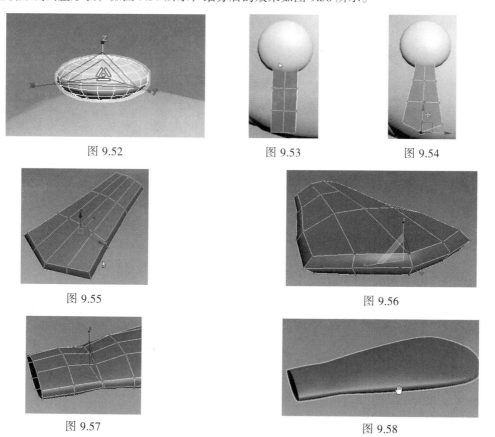

图 9.52   图 9.53   图 9.54

图 9.55   图 9.56

图 9.57   图 9.58

步骤 03 切换到旋转工具，单击"视图"工具右侧的小三角，选择"拾取"命令，如图 9.59

所示，拾取中间的球体模型，然后长按 按钮，在弹出的列表中选择第三个 ，设置好的轴心如图 9.60 所示，按住 Shift 键每隔 120° 复制一个，共复制 2 次，效果如图 9.61 所示。

最后的整体效果如图 9.62 所示。

图 9.59

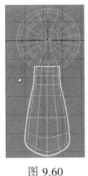
图 9.60

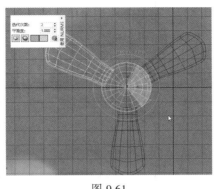
图 9.61

图 9.62

9.2　制作玩具汽车

本节制作一个玩具拉土车，它和现实中的拉土车有很大区别，更趋近卡通形象。制作过程如图 9.63～图 9.66 所示。

图 9.63

图 9.64

图 9.65

图 9.66

9.2.1　制作整体模型

步骤 01　先创建一个长宽高均为 30cm 左右的长方体，将其转换为可编辑的多边形物体，在左视图中先调整至图 9.67 所示。删除一半的面，选择图 9.68 中的面向外移动调整。

细化调整形状，使边缘更加圆润，如图 9.69 所示，然后单击 ![]按钮进入修改面板，单击"修改器列表"右侧的小三角按钮，添加"对称"修改命令对称出另一半，如图 9.70 所示。

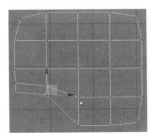
图 9.67

图 9.68

图 9.69

图 9.70

步骤 02 选择图 9.71 中所示的面向内倒角，然后加线调整布线至图 9.72 所示。

再次删除一半模型，分别将图 9.73 中所示顶部位置和前方位置的线段向内部挤出，挤出后的细分效果如图 9.74 所示。

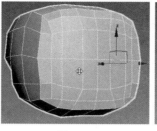

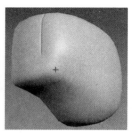

图 9.71　　　　　　　图 9.72　　　　　　　图 9.73　　　　　　　图 9.74

步骤 03 单击 （镜像）按钮先镜像复制出另一半模型，然后在上方位置创建一个如图 9.75 所示的长方体并将其转换为可编辑的多边形物体，删除一半后调整剩余的模型形状至图 9.76 所示。

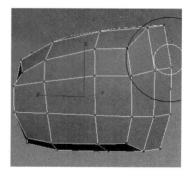

图 9.75　　　　　　　　　　　　图 9.76

单击 按钮进入修改面板，单击"修改器列表"右侧的小三角按钮，添加"对称"修改命令对称出调整好形状的模型，再次将其转换为可编辑的多边形物体后添加一个"噪波"修改命令，参数设置和效果如图 9.77 所示。如果对模型形状还不满意，可以使用绘制变形笔刷整体调整细节和形状至图 9.78 所示。

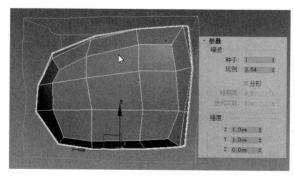
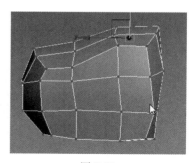

图 9.77　　　　　　　　　　　　图 9.78

步骤 04 创建一个圆柱体，如图 9.79 所示。删除部分面只保留侧边的面，如图 9.80 所示。选择边界线后按住 Shift 键配合移动和缩放挤出面并调整至图 9.81 所示形状。

将图 9.82 中所示箭头位置的线段切角，同样将图 9.83 中所示的线段切角，切角后选择切角位置内圈的点沿着 X 轴方向移动，如图 9.84 所示。

用同样的方法将图 9.85 中所示的线段切角，这样处理是为了表现棱边的凸起效果，细分后的效果如图 9.86 所示。

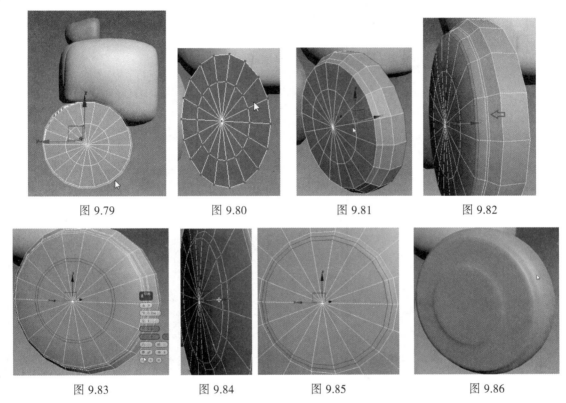

图 9.79　　　　　　图 9.80　　　　　　图 9.81　　　　　　图 9.82

图 9.83　　　　　　图 9.84　　　　　　图 9.85　　　　　　图 9.86

选择图 9.87 中所示的面倒角挤出，再次细分后的效果如图 9.88 所示。在修改器下拉列表中选择"对称"修改命令对称出另一半模型后再次塌陷，将对称中心位置的线段用缩放工具适当缩放调整，如图 9.89 所示。

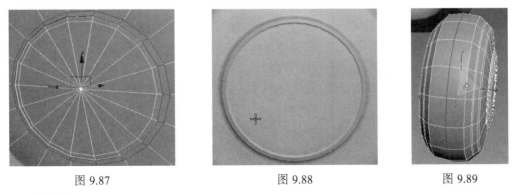

图 9.87　　　　　　　　　图 9.88　　　　　　　　　图 9.89

步骤 05　创建一个如图 9.90 所示的长方体并将其转换为可编辑的多边形物体，加线后先将顶部的面向上倒角处理，如图 9.91 所示，再加线进一步调整形状至图 9.92 所示。

在修改器下拉列表中选择"弯曲"修改命令，设置参数如图 9.93 所示，弯曲后的效果如图 9.94

所示。

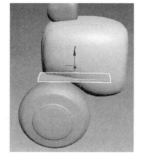

图 9.90　　　　　　　　　　　　　　　　图 9.91

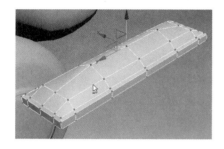

图 9.92　　　　　　　　　　图 9.93　　　　　　　　　图 9.94

步骤 06　将模型再次转换为可编辑的多边形物体,将顶部一圈的线段向下挤出,如图 9.95 所示,细分后的效果如图 9.96 所示。

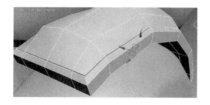

图 9.95　　　　　　　　　　　　　　　　图 9.96

　　复制出另一侧的轮胎等模型,然后将挡泥板模型再复制一个,旋转调整角度后更改显示颜色,如图 9.97 所示,并用"绘制变形"笔刷调整整体形状至图 9.98 所示。

图 9.97　　　　　　　　　　　　　　　　图 9.98

步骤 07　创建一个如图 9.99 所示大小的长方体并将其转换为可编辑的多边形物体,加线后删除顶部的面,如图 9.100 所示。

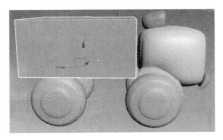

图 9.99

图 9.100

将右侧顶部的面挤出，如图 9.101 所示，先删除一半的面，继续加线并调整形状至图 9.102 所示。

图 9.101

图 9.102

添加"对称"修改命令，将调整好的一半形状对称出来，如图 9.103 所示。选择顶部的边界线，缩放挤出面，调整至图 9.104 所示形状。

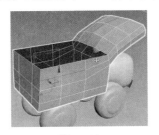

图 9.103

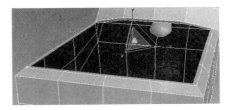

图 9.104

按住 Shift 键向下挤出面，再向内缩放挤出面，如图 9.105 所示，单击"封口"按钮将开口封闭起来后，手动将线段连接出来，如图 9.106 所示。

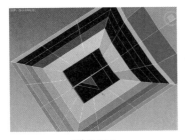

图 9.105

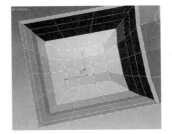

图 9.106

在修改器下拉列表中选择"噪波"修改命令，效果如图 9.107 所示，参数设置如图 9.108 所示。

接下来处理细节，需要在图 9.109 中所示轮廓线的位置制作出缝合线的效果，所以分别选择图 9.110 中所示位置的线段，将线段向内挤出，如图 9.111 所示，细分后的效果如图 9.112 所示。

图 9.107 图 9.108 图 9.109

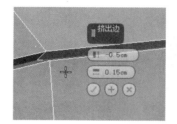

图 9.110 图 9.111 图 9.112

步骤 08 在车斗侧面的顶部位置创建一个面片并挤出图 9.113 所示的形状，然后添加"壳"修改器，将单面模型处理为带有厚度的模型，如图 9.114 所示。

图 9.113 图 9.114

步骤 09 在车底部位创建一个圆柱体，如图 9.115 所示，删除一半的面，将图 9.116 中所示的线段切角，然后将图 9.117 中所示的面向内倒角。

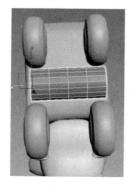

图 9.115 图 9.116 图 9.117

选择图 9.118 中所示的线段沿着 X 轴向内移动，如图 9.119 所示，细分后的效果如图 9.120 所示。

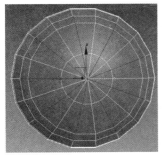

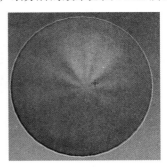

图 9.118　　　　　　　　　　图 9.119　　　　　　　　　　图 9.120

使用绘制变形笔刷调整形状，如图 9.121 所示，然后将另一半对称出来即可，如图 9.122 所示。最后的整体效果如图 9.123 所示。

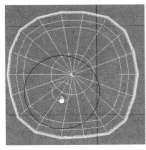
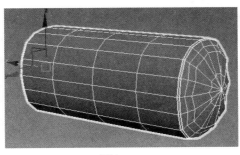

图 9.121　　　　　　　　　图 9.122　　　　　　　　　图 9.123

9.2.2　Polydetail 插件绘制边面细节

首先来学习 Polydetail 插件的使用方法。由于插件只支持英文版本，所以以英文版本来讲解。

1. 安装插件

依次单击 Scripting（脚本）|Run Script（运行脚本），打开脚本安装路径，双击 PolyDetail_V2_installer.ms 文件后会弹出如图 9.124 所示的对话框，单击 OK 按钮后会弹出安装成功的提示，如图 9.125 所示。

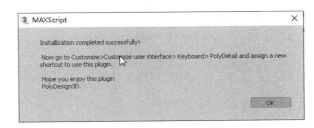

图 9.124　　　　　　　　　　　　　　　图 9.125

2. 打开脚本

依次单击 Customize（自定义菜单）| Hotkey Editor...（快捷键设置），找到 PolyDetail 给它设置一个启动的快捷键，如果设置的快捷键和其他热键有冲突，系统会有提示，如图 9.126 所示，这时需要更换

一个快捷键，此处设置成 Shift+~，如图 9.127 所示。

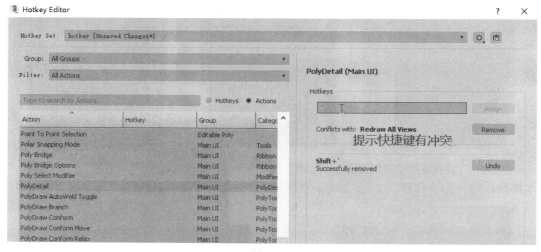

图 9.126

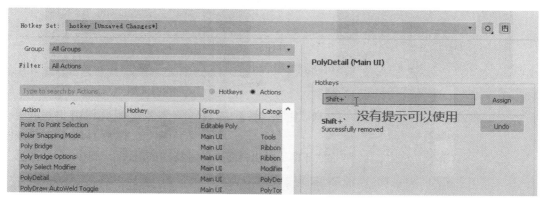

图 9.127

有时安装好插件后，按设置好的快捷键时，系统会弹出如图 9.128 所示的提示框，它的意思是不能打开 PolyDetail，请确定是否安装。

当然这只是个别现象，如果出现这样的提示，可以将安装目录 PolyDetail_V2 › data › ObjectLibrary 下的所有文件复制到我的文档 文档 › 3ds Max 2020 › scenes › PolyDetail 下，将安装目录下 PolyDetail_V2 › data › 的 scripts 文件夹复制到 文档 › 3ds Max 2020 › scenes › PolyDetail 目录下，当还是打不开插件时，可以将 文档 › 3ds Max 2020 › scenes › PolyDetail › scripts 文件夹下的 PolyDetailV2_nonmacro.mse 文件拖到 3ds Max 软件中就可以打开了，打开后的软件界面如图 9.129 所示。

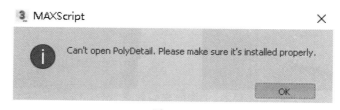

图 9.128

3．PolyDetail 插件使用方法

先创建一个面片并将其转换为可编辑的多边形物体，单击 Start Drawing Mode（开始绘制模式）按钮，就可以在多边形物体上绘制了，如图 9.130 所示。

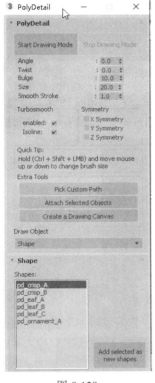

图 9.129

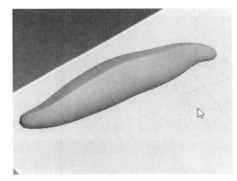

图 9.130

选择系统提供的不同形状模型能绘制的效果也不一样，如图 9.131 所示。

参数的含义。

Angle：调整绘制角度，也就是绘制的模型自身的角度变化。

Twist：调整绘制扭曲，如图 9.132 所示。

图 9.131

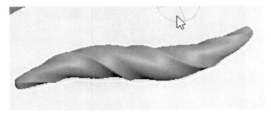

图 9.132

Bulge：调整锥化效果，不同参数区别如图 9.133 所示。

Size：调整绘制形状的大小。

Smooth stroke：调整平滑度。

Symmetry 下的 X Symmetry\X Symmetry、Y Symmetry、Z Symmetry 用来开启不同轴向上的镜像绘制，如图 9.134 所示。

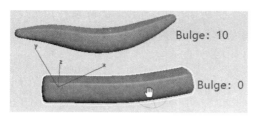

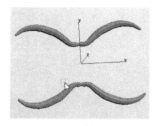

图 9.133　　　　　　　　　　　　　　　图 9.134

4. 制作模型细节

打开本实例中的模型，并打开 PolyDetail 插件，选择第一个 pd_crisp_A 形状笔刷，将角度、扭曲、锥化值都设置为 0，将笔刷设置为 1，Smooth Stroke 值设置为 1，在小车侧面绘制一些图形，如图 9.135 所示。

对于出现的和物体表面嵌入的现象可以使用绘制变形笔刷将其调整出来，如图 9.136 所示。也可以打开"软选择"开关选择部分点进行位置的移动调整，如图 9.137 所示。最后调整后的效果如图 9.138 所示。

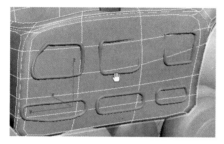

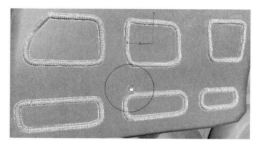

图 9.135　　　　　　　　　　　　　　　图 9.136

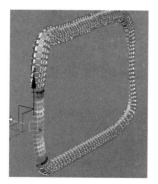

图 9.137　　　　　　　　　　　　　　　图 9.138

这种效果用 Polydetail 插件有点大材小用了，我们只是借此机会来给大家讲解一下该插件的使用方法，当然可以使用它绘制制作一些更加复杂的模型，比如一些古典家具上的雕花模型等。

第10章 骑行类产品的设计与制作

骑行不仅是一种环保的出行方式，也是一种非常好的健身运动。而随着科技技术的进步，市场中出现了自行车的新型产品，比如山地车、滑板车、电动平衡车、折叠电动车等等。

10.1 制作山地车

本实例制作的模型相对于前面学习的模型来说比较复杂，零部件比较多，需要讲解的地方也比较多，在制作的时候，要有耐心，遵循从整体到局部的原则来逐步制作。制作过程如图 10.1～图 10.4 所示。

图 10.1   图 10.2   图 10.3   图 10.4

10.1.1 制作车轮

步骤 01 依次单击 ╋（创建）| ● （几何体）| "圆环"按钮，在视图中创建一个圆环（此处创建的圆环并没有按照现实中的实际尺寸来创建），设置分段数为 24，边数为 7。将其转换为可编辑的多边形物体。删除内侧中心位置的环形面，如图 10.5 和图 10.6 所示。

图 10.5   图 10.6

按"3"键进入"边界"级别后框选边界线，按住 Shift 键向内缩放挤出面，如图 10.7 所示。单击"桥"按钮生成中间对应的面，如图 10.8 所示。

在图 10.9 中所示内侧位置加线，然后将图 10.10 中所示的环形线段切角。

图 10.7 　　　　　图 10.8 　　　　　图 10.9 　　　　　图 10.10

同样将图 10.11 中所示的环形线段切角处理，细分后的效果如图 10.12 所示。

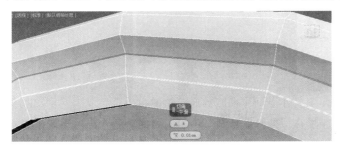

图 10.11 　　　　　　　　　　　　　　图 10.12

步骤 02 在车轮中心位置创建一个圆柱体，单击 ▤（对齐）按钮拾取轮胎模型后，在弹出的对齐面板中选择 XYZ 轴，选择轴点与轴点对齐即可。删除侧边面，选择边界线，按住 Shift 键移动或者缩放挤出面并调整形状，过程如图 10.13～图 10.15 所示。调整好形状后，选择图 10.16 中所示棱角位置的边切角处理。

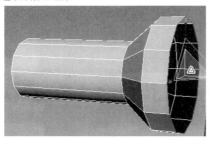
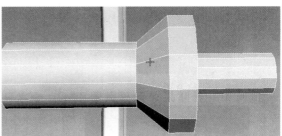

图 10.13 　　　　　　　　　　　　图 10.14

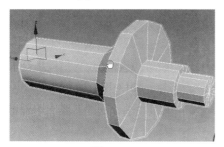
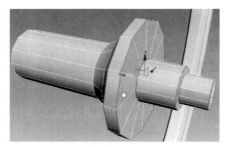

图 10.15 　　　　　　　　　　　　图 10.16

在修改器下拉列表中选择"对称"修改命令对称出另一半模型，如图 10.17 所示。

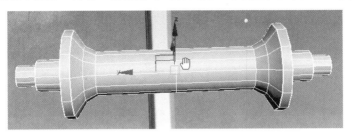

图 10.17

步骤 03　依次单击 ✚（创建）| **ᏻ**（图形）| "线"按钮，创建一个如图 10.18 所示的直线，选择 ✔ 在渲染中启用 和 ✔ 在视口中启用，设置厚度为 0.06cm，边为 10。

单击 **ᘓ** 按钮切换到旋转工具，单击 视图 ▼ 右侧的小三角，选择"拾取"命令，拾取车轮模型，长按 **𝄞** 图标，切换到 **𝄞** 公共坐标，如图 10.19 所示。依次单击"工具"|"阵列"命令，在打开的"阵列"面板中设置 Z 轴旋转值为 36，1D 中的数量为 10，如图 10.20 所示。单击"确定"按钮，阵列复制后的效果如图 10.21 所示。

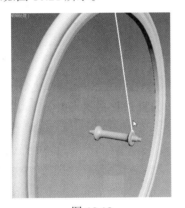

图 10.18

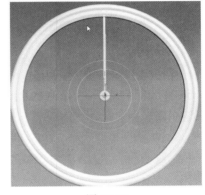

图 10.19

图 10.20

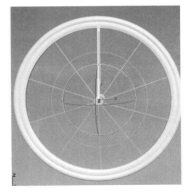

图 10.21

步骤 04　选择任意一条样条线，将其转换为可编辑的多边形物体，单击 附加 按钮拾取其他样条线，将所有样条线附加在一起。然后在轴承和链条相交位置创建一个球体，删除一半，如图 10.22 所示。同样用阵列命令复制后并附加在一起便于整体选择，效果如图 10.23 所示。

步骤 05 选择链条模型，单击 ▓（镜像）按钮镜像复制，如图 10.24 所示，旋转调整角度至图 10.25 所示。

步骤 06 创建一个如图 10.26 所示的圆柱体，再创建一个切角圆柱体，设置边数为 6，如图 10.27 所示。

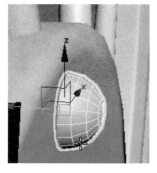

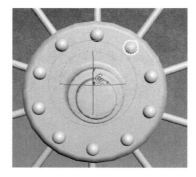

图 10.22 　　　　　　　　　图 10.23 　　　　　　　　　图 10.24

图 10.25 　　　　　　　　　图 10.26 　　　　　　　　　图 10.27

将该模型镜像复制到另一侧，如图 10.28 所示。整体复制出后轮，如图 10.29 所示。

步骤 07 删除多余的链条，只保留图 10.30 中所示的链条，同样用阵列工具阵列出剩余的链条模型，参数设置如图 10.31 所示，阵列复制后的效果如图 10.32 所示。

选择所有链条模型，依次单击"组"|"组"命令，将所有链条设置为一个组，方便后面选择。

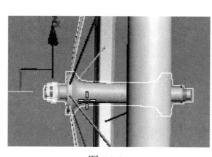

图 10.28 　　　　　　　　　图 10.29 　　　　　　　　　图 10.30

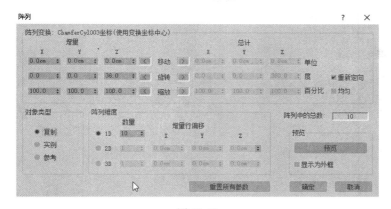

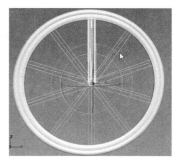

图 10.31 　　　　　　　　　　　　　　　　　　　图 10.32

10.1.2　制作框架

接下来逐步制作出山地车的框架，如图 10.33 画线所示的形状。

图 10.33

步骤 01　创建一个圆柱体，调整角度和大小，在圆柱体上添加分段，如图 10.34 所示。 框选右侧所有的面，用倒角工具向外倒角，如图 10.35 所示。

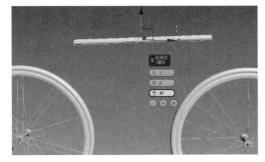

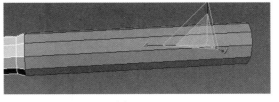

图 10.34 　　　　　　　　　　　　　　　图 10.35

步骤 02　再创建圆柱体模型，调整出主要的支架，如图 10.36 和图 10.37 所示（注意粗细的变化调整）。

图 10.36

图 10.37

步骤 03 创建支架连接处的模型，如图 10.38 所示，将该模型复制后调整粗细和长短至图 10.39 所示。

在座椅底部位置和前把位置创建一个圆柱体，如图 10.40 和图 10.41 所示。

将图 10.42 中圆柱体前端部位加线后缩放调整粗细大小，再复制图 10.43 和图 10.44 中的圆柱体。

图 10.38

图 10.39

图 10.40

图 10.41

图 10.42

图 10.43

图 10.44

步骤 04 在车把位置创建如图 10.45 所示的样条线，右击样条线，选择"细化"命令，在起始点位置添加一个点，移动该点至图 10.46 所示形状。

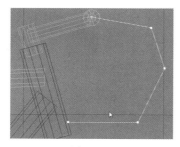

图 10.45

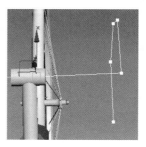

图 10.46

选择 ☑在渲染中启用 和 ☑在视口中启用 选项，调整粗细参数后的效果如图 10.47 所示，将该样条线模型转化为多边形物体后，删除车把端面的面，选择边界线挤出如图 10.48 所示的形状，最后镜像复制出另一侧的车把模型，如图 10.49 所示。

图 10.47

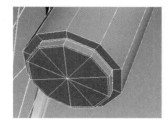
图 10.48

图 10.49

步骤 05 创建一个圆角矩形和椭圆形，如图 10.50 所示，再将椭圆复制一个并等比例放大，将插值中的步数设置为 1，效果如图 10.51 所示。调整原椭圆和矩形的步数也为 1。

创建一个如图 10.52 所示的样条线。将该样条线再复制一个，图 10.52 中样条线顶部的点在视图中为黄颜色显示，其他的点为白色显示，不同颜色代表着不同的意义。黄颜色的点代表着样条线的第一起点。选择图 10.53 中底部的点，单击 设为首顶点 按钮将该点设置为起始点。

以"放样"为例说明起始点的意义，之前学习的 放样 命令正常情况下是如图 10.54 所示。接下来学习一下如何连续拾取不同形状样条线来放样，首先选择路径的样条线，选择图 10.55 中参数下的 ●路径步数 ，再单击 获取图形 按钮，先拾取图 10.56 中所示的 1 圆角矩形样条线，设置 路径：1 ▼ ；（路径为 1，默认为 0），再次单击 获取图形 按钮，再拾取图 10.56 中 2 椭圆形状样条线，然后再将路径设置为 2，单击 获取图形 按钮拾取图 10.57 中所示较大的椭圆形状（表示 3 的样条线），此时放样效果如图 10.58 所示。

选择另外一条路径样条线执行同样的放样命令，此时对比效果如图 10.59 所示。我们会发现，同样的方法放样出来的效果不一样（也就是方向刚好相反）。这就是起始点不同造成的。

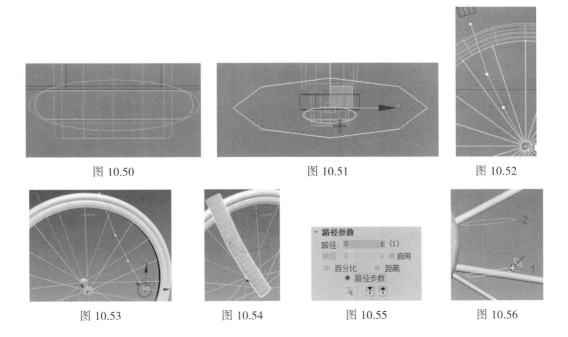

图 10.50　　　　图 10.51　　　　图 10.52

图 10.53　　　　图 10.54　　　　图 10.55　　　　图 10.56

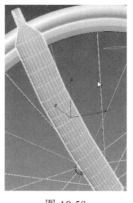

图 10.57 　　　　　　　　　图 10.58 　　　　　　　　　　　　　图 10.59

　　调整蒙皮参数面板下的图形步数和路径步数分别为 1 和 2（这样可以降低放样模型的面数）。此时效果如图 10.60 所示，这时发现模型底部布线较乱，这是因为图形 1 和图形 2 的边数不一致导致的，那么除了这个方法外，还有没有更好的方法来制作该形状的模型呢？答案肯定是有的。首先，正常放样出图 10.61 中所示的形状物体。单击"变形"卷展栏中的 缩放 按钮打开缩放变形面板，将右侧的点向下移动（通过设置曲线来控制放样模型的形状变化），单击 按钮在右侧位置添加一个点并调整点的位置，调整曲线如图 10.63 所示。

图 10.60 　　　　　　　　　　　　　　　　　　　　　　　图 10.61

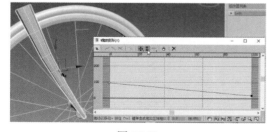
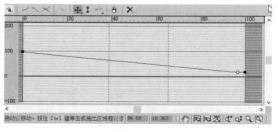

图 10.62 　　　　　　　　　　　　　　　　　　　　　　　图 10.63

步骤 06 　再次设置"图形步数"为 1，"路径步数"为 0。将其转换为可编辑的多边形物体。在图 10.64 中所示位置加线后用缩放工具调整形状，如图 10.65 所示。

　　单击 快速切片 按钮，在图 10.66 中所示的位置手动快速切片，删除顶部的面，如图 10.67 所示，选择顶部边界线，移动挤出如图 10.68 所示的形状。单击 （镜像）按钮镜像出另一半模型后将两个模型附加在一起，如图 10.69 所示。

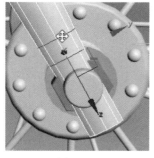

图 10.64

图 10.65

图 10.66

图 10.67

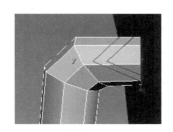

图 10.68

图 10.69

步骤 07 选择两个开口位置的边界线，桥接出中间部分的面，如图 10.70 所示，然后挤出面并调整至图 10.71 所示。

图 10.70

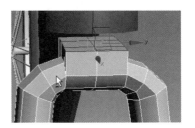

图 10.71

步骤 08 删除挤出的顶部面，选择开口位置的边，单击石墨建模工具下的循环工具面板中的"呈圆形"按钮快速将开口设置成一个圆形，如图 10.72 所示。继续向上挤出，如图 10.73 所示。

图 10.72

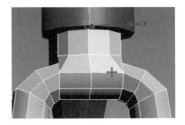

图 10.73

调整形状如图 10.74 所示，在图 10.75 中所示线段位置加线，细分后的效果如图 10.76 所示。

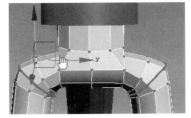

| 图 10.74 | 图 10.75 | 图 10.76 |

10.1.3 制作齿轮

步骤 01 依次单击 ＋（创建）| ⬠（图形）| "星形"按钮，先创建出一个星形线，如图 10.77 所示，设置半径 1 为 2cm，半径 2 为 1.7cm，点为 36，效果如图 10.78 所示。

将星形线转换为可编辑样条线，先选择图 10.79 中所示的所有点，然后长按 ⬚ 按钮选择圆形选择工具，如图 10.80 所示。按住 Alt 键减选内圈的点，单击 切角 按钮将外部的点切角，如图 10.81 所示。

选择所有的点，右击，在弹出的右键面板中选择角点将所有点转化为角点，然后选择图 10.82 中所有相似的边，设置"拆分"后面的值为 1，单击 拆分 按钮，这样就把选择的每一条线段等比例拆分成了 2 段，如图 10.83 所示。

选择图 10.84 中所示的两个点用缩放工具调整形状，其他位置的点也做同样的调整处理，这里没有特别快捷的方法，只能一步一步的调整，调整后的效果如图 10.85 所示。

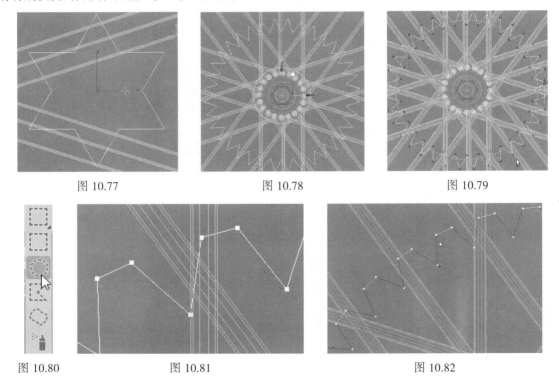

| 图 10.77 | 图 10.78 | 图 10.79 |
| 图 10.80 | 图 10.81 | 图 10.82 |

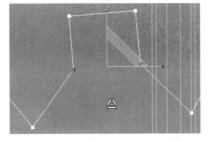
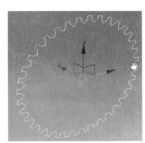

图 10.83 　　　　　　　　图 10.84 　　　　　　　　图 10.85

步骤 02 创建一个如图 10.86 所示的样条线。

接下来学习一下"倒角剖面"命令的使用方法。为了便于理解先将创建好的齿轮形状复制一个，原样条线添加"倒角"修改命令，设置参数如图 10.87 所示，效果如图 10.88 所示。

图 10.86 　　　　　　　　图 10.87 　　　　　　　　图 10.88

选择复制的齿轮样条线，在修改器下拉列表中选择"倒角剖面"修改命令，单击 拾取剖面 按钮，拾取图 10.86 中所示创建的样条线，倒角剖面后的效果如图 10.89 所示。注意：如果出现图 10.90 中所示效果，可以选择参数中的"经典"模式，同时旋转调整剖面角度即可。

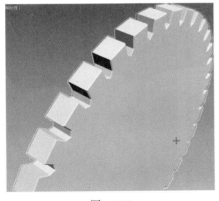
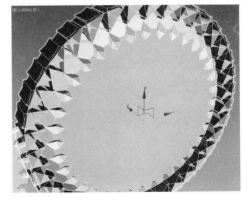

图 10.89 　　　　　　　　　　　　　　图 10.90

通过"倒角剖面"生成的模型，可以通过修改拾取的样条线形状来控制生成模型的形状。倒角修改命令和倒角剖面修改命令都是将二维曲线生成三维模型，一个是通过参数控制倒角效果，一个是通过曲线来控制倒角效果，倒角剖面可以更加精确地控制所需要的形状。

步骤 03 将倒角后的齿轮模型塌陷为多边形物体后，由于需要进一步调整物体形状所以先要调整模型布线，选择对应的点按 Ctrl+Shift+E 组合键连接出线段即可，如图 10.91 所示。这里调整时要一步步完成剩余所有相同位置的线段连接。所有线段连接完成后，选择中心面向内插入新的面或者用倒角命令向内挤出面，如图 10.92 所示，然后单击"塌陷"按钮将中心点全部塌陷在一起，如图 10.93 所示。

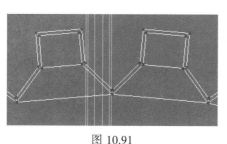
图 10.91

图 10.92

图 10.93

步骤 04 将制作好的齿轮模型复制后并调整大小和位置，如图 10.94 所示，移动调整轴承上的点至图 10.95 所示。

将齿轮再复制一个，删除中心的面，如图 10.96 所示。选择边界线，按住 Shift 键向内挤出面，如图 10.97 所示，然后单击"桥"命令生成对应的面。

将齿轮位置调整得尖锐一些，如图 10.98 所示，其他所有齿轮均做同样的处理，调整完成后的效果如图 10.99 所示。

图 10.94

图 10.95

图 10.96

图 10.97

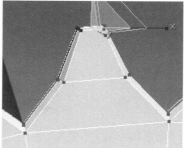
图 10.98

图 10.99

步骤 05 在齿轮中心位置创建一个边数为 15 的圆柱体，如图 10.100 所示，将该模型转换为可编辑的多边形物体后，调整形状至图 10.101 所示。

删除中心位置的面，选择边界线后按住 Shift 键向外挤出面，如图 10.102 所示，继续挤出如图 10.103

所示的形状，分别将棱角位置的线段切角，细分后的效果如图 10.104 所示。

从图 10.104 中观察发现，模型细分后 5 个角过于圆润，所以将图 10.105 中所示的面适当挤出，再次细分后的效果如图 10.106 所示。

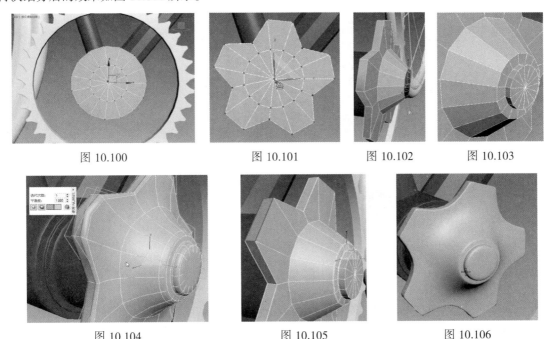

图 10.100　　　　　　　图 10.101　　　　　　　图 10.102　　　　　　　图 10.103

图 10.104　　　　　　　　　图 10.105　　　　　　　　　图 10.106

步骤 06 将齿轮复制一个，缩放调整大小，如图 10.107 所示。创建一个管状体，大小和位置如图 10.108 所示。将管状体围绕中心位置旋转复制，效果如图 10.109 所示。

图 10.107　　　　　　　　图 10.108　　　　　　　　图 10.109

步骤 07 创建一个切角圆柱体，如图 10.110 所示，旋转复制出剩余的部分，如图 10.111 所示。

图 10.110　　　　　　　　　　图 10.111

10.1.4　制作后支架

步骤 **01**　创建一个长方体模型，调整大小和位置如图 10.112 所示。将该模型转换为可编辑的多边形物体后，加线在透视图中调整物体形状，如图 10.113 和 10.114 所示。

图 10.112　　　　　　　　　　图 10.113　　　　　　　　　图 10.114

步骤 **02**　创建一个长方体，调整至图 10.115 所示。然后在中间位置加线调整至图 10.116 所示，最后在两端边缘加线。

步骤 **03**　镜像复制调整出另一侧支架，细分后的效果如图 10.117 所示。

图 10.115　　　　　　　　　　图 10.116　　　　　　　图 10.117

10.1.5　制作链条

步骤 **01**　首先，制作出一段链条，如图 10.118 所示。将右侧模型镜像复制调整至图 10.119 所示，并将其设置一个组或者附加在一起。创建一个如图 10.120 所示的样条线。

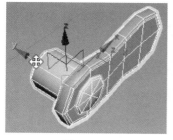

图 10.118　　　　　　　图 10.119　　　　　　　　图 10.120

步骤 02　选择链条模型，依次单击"动画"|"约束"|"路径约束"，拾取图 10.120 中所示的路径，此时拖动软件底部时间滑块（如图 10.121 所示）时，链条模型会沿着路径移动。

图 10.121

时间滑块默认为 100 帧。从 0 到 100 帧模型刚好沿着路径移动一圈。此时物体的移动有个问题，就是当拖动时间滑块时，它始终是朝着一个方向移动的，不会跟随路径调整角度变化。单击 ⬤ 按钮进入运动面板，在下方的参数中选择"跟随"命令，此时物体角度就会跟随路径进行自动调整了，如图 10.122 和图 10.123 所示。

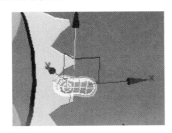

图 10.122

图 10.123

步骤 03　依次单击"工具"|"快照"命令，打开快照面板，如图 10.124 所示。其实快照可以简单地理解为物体在运动过程中某一个时间或者某一个段时间内对物体的克隆。

首先来学习一下它的参数。

单一：在当前帧克隆对象的几何体，也就是某一个时间点对物体克隆。

范围：沿着帧的范围上的轨迹克隆对象的几何体。使用"从"/"到"设置指定范围，并使用"副本"设置指定克隆数，也就是某一段时间内对物体进行多个克隆。它需要配合下方的参数进行调整。

选择"范围"，设置从 0 到 100，副本数暂时设置 100，参数如图 10.125 所示（它的含义就是从 0 帧到 100 帧要复制 100 个物体），克隆方法选择"复制"。单击"确定"按钮后的效果如图 10.126 所示。

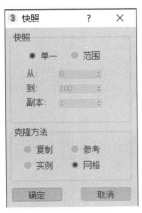

图 10.124

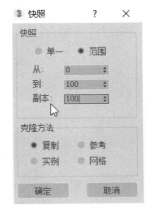

图 10.125

图 10.126

在设置副本数量的时候，要不断尝试调整参数，该值并不是一次就能把握好的。如果对克隆的效果不满意，可以按 Ctrl+Z 组合键车削后，重新设置副本数量再次克隆，直至满意为止。经过不断尝试，此处将副本数设置为 116 比较合适。快照克隆后的效果如图 10.127 所示。

图 10.127

10.1.6　制作其他物体

步骤 01 接下来制作出固定链条物体的模型，如图 10.128 所示，再创建一个管状体，如图 10.129 所示，复制出其他部分，如图 10.130 所示。

图 10.128

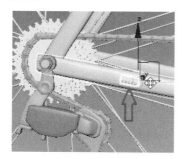

图 10.129

图 10.130

步骤 02 创建刹车线，创建一个如图 10.131 所示的样条线，选择 ✔在渲染中启用　✔在视口中启用，设置厚度为 0.25cm，边数为 12，效果如图 10.132 所示。

图 10.131

图 10.132

用同样的方法创建出图 10.133 和图 10.134 中箭头所示的刹车线。

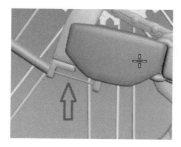

图 10.133

图 10.134

继续创建出前把位置的刹车线，如图 10.135 所示。

步骤 03 创建出如图 10.136 中所示形状的物体。

镜像复制出另一侧刹车线模型，如图 10.137，底部位置重新调整至图 10.138 所示（因为均为样条线，在调整时比较容易控制）。

用同样的方法创建出左车把位置的刹车线，如图 10.139 所示。

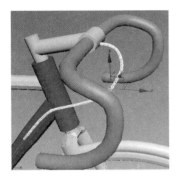
图 10.135

图 10.136

图 10.137

图 10.138

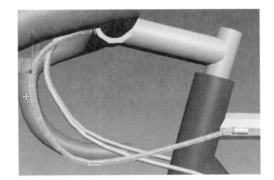
图 10.139

步骤 04 制作刹车钳。创建一个长方体并将其转换为可编辑的多边形物体后删除右侧的面，如图 10.140 所示。选择边界线，按住 Shift 键挤出如图 10.141 所示形状的面，然后选择边，分别挤出如图 10.142 和图 10.143 所示的形状。

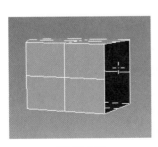
图 10.140

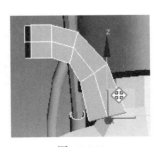
图 10.141

图 10.142

图 10.143

制作出如图 10.144 中所示形状的物体，在该物体的两侧位置加线，如图 10.145 所示，同样在

图 10.146 中所示位置加线。

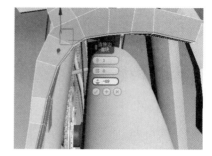

图 10.144　　　　　　　　图 10.145　　　　　　　　　　图 10.146

　调整后的细分效果如图 10.147 所示。分别在刹车钳部位创建图 10.148～图 10.150 所示不同形状的物体。

　创建出刹车皮模型，如图 10.151 所示，复制调整出另一边模型，最后整体效果如图 10.152 所示。

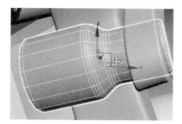

图 10.147　　　　　　　　图 10.148　　　　　　　　　　图 10.149

图 10.150　　　　　　　图 10.151　　　　　　　图 10.152

步骤 05　创建如图 10.153 和图 10.154 所示的样条线。

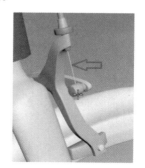

图 10.153　　　　　　　　　　图 10.154

步骤 06　将刹车卡钳复制调整到后轮位置，如图 10.155 所示，再创建一个如图 10.156 所示的固定板。

同样，创建出如图 10.157 所示的样条线，选择 ✔在渲染中启用 ✔在视口中启用 后的效果如图 10.158 所示。

图 10.155　　　　　图 10.156　　　　　图 10.157　　　　　图 10.158

步骤 07　制作车闸模型。创建一个长方体并将其转换为可编辑多边形物体后调整至图 10.159 所示形状，分别加线细化调整至图 10.160 所示。细分后的效果如图 10.161 所示。

制作出如图 10.162 所示形状的车闸模型，最后创建一个圆柱体代替螺丝，效果如图 10.163 所示。

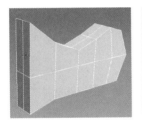 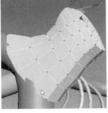 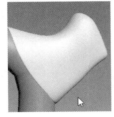  

图 10.159　　　图 10.160　　　图 10.161　　　图 10.162　　　图 10.163

整体复制出另一侧的车闸模型。

步骤 08　制作车座模型。创建一个面片并调整至图 10.164 所示的形状，加线细化调整至图 10.165 所示。

选择边缘的边向下移动调整至图 10.166 所示的形状，在修改器下拉列表中选择"壳"修改命令，设置好厚度后的细分效果如图 10.167 所示。

在车座底部再创建一个如图 10.168 所示形状的物体，然后移动调整好位置，如图 10.169 所示。

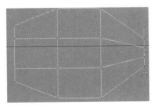 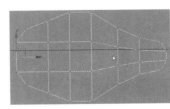 

图 10.164　　　　　　图 10.165　　　　　　图 10.166

 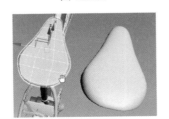 

图 10.167　　　　　　图 10.168　　　　　　图 10.169

231

创建如图 10.170 中所示线框中的圆柱体，再创建如图 10.171 所示的样条线。

单击 圆角 按钮将拐角位置处理成圆角，如图 10.172 所示，选择 ☑在渲染中启用 ☑在视口中启用 后的效果如图 10.173 所示。

将该样条线镜像复制后再在两者中间位置创建一个切角长方体，如图 10.174 所示，最后制作出如图 10.175 中所示连接处的模型。

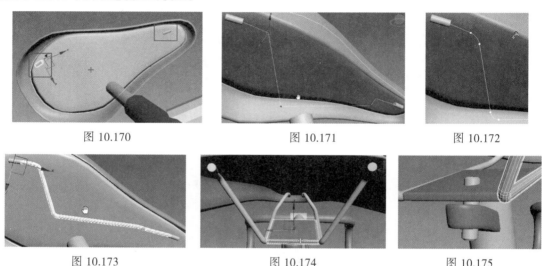

图 10.170   图 10.171   图 10.172

图 10.173   图 10.174   图 10.175

步骤 09 制作出更多的细节，如图 10.176 和图 10.177 箭头所示。

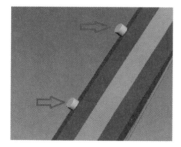 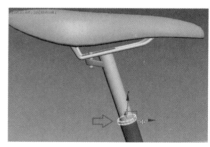

图 10.176   图 10.177

10.1.7 SmoothBoolean 插件介绍

该插件同样以英文版本为例来讲解。

步骤 01 在视图中创建一个球体和圆柱体。在创建面板下的下拉列表中选择"复合对象"面板，单击 ProBoolean （超级布尔运算）按钮，选择球体模型，单击 Start Picking （开始拾取）按钮拾取圆柱体，默认为 Union（并集），右击模型，在弹出的菜单中选择 Convert To: Convert to SmoothBoolean ，系统开始自动计算。计算完成后，在 Borders 参数区域系统会列出物体与物体之间相交的线段，如图 10.178 所示。选择其中的一个，在模型中它会以绿色显示，如图 10.179 所示。

当单击 Preview 预览按钮时，会显示出两条红色线段，这两条红色线段就是相交位置的设置偏移量的大小，如图 10.180 所示。可以通过 Offset 值来调节大小。

图 10.178　　　　　　图 10.179　　　　　　　　图 10.180

设置好偏移值后，单击 Solve mesh 按钮进行解算，解算完成后的效果如图 10.181 和图 10.182 所示。

图 10.181　　　　　　　　　　图 10.182

该插件可以将两个物体相交位置的线段自动调整布线达到光滑的效果。该插件不仅可以运算两个物体，还可以一次运算多个物体，所以本实例中制作的山地车模型后期可以使用该插件一次性完成相交位置的光滑运算。

步骤 02　打开山地车模型，用超级布尔运算依次拾取支架部分完成布尔运算，如图 10.183 所示。右击模型，在弹出的菜单中选择 Convert To: | Convert to SmoothBoolean 将其转换为 SmoothBoolean 物体。

当场景中存在多个物体相交时，在列表中它也会全部显示出相交位置的交汇线，如图 10.184 所示。选择图 10.185 中的交汇线后，单击 Preview（预览）按钮，调整 Offset 值，在模型中以红色线圈显示出偏移距离，如图 10.186 和图 10.187 所示，然后再单击 Solve mesh 值进行计算即可。

计算之后的效果如图 10.188～图 10.190 所示。

图 10.183　　　　　　图 10.184　　　　　　图 10.185　　　　　　图 10.186

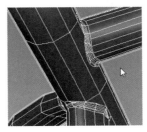

图 10.187　　　　　　图 10.188　　　　　　图 10.189　　　　　　图 10.190

233

用同样的方法完成其他部位的布尔运算即可。

至此本实例全部制作完成。虽然本实例较为复杂，在制作过程中理清思路，分步各个完成即可。

10.2　制作滑板车

本节将制作一个 4 个轮子的滑板车模型。制作过程如图 10.191～图 10.194 所示。

本实例以英文版本来讲解。

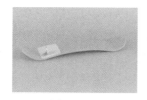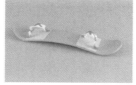

图 10.191　　　　　　图 10.192　　　　　　图 10.193　　　　　　图 10.194

10.2.1　制作滑板

步骤 01 依次单击 +Creat（创建）| ●Geometry（几何体）| ▭Box （长方体）按钮，在视图中创建一个长宽高分别为 880mm、220mm、13mm 的长方体，将模型转换为可编辑的多边形物体。选择长度方向上的环形线段，按 Ctrl+Shift+E 组合键加线，移动四角的点调整形状至图 10.195 所示。

用同样的方法在宽度方向上加线，如图 10.196 所示，切换到缩放工具，沿着 Y 轴多次缩放使其线段缩放为笔直状态，如图 10.197 所示。

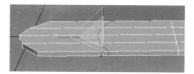

图 10.195　　　　　　　　　　图 10.196　　　　　　图 10.197

调整所加线段 Z 轴上的位置，使模型表现出一定的流线效果，如图 10.198 所示。

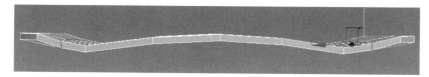

图 10.198

在顶部和底部边缘位置加线，如图 10.199 所示。选择右侧一半的点，按 Delete 键删除，继续调整左侧模型形状至图 10.200 所示。

单击 按钮进入修改面板，单击"修改器列表"右侧的小三角按钮，在修改器下拉列表中选择 Symmetry（对称）修改器，单击 Symmetry 前面的+号然后单击 Mirror 进入镜像子级别，在视图中移动对称中心的位置，如果模型出现空白的情况，可以选择"翻转"参数。添加对称修改效果如图 10.201 所示。

图 10.199

图 10.200

图 10.201

步骤 02　选择图 10.202 中所示的面，按住 Shift 键向上移动复制，在弹出的复制面板中选择 Clone To Object，如图 10.203 所示。

为了便于区分，给复制的物体换一种颜色显示，然后选择中间的线段，按 Ctrl+Backspace 组合键移除，选择顶部所有的点沿着 Z 轴向下移动调整模型厚度，然后按"3"键进入"边界"级别，选择两侧的边界线，单击 Cap （补洞）按钮将开口封闭起来，然后在"点"级别下，分别选择上下对应的点，按 Ctrl+Shift+E 组合键加线调整布线。过程如图 10.204 和图 10.205 所示。

按 Ctrl+Q 组合键细分该模型，效果如图 10.206 所示。

图 10.202

图 10.203

图 10.204

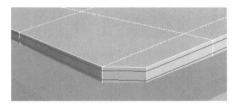
图 10.205

图 10.206

步骤 03　依次单击 +Creat （创建）| ●Geometry （几何体）| Box （长方体）按钮，在透视图中创建一个长方体，如图 10.207 所示，将模型转换为可编辑的多边形物体。调整左侧两角的点，然后选择图 10.208 中所示的面，单击 Extrude 按钮后面的 ■ 图标，在弹出的 Extrude 快捷参数面板中设置挤出值将面向上挤出，然后调整点位置调整形状，如图 10.209 所示。将图 10.210 中的线段切角设置。

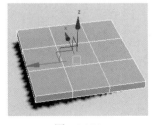
图 10.207

图 10.208

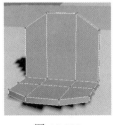
图 10.209

图 10.210

在拐角位置加线（此步骤加线非常重要）如图 10.211 所示，如果不加线细分后的效果如图 10.212

所示，拐角位置的面在细分后会出现较大的变形效果，而如果在该位置加线约束，细分后就会出现较为美观的棱角效果。

步骤 04 依次单击 ➕Creat（创建）| ●Geometry（几何体） Extended Primitives ▾下的 ChamferBox（切角长方体）按钮，创建一个圆角长方体，如图 10.213 所示，将其转换为可编辑的多边形物体后，加线调整点的位置至图 10.214 所示形状。

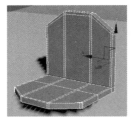

| 图 10.211 | 图 10.212 | 图 10.213 | 图 10.214 |

步骤 05 调整好形状后将该物体复制一个如图 10.215，然后创建一个球体模型并删除一半，用缩放工具压扁调整如图 10.216 所示。

按 "3" 键进入 "边界" 级别，选择边界线，按住 Shift 键配合移动和缩放工具挤出面并调整，如图 10.217 所示，然后将图 10.218 和图 10.219 中的线段切角设置。

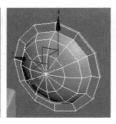
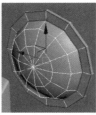
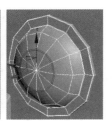

| 图 10.215 | 图 10.216 | 图 10.217 | 图 10.218 | 图 10.219 |

步骤 06 细分后复制调整至图 10.220 所示。然后再创建一个长方体并转换为可编辑的多边形物体，删除前方的面，如图 10.221 所示。

选择边界线，按住 Shift 键配合移动、缩放工具向内连续挤出调整出所需形状，如图 10.222 所示，然后将拐角位置线段切角并调整，如图 10.223 所示。

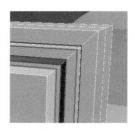

| 图 10.220 | 图 10.221 | 图 10.222 | 图 10.223 |

分别在图 10.224 中黑色线段的位置加线调整，然后删除背部一半模型，在修改器下拉列表中添加 Symmetry（对称）修改器，将前方制作好的形状直接对称出来，如图 10.225 所示。细分后的整体效果如图 10.226 所示。

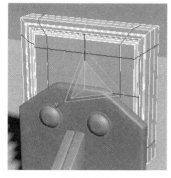

| 图 10.224 | 图 10.225 | 图 10.226 |

步骤 07　再次创建一个长方体并转换为可编辑的多边形物体，选择 ☑ Use Soft Selection 使用软选择，调整衰减值大小，选择如图 10.227 中所示底部的点，用缩放工具缩放调整，如图 10.228 所示。

　　在修改器下拉列表中添加 Bend（弯曲）修改器，效果和参数设置如图 10.229 和图 10.230 所示，最后将该模型塌陷为多边形物体后细分。

| 图 10.227 | 图 10.228 | 图 10.229 | 图 10.230 |

步骤 08　依次单击 +Creat（创建）⚪Shape（图形）| Rectangle （矩形）按钮，在视图中创建一个矩形，调整 Corner Radius（圆角）参数值，效果如图 10.231 所示。将矩形转换为可编辑的样条线，选择图 10.232 中所示的线段，单击参数面板下的 Divide 按钮，将线段平分为二，也就是在线段中心位置加线，如图 10.233 所示。

　　在透视图中调整线段的弧形效果如图 10.234 所示。选择 Rendering 卷展栏下的 ☑ Enable In Renderer 和 ☑ Enable In Viewport，设置 Thickness（厚度值）和 Sides（边数）值，效果如图 10.235 所示。

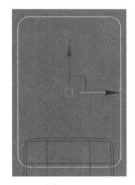

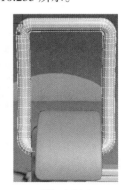

| 图 10.231 | 图 10.232 | 图 10.233 | 图 10.234 | 图 10.235 |

选择图 10.236 中所示的所有模型，单击 Group| Group 命令设置一个群组，这样便于整体选择操作。旋转调整好角度，如图 10.237 所示，最后再复制一个，调整角度和位置如图 10.238 所示。

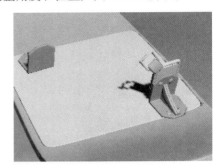

图 10.236　　　　　图 10.237　　　　　图 10.238

 在顶视图中创建一个 Plane 片面物体并转换为可编辑的多边形物体，选择边缘的线，按住 Shift 键挤出面并调整形状，如图 10.239 和图 10.240 所示。

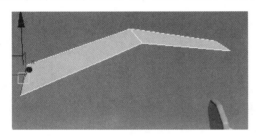

图 10.239　　　　　　　　　图 10.240

通过不断地挤出面、加线调整等操作，制作出一个带有弧线效果的面片，如图 10.241 所示。在整体调整形状时，可以单击 Freeform | Paint Deform 下的█按钮，该"偏移"工具可以针对模型进行整体的比例形状调整，有点类似于"软选择"工具的使用，但是它使用起来会更加快捷更加灵活。当开启"偏移"工具时，鼠标的位置会出现两个圈，外圈为黑色，内圈为白色。外圈控制笔刷的衰减值，内圈控制强度。Ctrl+Shift+鼠标左键拖动可以同时快速调整内圈和外圈的大小；Ctrl+鼠标左键调整外圈衰减值大小；Shift+左键拖动控制调整内圈强度值。调整好笔刷大小和强度值，在模型上可以拖动来调整形状，如图 10.242 所示。

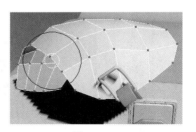

图 10.241　　　　　　　　　图 10.242

在修改器下拉列表中选择 Shell（壳）修改器，调整厚度值后再次将物体塌陷为多边形物体，如图 10.243 所示。切换到"面"级别，选择图 10.244 中所示的面向下倒角挤出，然后选择边沿的线段切角。

按 Ctrl+Q 组合键细分该模型，效果如图 10.245 所示。

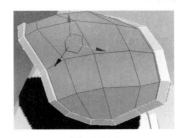

图 10.243　　　　　　　　图 10.244　　　　　　　　图 10.245

步骤 10　创建一个面片物体并将其转换为可编辑的多边形物体，如图 10.246 所示。依次单击 Freeform ｜PolyDraw 图 · 右侧小三角，在下拉列表中选择 Draw on: Surface，然后单击右侧的 Pick 按钮拾取底部物体，单击 按钮在面片物体的点上单击并拖动可以快速将面片物体移动吸附到底部拾取的物体表面上，如图 10.247 所示。然后选择边，挤出面如图 10.248 所示。用同样的方法用拖动工具快速调整点到底部物体的表面上，如图 10.249 所示。最后选择所有面向上挤出，如图 10.250 所示。

图 10.246　　　　　　　　图 10.247　　　　　　　　图 10.248

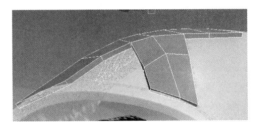

图 10.249　　　　　　　　　　　图 10.250

在四边边缘位置加线约束，细分后的效果如图 10.251 所示。

再次创建一个面片物体，用上述同样的方法吸附面调整至图 10.252 所示。在修改器下拉列表中添加 Shell 修改器，设置厚度后将模型转换为可编辑的多边形物体，加线调整形状细分后的效果如图 10.253 所示。最后再创建一个长方体调整好位置，如图 10.254 所示。

将除了滑板外的所有模型设置一个组后复制调整到另一侧位置，效果如图 10.255 所示。

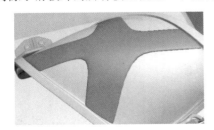

图 10.251　　　　　　　　图 10.252　　　　　　　　图 10.253

图 10.254　　　　　　　　　　　　　图 10.255

10.2.2　制作减震装置

步骤 01　创建一个长方体并将其转换为可编辑的多边形物体后调整形状至图 10.256 所示。右击模型，在弹出的菜单中选择 Cut 命令手动切线至图 10.257 所示。

按 "4" 键进入 "面" 级别，选择图 10.258 中所示的面向下挤出面并调整，然后将挤出边缘的线段切角，如图 10.259 所示。

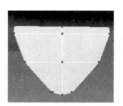

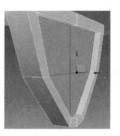

图 10.256　　　　　　图 10.257　　　　　　图 10.258　　　　　　图 10.259

步骤 02　在该物体表面创建一个长方体，如图 10.260 所示。

在修改器下拉列表中选择 Bend 修改器，效果和参数如图 10.261 和图 10.262 所示。

将长方体复制调整至图 10.263 所示。

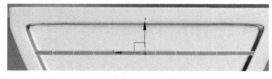
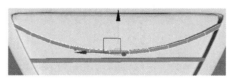

图 10.260　　　　　　　　　　　　　图 10.261

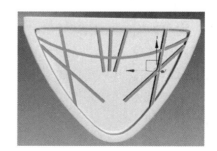

图 10.262　　　　　　　　　　　　　图 10.263

步骤 03　单击 Tube 按钮在视图中创建一个圆管物体，如图 10.264 所示，然后在圆管内部再创建一个圆柱体，如图 10.265 所示。

　　将圆柱体模型转换为可编辑的多边形物体后，删除顶部的面，选择边界线，按住 Shift 键配合移动和缩放工具挤出面并调整至所需形状，如图 10.266 和图 10.267 所示。

　　单击 Collapse （聚合）按钮将中心的所有点聚合焊接为一个点，如图 10.268 所示。然后选择拐角位置的线段切角。细分后选择该部位模型镜像复制，如图 10.269 所示。

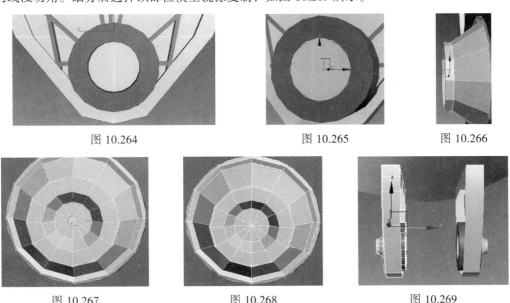

图 10.264　　　　　　　　　图 10.265　　　　　　　　　图 10.266

图 10.267　　　　　　　　　图 10.268　　　　　　　　　图 10.269

　　单击 Attach 按钮将复制的物体和原物体附加在一起，选择顶部对应的面（如图 10.270 中所示的面），单击 Bridge 按钮桥接出中间的面，如图 10.271 所示。

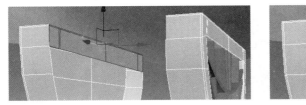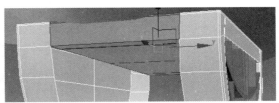

图 10.270　　　　　　　　　　　　　　　　图 10.271

　　分别在图 10.272 中所示的位置加线，然后选择图 10.273 中所示的边，单击 Bridge 按钮生成中间的面，如图 10.274 所示。

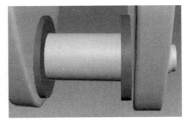

图 10.272　　　　　　　　图 10.273　　　　　　　　图 10.274

　　步骤 04　创建一个圆柱体并通过多边形的编辑调整出如图 10.275 中所示形状物体。在 （图形）面板中单击 Helix （弹簧线），如图 10.276 所示。设置弹簧线的高度和圈数等参数后，选择 Rendering

卷展栏下的 ☑ Enable In Renderer 和 ☑ Enable In Viewport，设置 Thickness（厚度值）和 Sides（边数）值效果如图 10.277 所示。

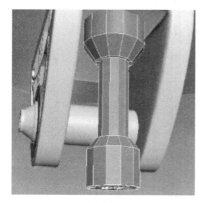
图 10.275

图 10.276

图 10.277

整体调整减震装置的角度后复制调整，如图 10.278 所示。

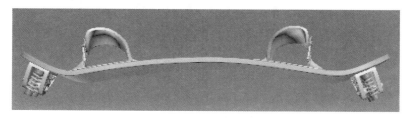
图 10.278

步骤 05 然后在减震装置的底部创建一个圆柱体并将其转换为可编辑的多边形物体，删除侧面中的面，选择边界线移动挤出面并调整形状，如图 10.279 和图 10.280 所示。

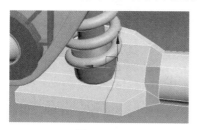
图 10.279

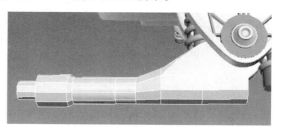
图 10.280

调整好形状后通过对称修改器对称出另一半，如图 10.281 所示。最后的细分效果如图 10.282 所示。

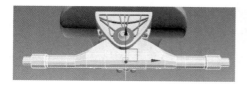
图 10.281

图 10.282

将减震装置的底部托盘复制调整到另一侧，整体效果如图 10.283 所示。

图 10.283

10.2.3　制作轮胎

步骤 01 单击 Tube 按钮，在视图中创建一个如图 10.284 所示的管状体并将其转换为可编辑的多边形物体，选择环形线段缩放调整形状，如图 10.285 所示。

步骤 02 在轮胎内侧创建一个圆柱体并将其转换为可编辑的多边形物体，删除顶部和底部的面，如图 10.286 所示。选择边界线，按住 Shift 键向外缩放挤出面并调整，注意将拐角位置的线段切角，细分后的效果如图 10.287 所示。

步骤 03 再次创建圆柱体并修改至图 10.288 所示形状，然后创建修改出图 10.289 中所示的物体。

图 10.284

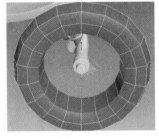

图 10.285

图 10.286

图 10.287

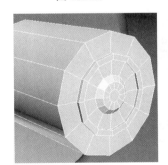

图 10.288

图 10.289

步骤 04 创建长方体模型，注意将分段数适当调高，如图 10.290 所示。在修改器下拉列表中选择 Bend（弯曲）修改器，设置 Angle 值为–35，Direction 为 90°，如图 10.291 所示。

创建一个三角形的样条线，然后添加 Extrude（挤出）修改器，效果如图 10.292 所示。将三角形物体和弯曲的长方体物体镜像复制，如图 10.293 所示。

长按 View 右侧的小三角，在弹出的下拉列表中选择 Pick ，然后拾取轮胎中心轴物体，长按 （使用轴点中心）按钮，在弹出的列表中选择第三个 （使用变换坐标中心），每隔 60° 复制出 5 个，如图 10.294 所示。然后将所有轮毂模型再次复制，如图 10.295 所示。

最后在轮毂中间位置创建一个管状体如图 10.296 所示。

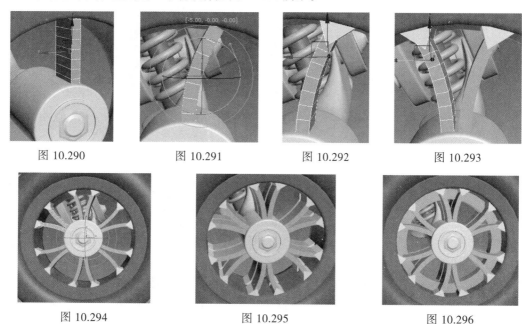

图 10.290   图 10.291   图 10.292   图 10.293

图 10.294   图 10.295   图 10.296

步骤 05 单击 ✚ Creat（创建）| ⚙ Shape（图形）| `Line` 按钮在轮胎的顶部创建如图 10.297 所示的样条线。在修改器下拉列表中选择 Extrude 修改器，效果如图 10.298，将该物体镜像复制到另一侧如图 10.299 所示。

选择边缘的线段适当切角设置，如图 10.300 所示。长按 `View` 右侧的小三角，在弹出的下拉列表中选择 `Pick`，然后拾取轮胎中心轴物体，长按 ▥（使用轴点中心）按钮，在弹出的列表中选择第三个 ▥（使用变换坐标中心），单击 `Tools` 菜单选择 `Array...`（阵列）工具将物体阵列复制，阵列效果和参数设置如图 10.301 和图 10.302 所示。

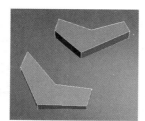

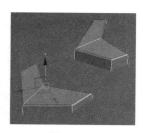

图 10.297   图 10.298   图 10.299   图 10.300

图 10.301

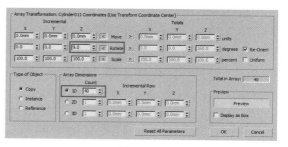

图 10.302

在轮胎边缘位置创建一个如图 10.303 所示形状的物体，用同样的方法阵列复制，效果如图 10.304 所示。

在轮胎外侧中心位置创建一个管状体，Sides 分段数设置为 100，如图 10.305 所示。将该物体转换为可编辑的多边形物体，分别选择图 10.306 中所示的面。

单击 Bevel 按钮后面的 ▣ 图标，在弹出的"倒角"快捷参数面板中设置倒角参数，将选择的面向内倒角，如图 10.307 所示。倒角后的线段出现了穿插现象，如图 10.308 所示。

图 10.303　　　　　　　　　　图 10.304　　　　　　　　　　图 10.305

图 10.306　　　　　　　　　　图 10.307　　　　　　　　　　图 10.308

正常情况下是图 10.309 中所示效果，该如何修改呢？选择边缘的一个线段，依次单击 Modeling | Modify Selection | Similar · 快速选择相同位置的类似线段，在左视图中用缩放工具缩放调整。用同样的方法选择内侧的所有线段缩放调整，调整后的效果如图 10.310 所示。

同样，用 Similar · 工具快速选择外侧和内侧边缘的线段做切角设置，如图 10.311 所示。制作好的轮胎整体效果如图 10.312 所示。

选择制作好的所有轮胎模型，镜像复制出另一侧轮胎，然后再复制出前端的两个轮胎，整体效果如图 10.313 所示。至此，滑轮车全部制作完成。

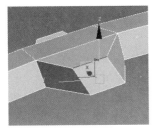

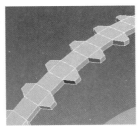
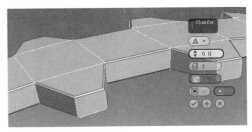

图 10.309　　　　　　　　　　图 10.310　　　　　　　　　　图 10.311

图 10.312

图 10.313

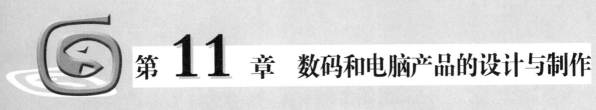

第11章　数码和电脑产品的设计与制作

随着人们生活水平的提高，数码和电脑产品更是人们必不可少的生活用品。本章将介绍单反相机和平板电脑的制作方法。

11.1　制作单反相机

外出旅游时数码相机是必备的旅行工具，数码相机市场上最常见的就是携带方便的卡片机和比较专业的单反相机，接下来就来学习一下单反相机的模型制作。

在制作模型之前，首先来了解一下单反相机各部位的名称，以佳能450D为例，正面名称如图11.1所示。

::: 正面

内置闪光灯　在昏暗场景中，可根据需要使用闪光灯来拍摄。在部分拍摄模式下会自动闪光。

快门按钮　按下该按钮将释放快门拍下照片。按按钮的过程分为两阶段，半按时自动对焦功能启动，完全按下时快门将被释放。

手柄　相机的握持部分。当安装镜头后，相机整体重量会略有增加。应牢固握持手柄，保持稳定的姿势。

反光镜　用于将从镜头入射的光线反射至取景器。反光镜上下可动，在拍摄前一瞬间将升起。

镜头安装标志　在装卸镜头时，将镜头一侧的标记对准此位置。红色标志为EF镜头的标志（详见后文）。

镜头释放按钮　在拆卸镜头时按下此按钮。按下按钮后镜头固定销将下降，可旋转镜头将其卸下。

镜头卡口　镜头与机身的接合部分。通过将镜头贴合此口进行旋转，安装镜头。

图 11.1

背面的名称如图11.2所示。

3ds Max 工业产品设计案例实战教程

■ 背面

眼罩 在通过取景器进行观察时可防止外界光线带来影响。为了降低对眼睛和额头造成的负荷，采用柔软材料制成。

屈光度调节旋钮 使取景器内图像与使用者的视力相适应，保证更容易观察。应在旋转旋钮进行调节的同时观察取景器选择最清晰的位置。

取景器目镜 用于确认被摄体状态的装置。在确认图像的同时，取景器内还将显示相机的各种设置信息。

自动对焦点选择按钮 用于选择当采用自动对焦模式进行拍摄时所使用的对焦位置（自动对焦点），可选择任意位置。

〈MENU〉菜单按钮 可显示调节相机各种功能时所使用的菜单。选定各项目后可进一步进行详细设置。

〈SET〉设置按钮、十字键 用于移动选择菜单项目或在回放图像时移动放大显示位置等操作。在进行拍摄时，可实现按钮旁图标所代表的功能。

液晶监视器 可观察所拍摄的图像以及菜单等文字信息。将所拍摄图像放大后对细节部分进行仔细确认。

删除按钮 用于删除所拍摄的图像。可删除不需要的图像。

回放按钮 用于回放所拍摄图像的按钮。按下按钮后，液晶监视器内将显示最后一张拍摄的图像或者之前所回放的图像。

图 11.2

上面的名称如图 11.3 所示。

■ 上面

变焦环 进行旋转来改变焦距。可观察下方的数字和标记的位置来掌握所选择的焦距。

对焦环 采用手动对焦（MF）模式时，旋转该环进行对焦。对焦环的位置因镜头而异。

对焦模式开关 用于切换对焦方式，也就是切换自动对焦（AF）与手动对焦（MF）的开关。

主拨盘 用于在拍摄时变更各种设置或在回放图像时进行多张跳转等操作的多功能拨盘。

背带环 将背带两端穿过该孔，牢固安装背带。安装时应注意保持左右平衡。

ISO感光度设置按钮 按下该按钮可以改变相机对亮度的敏感度。ISO感光度是根据胶片的感光度特性制定的国际标准。

热靴 用于外接大型闪光灯等的端子。相机与闪光灯通过触点传输信号。

电源开关 打开相机电源用的开关。当长时间保持打开状态时，相机将自动切换至待机模式以节省电力消耗。

模式转盘 可旋转转盘以选择与所拍摄场景或拍摄意图相匹配的拍摄模式。主要可分为两大类。

创意拍摄区 可根据使用者的拍摄意图选择采用各种相机功能。

基本拍摄区 相机可根据所选择的场景模式自动进行恰当的设置。

图 11.3

底面名称如图 11.4 所示。

底面

电池仓 可装入附带的
电池。安装时应确保采
用正确方向插入，使电
池的端子部分朝向相机
内部。

三脚架接孔 用于安装
市售各种三脚架的接
孔。螺钉的规格基于通
用标准，所以可以使用
任何厂家的三脚架。

图 11.4

侧面名称如图 11.5 所示。

侧面

闪光灯弹出按钮 用于弹出
内置闪光灯的按钮。当采用
基本拍摄区的某些模式时，
闪光灯有时会与功能联动而
自动弹出。

外部连接端子 用于连
接相机与外部设备的
端子。注意确认能够
连接使用的设备，保
证进行正确连接

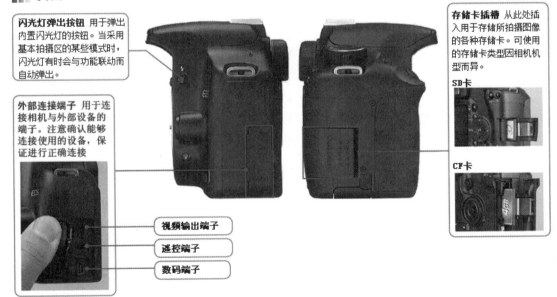

存储卡插槽 从此处插
入用于存储所拍摄图像
的各种存储卡。可使用
的存储卡类型因相机机
型而异。

SD卡

CF卡

视频输出端子

遥控端子

数码端子

图 11.5

首先，要设置参考图。参考图的设置方法比较简单，这里我们就不详细介绍了，我们在配套
资源中详细讲解了参考图的设置方法，大家可以看一下对应的视频教学文件。

下面我们直接讲解模型的制作方法。

制作方法有两种：一是通过创建一个面片，然后对面片进行挤出调整，这种方法一般适用于不太规整的模型，一开始笔者也是使用的这种方法，但是在制作的时候也遇到了瓶颈，调整起来较费时费力；第二种方法是创建一个 Box 物体，通过对 Box 物体的编辑调整来完成最终的模型效果。这种方法适用于规则的模型调整，便于把握整体的形状，所以这一节我们就通过 Box 物体的创建编辑来学习一下单反相机的模型制作。

参考图设置好之后，首先要检查一下 3 个视图中的图片大小和位置是否一致。最简单的检查方法就是创建一个 Box 物体，在一个视图中调整好长、宽、高，然后观察一下该 Box 物体在其他视图中图片大小是否一致，如图 11.6 所示。如果一致，可以直接进行制作；如果不一致，要在 Photoshop 中对其进行图片大小和位置的调整，这里不再详述。

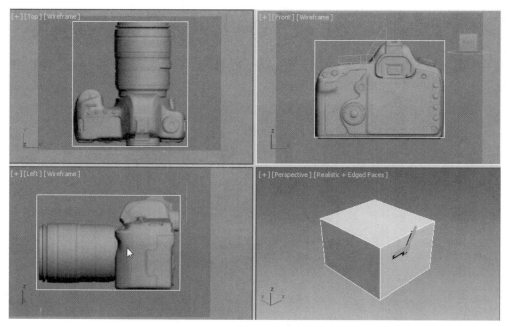

图 11.6

步骤 01 在视图中创建一个 Box 物体，将该物体转换为可编辑的多边形物体，分别在长度和宽度上加线调整，如图 11.7 所示。

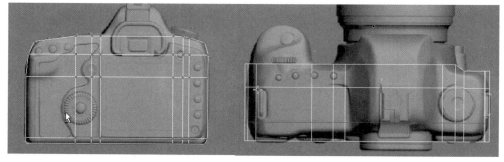

图 11.7

步骤 02 选择手柄处的面挤出并调整，如图 11.8 所示。

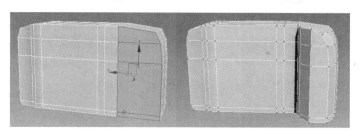

图 11.8

步骤 03 选择镜头处的面和内置闪光灯处的面分别挤出并调整，如图 11.9 所示。

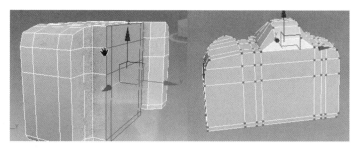

图 11.9

注意，将顶部内置闪光灯处的细节参考相机的形状进行细致调整，然后加线将镜头处的形状调整出来，如图 11.10 所示。

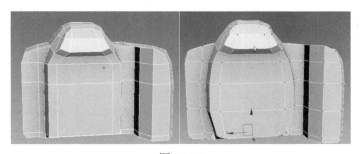

图 11.10

在制作模型的过程中，一定要随时保存场景文件，以防软件报错。如果系统出错，它会提示是否保存备份文件，单击"确定"按钮即可保存副本，如图 11.11 所示。

保存副本之后，在"我的文档/3ds Max/autoback"文件夹下找到 Untitled_recover.max 文件打开即可。

步骤 04 在手柄处加线调整，注意因为手柄处上方有个斜线弧度，所以在调整布线时尽量根据模型的纹理及弧线的走向来调整方向，如图 11.12 所示。

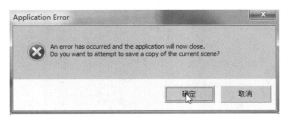

图 11.11　　　　　　　　　　　　　　　　图 11.12

删除手柄处上方的面，然后选择边界线段，单击 Cap 按钮封口，接着用 Cut 工具来手动加线调整，如图 11.13 所示。注意调整时故意将面调整一个坡度，这也是出于模型的轮廓需要。

图 11.13

将图中的线段沿着 Y 轴方向调整出一个凹槽的效果，细分之后的效果如图 11.14 所示。

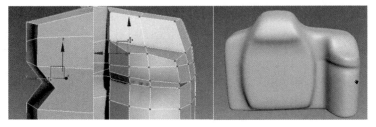

图 11.14

步骤 05　在手柄位置继续加线，然后选择背部的面挤出，如图 11.15 所示。

为了制作时便于观察，可以暂时隐藏不需要的面，隐藏面的快捷键为 Alt+H 组合键。在相机的背面根据纹理的走向调整点的位置来控制线段的走向，点不够的情况下就加线再调整。最终背面的加线及点的调整如图 11.16 所示。

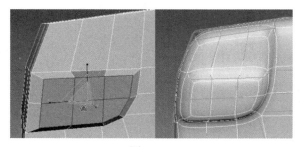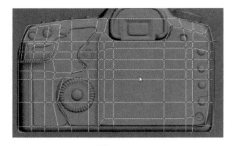

图 11.15　　　　　　　　　　　　　　　　图 11.16

按 Alt+U 组合键将隐藏的面全部显示出来，然后根据背部加线的情况整体调整模型的布线和位置，尽量使模型布线均匀。分别选择图 11.17 中所示的面，单击 Extrude 按钮将面向外挤出。

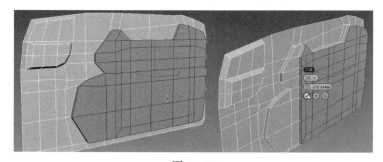

图 11.17

步骤 06 将取景器目镜处的布线添加出来，然后删除取景器中的面。选择边界线段，按住 Shift 键向外挤出新的面并做进一步的调整，如图 11.18 所示。

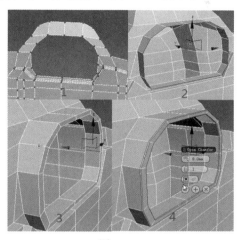

图 11.18

步骤 07 制作外接闪光灯接口。选择图 11.19 所示的面，向上挤出调整，然后向内收缩后向下挤出。

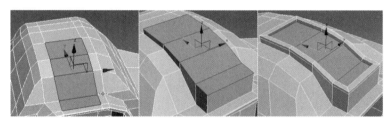

图 11.19

步骤 08 制作镜头释放按钮。先在镜头高度上添加分段，将按钮处的面设置出来，然后选择镜头释放按钮处的面删除，接着选择边挤出面，最后用目标焊接工具将点焊接起来。因为该按钮边是弧线形状，两条线段显然不能调整出弧线的效果。最直接的方法就是加线，然后调整点的位置，选择边向内挤压再挤出，最后将开口封闭起来，如图 11.20 所示。

将中间部分的面删除，然后在边缘的位置加线，细分光滑后的效果如图 11.21 所示。

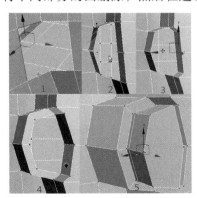

图 11.20

图 11.21

步骤 09 制作镜头口。在视图中创建一个圆柱体，边数设置为 18，将相机镜头处的面单独显示并隐藏其他的面，将圆柱体移动到面的内部，按 Alt+X 组合键透明化显示该物体，然后参考圆柱体的边缘来精确调整点的位置。还有一种方法就是在复合物体下面单击 [Boolean] 按钮将其进行布尔运算，运算之后的效果如图 11.22 所示。

再次将该物体转换为可编辑的多边形物体，选择镜头部位的面，按 Alt+I 组合键隐藏未选择的面，进入"点"级别，将多余的点移除掉，或者用目标焊接工具将多余的点焊接到另外的点上，如图 11.23 所示。

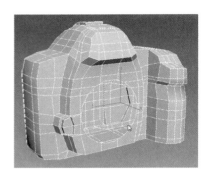

图 11.22

选择开口处的边界，按住 Shift 键先向内挤出并缩放，然后再向外挤出面，如图 11.24 所示。

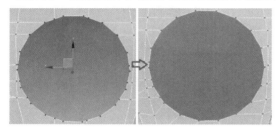

图 11.23

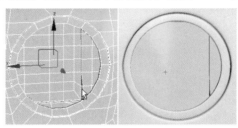

图 11.24

> **注意**　在制作模型时，模型细分之后有时会出现图 11.25 所示的情况，这可能是因为之前布尔运算时出现了计算错误，怎样来解决呢？在修改器下拉列表中选择 Edit Mesh 修改器，然后在该命令上右击，在弹出的菜单中选择 Collapse To，将模型塌陷，再次细分光滑，问题即可解决，如图 11.26 所示。

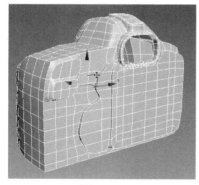

图 11.25

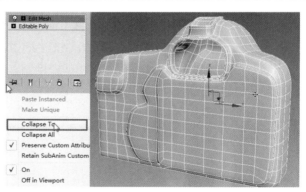

图 11.26

步骤 10 制作边缘按钮。先将右侧按钮处的面独立显示，在按钮的部位加线调整（横向加线和竖向加线），加线的目的是要调整出按钮处的面，然后选择面做倒角挤出调整，如图 11.27 所示。

取消面的隐藏，然后整体调整模型的布线，在模型的边缘位置加线，细分之后的效果如图 11.28 所示。

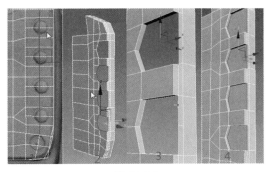
图 11.27

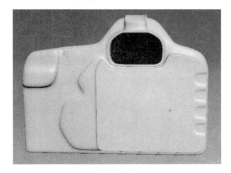
图 11.28

选择图 11.27 中图 1 所示的面，分别向内挤出并封口，将边缘的线段做切角处理，过程如图 11.29 所示。

其他按钮的制作方法一样，效果如图 11.30 所示。

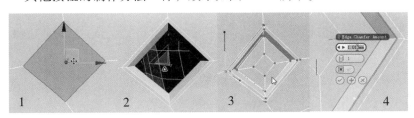
图 11.29

图 11.30

步骤 11　完善屏幕边缘等模型的细节。同样在边缘位置加线处理，拐角处的线段切角后将多余的点焊接起来，如图 11.31 所示。

用同样的方法将其他线段做同样的切角布线调整，测试渲染后的效果如图 11.32 所示。

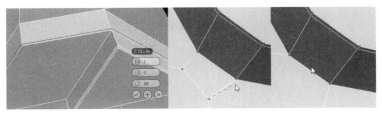
图 11.31

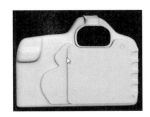
图 11.32

步骤 12　在模型的左上角位置加线，然后选择按钮处的点切角，调整点至正方形，选择面倒角挤出调整出按钮形状，也可以将面删除用边界线段的挤出方法制作出按钮模型，如图 11.33 所示。

在手柄与镜头中间的凹陷部分加线调整，如图 11.34 所示。

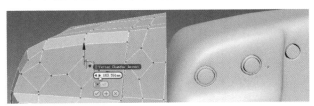
图 11.33

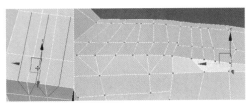
图 11.34

选择图 11.35 中的 1 所示的点向镜头方向移动一定的距离，将图 11.35 中的 2 的线段切角，然后在图 11.35 中的 3 中手动切出线段，细分后的效果如图 11.35 中的 4 所示。

用前面制作按钮的方法将顶部的按钮制作出来，效果如图 11.36 所示。

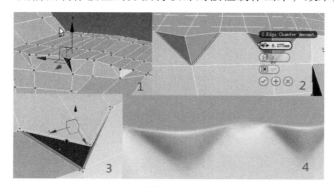
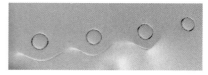

图 11.35

图 11.36

步骤 13 制作顶部液晶显示屏。选择图 11.37（左）所示的面并将其删除，然后将边界线段向下挤出面并调整，效果如图 11.37（右）所示。

在该位置创建一个 Box 物体，然后对其进行多边形编辑，调整出液晶测光屏幕的形状，如图 11.38 所示。

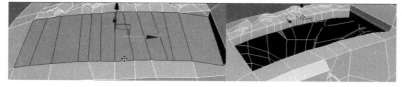

图 11.37

图 11.38

步骤 14 制作主拨盘。在拨盘处继续加线，因为手柄处的线段在开始时故意调整为斜线的方向，所以这里加线之后要将面的位置调正，删除面并选择边界线向下挤出面，如图 11.39 所示。

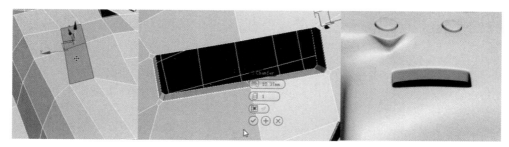

图 11.39

在视图中创建一个圆柱体，调整参数使模型保留扇形形状，如图 11.40 所示。

将该物体转换为可编辑的多边形物体，删除下方的点。删除点后，模型两侧的面和下部的面也会删除，所以要用桥接工具将两侧的面和下方的面桥接起来。在宽度上加线，然后依次选择图 11.41 所示的面，用挤出工具将该面向上挤出。

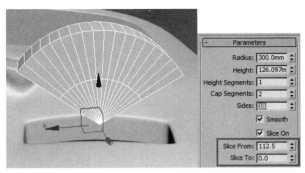

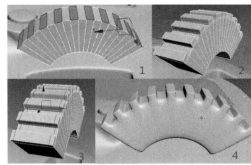

图 11.40

图 11.41

调整好之后将该模型移动到合适的位置即可。

步骤 15 制作快门。选择快门处的面，向内收缩并将点调整至接近正八边形，然后删除该部分的面，选择开口处的边缘线向下挤出后再向上挤出，将开口封闭并将点与点之间的线段连接起来，如图 11.42 所示。

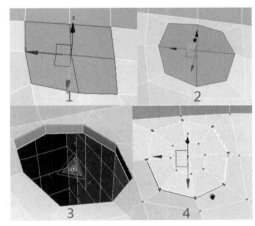

图 11.42

步骤 16 在模型的侧面处加线并调整好线段的位置，选择对应的面后将其删除，用边界挤出的方法制作出所需的模型效果，然后将相机背带处的扣环模型制作出来，如图 11.43 所示。

用同样的方法将另外一侧扣环处的模型制作出来，这里要注意的就是边缘与拐角处的线段切角处理，如图 11.44 所示。

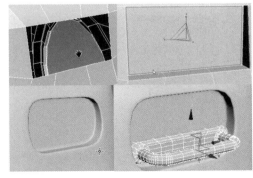

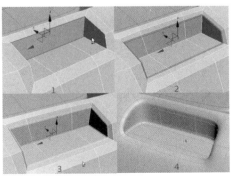

图 11.43

图 11.44

步骤 **17** 制作模式转盘。首先将转盘处的点和线段调整到位，线段不够的话加线来调整，在调整时可以创建一个圆柱体作为参考将点一一对应，如图 11.45 所示。

删除该处的面，按"3"键进入"边界"级别，选择边界线按住 Shift 键向下挤出面并调整。然后在该位置创建一个圆柱体，将它的分段数设置为 60，将该模型转换为可编辑的多边形物体，选择底部的面如图 11.46 所示的调整。

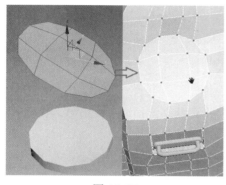

图 11.45

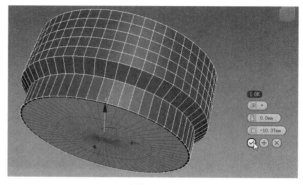

图 11.46

将顶部的面按图 11.47 所示的样子进行调整。

选择侧面所有的面，单击 Bevel 后面的 □ 按钮，挤出方式选择 ⊞ By Polygon 方式，此时在挤出面时会对每一个面都倒角挤出调整，如图 11.48 所示。

在转盘环形线段的边缘加线，细分光滑的效果如图 11.49 所示。

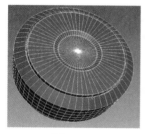

图 11.47

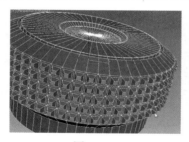

图 11.48

图 11.49

步骤 **18** 制作出外接闪光灯处的卡扣模型，如图 11.50 所示。

步骤 **19** 制作出眼罩模型，如图 11.51 所示。这些模型的制作方法均是由可编辑的多边形方法来完成的，这里不再详细讲解。

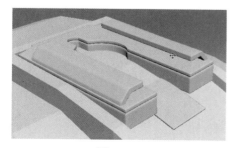

图 11.50

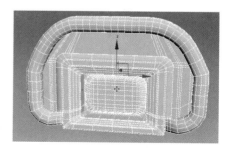

图 11.51

步骤 **20** 制作正面按钮等模型。首先在需要制作按钮处手动加线来调整模型的布线，如

图 11.52 所示。

调整按钮处点的位置，如图 11.53 所示。

删除对应的面，选择边界线挤出调整至如图 11.54 所示，然后将线段切角。

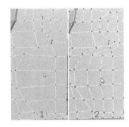

图 11.52　　　　　　图 11.53　　　　　　　　图 11.54

创建一个圆柱体，边数设置在 56 左右，将该物体转换为可编辑的多边形物体，选择图 11.55 所示的面向外挤出。

将中间的面再做适当的倒角挤出调整，最后的效果如图 11.56 所示。然后将该模型调整到合适的位置即可。

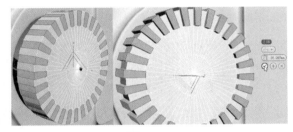

图 11.55　　　　　　　　　　　　　　图 11.56

步骤 21　制作液晶屏。先将边缘的线段调整至笔直状态，然后选择面用倒角工具先向内再向外挤出调整，细分后的效果如图 11.57 所示。

步骤 22　制作其他纹理细节。先加线将所需的点和线段调整出来，然后再选择对应的面倒角挤出调整即可，如图 11.58 所示。

用同样的方法将侧面部位的细节调整出来，如图 11.59 所示。需要注意的是，先在所需面的位置加线，直至选择的面达到我们的制作需求。

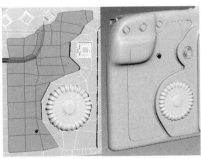
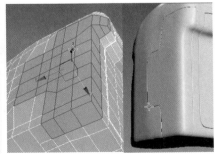

图 11.57　　　　　　图 11.58　　　　　　　　图 11.59

选择手柄处所需要的面，同样用倒角挤出的方法将凹陷的细节制作出来，如图 11.60 和图 11.61 所示。在选择面时可以打开石墨工具下 Modify Selection 中的 Step Mode 模式，这样在选择面时可以更加快捷。

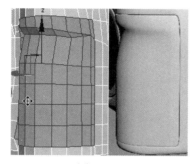

图 11.60

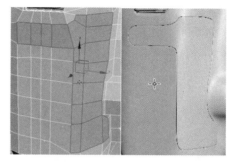

图 11.61

步骤 23 整体调整模型细节，需要表现光滑棱角的地方在其边缘的位置加线调整即可。相机主体部分细分之后的效果如图 11.62 所示。

步骤 24 制作镜头。镜头的制作比起相机部分来说要简单多了，因为这里可以直接创建圆柱体来修改即可完成。在视图中创建一个圆柱体，将圆柱体转换为可编辑的多边形物体，删除顶部和底部的面，选择边界线段，按住 Shift 键配合移动和缩放工具调整出面的形状，如图 11.63 所示。最后调整的结果如图 11.64 所示。

图 11.62

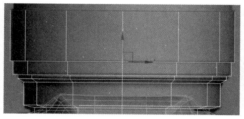

图 11.63

图 11.64

注意开口处的纹理调整，如图 11.65 所示。最后调整的结果如图 11.66 所示。

然后选择镜头上相对应的开关按钮处的面，利用倒角挤出方法制作出开关，如图 11.67 所示。一些细节调整请参考视频。

图 11.65

图 11.66

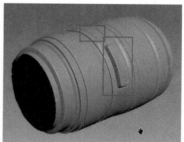

图 11.67

步骤 25 按 M 键打开材质编辑器，给场景中所有的模型赋予一个默认的材质球效果，并将其线段的颜色设置为黑色。选择所有模型，单击 按钮将模型翻转一下。最后的整体效果如图 11.68 和图 11.69 所示。

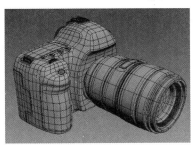
图 11.68

图 11.69

11.2　制作平板电脑

本实例制作的平板电脑分为两个部分：一个是平板，一个是键盘部分。制作过程如图 11.70～11.73 所示。

图 11.70

图 11.71

图 11.72

图 11.73

11.2.1　制作平板机身

步骤 01　创建一个长宽高分别为 16cm、24cm、0.8cm 左右的长方体模型，设置长度分段和宽度分段数都为 4，高度分段数为 2。将长方体转换为可编辑的多边形物体，将图 11.74 中所示的面适当缩小调整，删除右侧一半，调整两个角至如图 11.75 所示。调整好之后，添加"对称"修改命令将另一半对称出来。

单击"插入"按钮在图 11.76 中所示位置插入面，然后单击"分离"按钮将当前选择的面分离出来。用同样的方法将图 11.77 中的面也分离出来并换一种颜色显示便于区分。

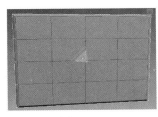
图 11.74

图 11.75

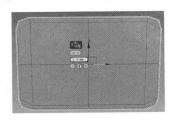
图 11.76

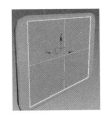
图 11.77

步骤 02　在图 11.78 所示的位置分别加线，加线的目的是为了预留侧面开孔位置。右击，在弹出的快捷菜单中单击"连接"左面的 ■ 按钮，设置 ▪ 连接线段数量为 19，如图 11.79 所示。

选择图 11.80 中所示的面。用"倒角"命令先分别向内挤出面至图 11.81 所示，再向内部挤出面如图 11.82 所示，之后按 Delete 键删除面，如图 11.83 所示。

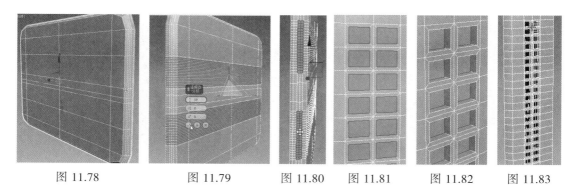

图 11.78　　　　图 11.79　　　　图 11.80　　　图 11.81　　　图 11.82　　　图 11.83

　　选择中间按钮位置的面向内分别倒角挤出，过程如图 11.84～图 11.86 所示。

　　选择图 11.87 中所示的面并删除，然后选择如图 11.88 所示的面单击"分离"按钮将其分离出来，为了和原物体区分，给该模型换一种颜色显示。适当缩放调整大小如图 11.89 所示。

　　分别在内侧和外侧的两边位置加线，如图 11.90 和图 11.91 所示。

　　步骤 03　在侧面底部位置加线，如图 11.92 所示。选择图 11.93 加线位置的侧边面将该开口调整为圆形，如图 11.94 所示，在调整时可以创建一个 8 边形的多边形物体作为参考来调整。调整后向内挤出面，如图 11.95 所示，然后在图 11.96 中所示位置加线约束。

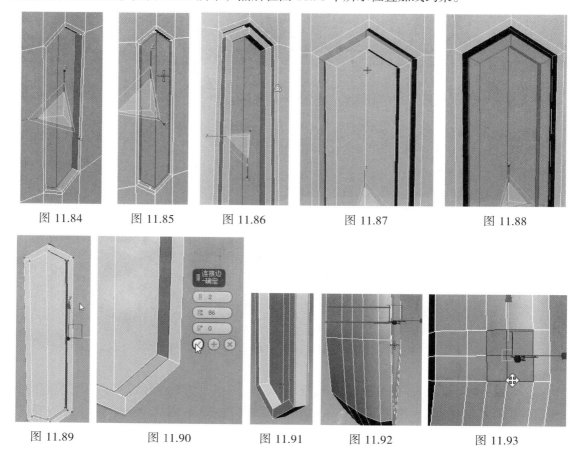

图 11.84　　　　图 11.85　　　　图 11.86　　　　　图 11.87　　　　　图 11.88

图 11.89　　　　图 11.90　　　　图 11.91　　　图 11.92　　　图 11.93

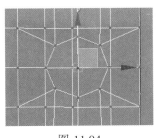
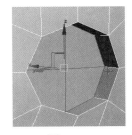

图 11.94　　　　　　　　　图 11.95　　　　　　　　　图 11.96

 将外壳模型细分，此时外壳和屏幕没有完全对齐在一起，如图 11.97 所示。所以此处在调整时要根据细分后的效果调整接缝位置的形状（可以适当加线调整位置）直至接缝消失，（调整时先删除左侧一半模型）。调整屏幕边缘形状后，在屏幕上加线，调整出右侧按钮处的圆形形状然后删除面，如图 11.98 所示，选择边界线后按住 Shift 键配合缩放工具挤出所需要的形状，如图 11.99 所示。

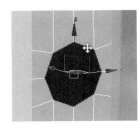

图 11.97　　　　　　　　　图 11.98　　　　　　　　　图 11.99

添加"对称"命令，对称出左侧一半模型，然后将图 11.100 中所示按钮整体缩小，在该位置创建一个球体，设置分段数为 18，然后用缩放工具压扁处理，如图 10.101 所示。

再次加线约束，如图 11.102 所示，细分后的效果如图 11.103 所示。

图 11.100　　　　　图 11.101　　　　　图 11.102　　　　　图 11.103

步骤 05　制作顶部按键。首先根据按钮的位置在模型上分别加线后删除按键位置的面，如图 11.104 所示。选择边界线，按住 Shift 键向下移动挤出面处理，如图 11.105 所示。

在挤出面的时候需要掌握一些技巧，比如可以分多次挤出面调整，这样可以节省后期线段切角的处理，如图 11.106 所示。单击"封口"命令将开口封闭起来，如图 11.107 所示。

将图 11.108 中所示的面挤出，细分后的效果如图 11.109 所示。

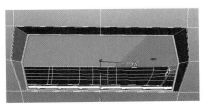

图 11.104　　　　　　　图 11.105　　　　　　　　图 11.106

图 11.107

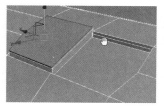
图 11.108

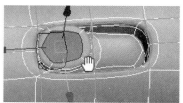
图 11.109

　　用同样的方法将另外两个按钮向上挤出面后封口处理，调整布线如图 11.110 所示，细分后的效果如图 11.111 所示。

　　很显然细分后按钮形状发生了改变，所以加线对其约束，如图 11.112 所示，再次细分效果得到了明显改善，如图 11.113 所示。

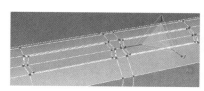
图 11.110

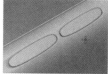
图 11.111

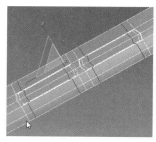
图 11.112

图 11.113

步骤 06 制作后摄像头。在图 11.114 中线圈位置加线，选择一个点，将该点切角处理，如图 11.115 所示。

　　右击模型，在弹出的菜单中选择"剪切"工具，手动加线，如图 11.116 所示。用同样的方法创建一个多边形，然后调整成圆形，如图 11.117 所示。

　　创建一个管状体，如图 11.118 所示，然后再创建一个圆柱体调整至图 11.119 所示大小。

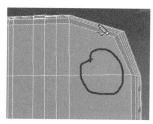
图 11.114

图 11.115

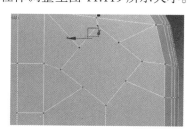
图 11.116

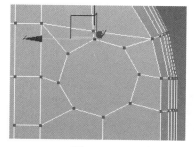
图 11.117

图 11.118

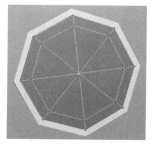
图 11.119

选择面向内倒角挤出，如图 11.120 所示，分别在图 11.121 所示边缘位置加线约束。
同样将图 11.122 中的线段切角，细分后的效果如图 11.123 所示。

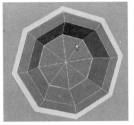

图 11.120　　　　　图 11.121　　　　　图 11.122　　　　　图 11.123

11.2.2　制作键盘

步骤 01 创建一个长宽高分别为 16cm、25cm、0.6cm 的长方体，如图 11.124 所示，将其
转换为可编辑的多边形物体，分别在横向和纵向位置加线至图 11.125 所示。

图 11.124　　　　　　　　　　　　　　　图 11.125

在左视图中调整形状至图 11.126 所示。

图 11.126

删除一半的面，调整两个角的弧度，如图 11.127 所示。

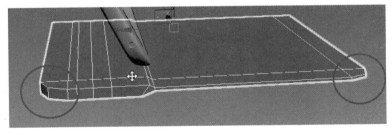

图 11.127

对称出另一半模型后塌陷，将图 11.128 中所示的线段切角，在图 11.129 中所示的位置加线。

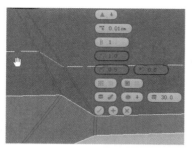

图 11.128

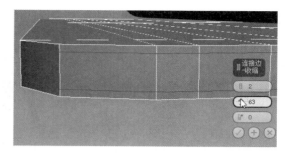

图 11.129

步骤 02 进一步加线调整至图 11.130 所示。此处为什么加线这么密集呢？当然是为了键盘按钮的制作，在加线时，可以根据参考图来加线调整。

图 11.130

步骤 03 选择图 11.131 中所示键盘按钮位置的面（注意上下面都要选择），按 Delete 键删除，如图 11.132 所示。

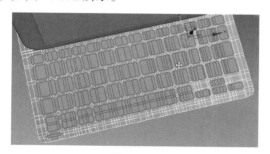

图 11.131

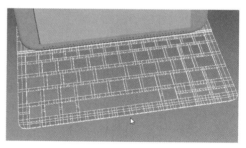

图 11.132

步骤 04 框选如图 11.133 所示的所有边界线后，单击 桥 按钮生成剩下对应的面，如图 11.134 所示。

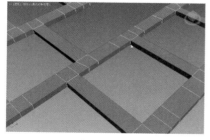

图 11.133

图 11.134

将多余的线移除（移除的快捷键为 Ctrl+Backspace 键），如图 11.135 所示，同时将每一个方格位置的线段向两边移动调整，在纵向位置每个方格的两侧加线，如图 11.136 所示。

厚度上下两侧也需要加线处理，如图 11.137 所示。

图 11.135

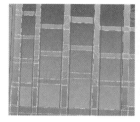
图 11.136

图 11.137

步骤 05　制作出键盘按钮，如图 11.138 所示，需要注意的是同样需要在长方体的前后、左右、上下两端位置分别加线，以免细分后物体形状变形过大。复制调整出其余的键盘模型，如图 11.139 所示。

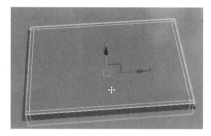
图 11.138

图 11.139

11.2.3　制作保护套

步骤 01　创建一个如图 11.140 所示大小的面片并将其转换为可编辑的多边形物体，选择左侧边按住 Shift 键向上挤出面并调整形状至图 11.141 所示。

在修改器下拉列表中选择"壳"修改器，塌陷为多边形，效果如图 11.142 所示。厚度两端和拐角位置加线细分后的效果如图 11.143 所示。

步骤 02　在后摄像头位置加线，预留出开孔位置，然后删除摄像头位置的面，如图 11.144 所示。再次加线如图 11.145 所示。

图 11.140

图 11.141

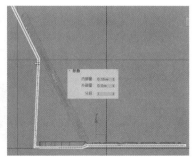
图 11.142

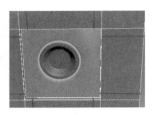

图 11.143　　　　　　　　图 11.144　　　　　　　　图 11.145

步骤 03 接下来需要制作出图 11.146 中所示缺口位置，在该位置加线后删除部分面，如图 11.147 所示。

桥接出缺口位置对应的面，如图 11.148 所示，然后调整形状至图 11.149 所示。

将图 11.150 中所示拐角位置的线段切角，单击"目标焊接"按钮将多余的点焊接起来，如图 11.151 所示，细分后的效果如图 11.152 所示。

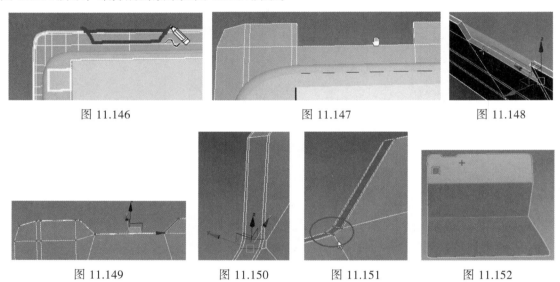

图 11.146　　　　　　　　图 11.147　　　　　　　　图 11.148

图 11.149　　　　图 11.150　　　　图 11.151　　　　图 11.152

步骤 04 创建出边角防摔模型，如图 11.153 所示，并复制调整到右角位置，再创建出图 11.154 中所示的模型。

加线，如图 11.155 所示，调整出图 11.156 中所示的洞口。

再次加线约束，如图 11.157 所示，注意用目标焊接工具将图 11.158 中所示的点焊接调整布线。

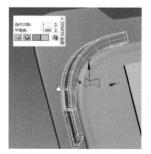

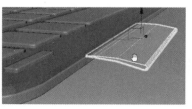

图 11.153　　　　　　　　图 11.154　　　　　　　　图 11.155

图 11.156

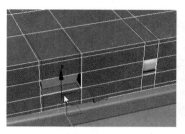

图 11.157

图 11.158

最后细分后的整体效果如图 11.159 和图 11.160 所示。

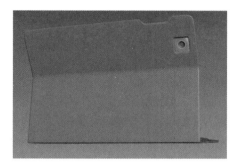

图 11.159

图 11.160

至此，本实例模型制作完成。

第 **12** 章 交通工具的设计与制作

交通工具是现代人生活中不可缺少的一部分。随着时代的变化和科学技术的进步，我们周围的交通工具越来越多，给每个人的生活都带来了极大的便利。陆地上的汽车，海洋里的轮船，天空中的飞机，大大缩短了人们交往的距离；火箭和宇宙飞船的发明，使人类探索另一个星球的理想成为现实。随着时代的变迁，人们的交通工具由以往的马车逐步演变成了自行车、汽车、飞机。本章将以汽车和摩托车为实例来学习一下这类模型的制作方法。

12.1 制作汽车

本节将要学习的汽车模型制作是本书的一个重点，也是本书当中最难的一个实例。汽车模型曲面效果的表现很重要，所以本节重点学习汽车的制作流程和曲面效果的制作。在制作汽车模型时，可以先从车身制作，然后是前保险杠、引擎盖、车门、车顶、后保险杠、后车门、地盘，最后是汽车轮胎的制作。制作过程如图 12.1～图 12.8 所示。

| 图 12.1 | 图 12.2 | 图 12.3 | 图 12.4 |

| 图 12.5 | 图 12.6 | 图 12.7 | 图 12.8 |

12.1.1 设置参考图片

首先，查看一下当前提供的参考图的像素为 1150×1125 像素，在 3ds Max 软件中创建一个长宽为 1150×1125 等比例大小的面片，然后分别在侧面复制两个面片，如图 12.9 所示。分别将参考图拖放到面片中，然后将前视图、顶视图和左视图全部以实体方式显示，如图 12.10 所示。

图 12.9　　　　　　　　　　　　　　　　图 12.10

　　需要注意的是，当切换到右视图时，图片不能正常显示，是以黑色显示的，如图 12.11 所示。按 M 键打开材质编辑器，单击 ✐按钮吸取黑色显示的参考图面片，在材质的参数设置面板中将 Self-Illumination（自发光）下的值设置为 100 即可正常显示。用同样的方法将前视图参考图自发光参数也做同样的设置。选择 3 个面片物体，右击，在弹出的菜单中单击 Object Properties（物体属性），在弹出的物体属性面板中取消选择 Show Frozen in Gray（以灰色显示冻结对象）。选择 Tools（工具）|Layer Explorer（层资源管理器）命令，在层资源管理器面板中单击 ➕按钮添加一个新的层并重新命名，选中 3 个面片物体将它们的名称拖放到新建的层当中，通过开启或关闭前面的小眼睛图标（如图 12.12 所示）来实现参考图的显示与隐藏。

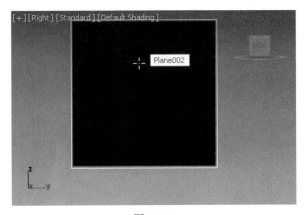

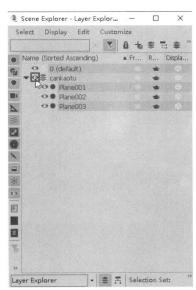

图 12.11　　　　　　　　　　　　　　　　图 12.12

　　也可以单击图 12.13 中所示的雪花图标来实现参考图的冻结，这样就避免了在制作模型中对参考图的误操作。设置完成后，就可以将层资源管理器移动到一边，随时可以调整参考图的显示与否。
　　在视图中创建一个长方体模型，根据参考图汽车的大小先来调整长方体的大小，来观察一下视图中汽车和长方体大小是否一致，如果不一致，需要调整参考图位置或大小使其与长方体大小相匹配，如果一致就可以进行下一步的制作了，如图 12.14 所示。

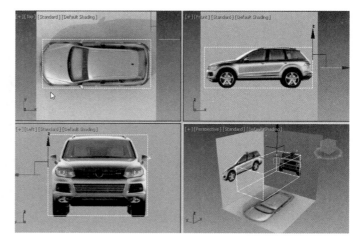

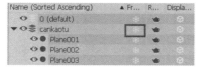

图 12.13   图 12.14

12.1.2   制作车身

1. 制作前车轮挡板

在视图中创建面片物体，将该物体转换为可编辑的多边形物体，调整该面片至挡板位置，如果发现该模型在左视图中的位置不正确，可以将左视图调整成右视图。调整点、线在 X、Y、Z 轴上的位置，然后选择一条边进行面的挤出调整操作，如图 12.15 所示。

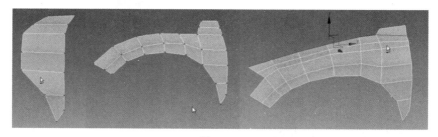

图 12.15

将图 12.16 中所选线段用缩放工具尽量缩放在一个平面内，然后继续根据参考图的形状来选择相对应的边挤出调整，调整时一定要注意模型表面的凹陷程度。

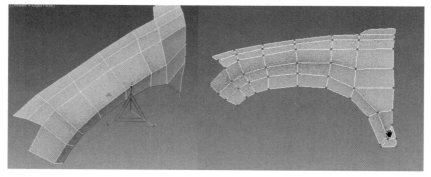

图 12.16

车轮挡板模型制作好之后，接下来制作出模型的厚度，这里有两种方法：第一种是在修改器下拉列表中选择 Shell（壳）修改器将面片物体修改为带有厚度的物体；第二种是选择模型的边界线段按住 Shift 键向内挤出来模拟它的厚度。

2．制作前保险杠

选择车轮挡板边缘的线段，按住 Shift 键先挤出一个很小段的面，然后再正常挤出面，接着将挤出的小段面的部分删除，选择保险杠的面，单击 Detach 按钮，这样就把车轮挡板和保险杠的面分离了开来，继续选择边挤出调整，如图 12.17 所示。

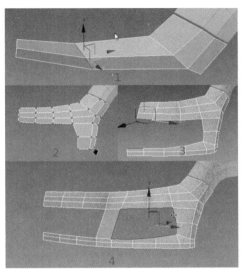

图 12.17

选择开口处的边界线段，按住 Shift 键向后移动挤出面，如图 12.18 所示。

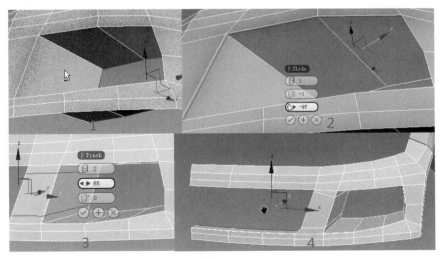

图 12.18

选择边界处的线段，用同样的方法，按住 Shift 键向后移动挤出面调整出它的厚度，在边缘的部位一定要记得加线处理，如图 12.19 所示。

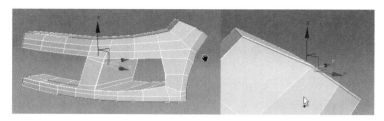

图 12.19

用同样的制作方法将前车轮挡板处的模型也制作出厚度，然后在边缘位置加线，如图 12.20 所示。

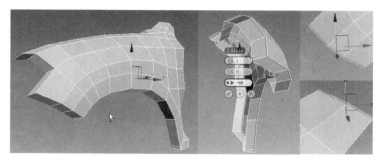

图 12.20

根据参考图处棱角的表现效果将图中的线段切角，细分效果如图 12.21 所示。

线段切角的原理就是在所需要表现棱角的地方将线段切角即可。调整后的效果如图 12.22 所示。

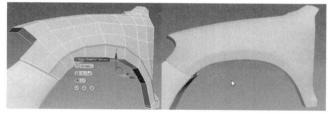

图 12.21

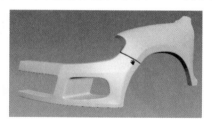

图 12.22

3. 制作汽车前面底部挡板

步骤 01 首先创建一个面片物体并将其转换为可编辑的多边形物体，根据参考图上的曲面位置挤出面并调整点、线位置。因为这里涉及物体边缘拐角处的调整，所以在调整时要顾全各个轴向上位置的调整。这里说起来简单，但在调整时可能会遇到各种问题，所以要有耐心，一点一点调整。制作过程如图 12.23 所示。

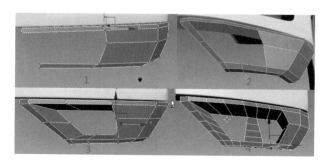

图 12.23

注意灯口处的点在调整时可以先创建一个圆柱体,然后参考圆柱体的形状进行点的调整,如图 12.24 所示。

选择圆形的边界线段继续向内挤出面,然后选择外边框线段向内挤出面模拟出模型的厚度,如图 12.25 所示。

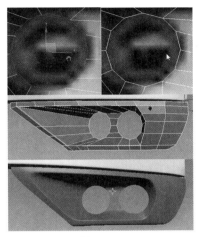

图 12.24　　　　　　　　　　　　　　　　图 12.25

步骤 02　在底部的位置继续创建一个面片物体并转换为可编辑的多边形物体,按照图 12.26 所示的顺序调整形状。

步骤 03　选择制作好的模型,单击 M 按钮,选择关联方式进行对称复制,如图 12.27 所示。

步骤 04　将底部模型边缘线段向内挤出面调整出厚度,同时在边缘位置加线处理,细分之后的效果如图 12.28 所示。

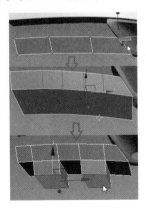

图 12.26　　　　　　　　　　图 12.27　　　　　　　　　　图 12.28

步骤 05　继续制作出中间一些边框和进风口挡板模型,如图 12.29 和图 12.30 所示。

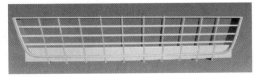

图 12.29　　　　　　　　　　　　　　　　图 12.30

步骤 06 制作出前面的摄像头模型，如图 12.31 所示。

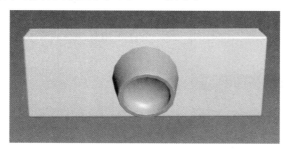

图 12.31

4.制作引擎盖

在视图中创建一个面片物体并转换为可编辑的多边形物体，分别在长、宽上加线调整，一定要注意棱角细节的表现在工业模型制作中非常重要，如图 12.32 所示。

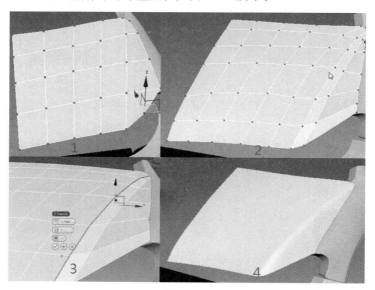

图 12.32

在调整时主要将标志处的圆口位置预留出来，在修改器下拉列表中选择 Shell 修改器给模型添加厚度，然后塌陷模型并删除底部的面，接着在车盖的边缘线段处加线来保证模型细分光滑之后保持原有的形状，调整好之后关联对称出另外一半模型，效果如图 12.33 所示。

车头部分整体效果如图 12.34 所示。

图 12.33

图 12.34

5．制作汽车大灯和车标

在制作汽车任何一个模型时，都要考虑与其他模型的拼接问题，如果发现有拼接不合适的地方要随时进行调整。图 12.35 所示车灯与侧面的挡板就有一定的问题，需要回到挡板模型进行线段的切角处理。

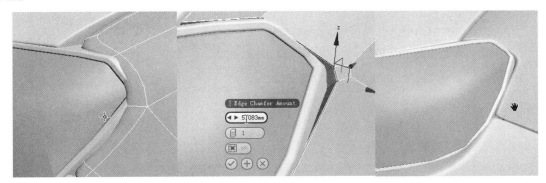

图 12.35

车灯内部的细节还是非常多的，这里不再详细介绍，内部的整体效果如图 12.36 所示。

注意图 12.37 所示模型可以用以下方法来制作：

创建一个面片，将分段数分别设置为 10、15 左右，然后在修改器下拉列表中添加 Bend 修改器，设置 Angle（角度）值为 –85，将该面片弯曲处理。然后将该模型转换为可编辑的多边形物体，进入"面"级别，框选所有的面，单击 Bevel 后面的 ▢ 按钮，挤出方式选择 By Polygon，对每个面单独挤出倒角，如图 12.38 所示。

将大灯内部的零部件一一移动开来，拆分之后的效果如图 12.39 所示。

图 12.36

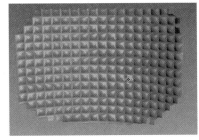

图 12.37

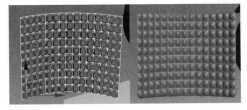

图 12.38

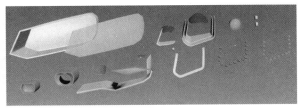

图 12.39

这些模型有时就像拼积木，将每一个小的部件制作好后拼接在一起即可。将每个物体细分，然后整体选择这些部件，单击 Group 菜单将其群组。

移动复制另外一个车灯并调整到合适位置，然后再制作出车盖下方的进风口挡板和车标模型，如

图 12.40 所示。

车标同样是用多边形的编辑方法制作出它的形状，如图 12.41 所示。

图 12.40

图 12.41

当然也有其他的方法，可以先创建二维曲线然后进行挤出，如图 12.42 所示。

车头模型的整体效果如图 12.43 所示。

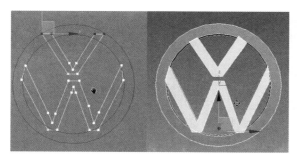

图 12.42

图 12.43

6. 制作车门

在视图中创建一个面片并转换为可编辑的多边形物体，加线移动点来调整形状，选择相对应的边，按住 Shift 键挤出面继续细致调整，过程如图 12.44 所示。

调整过程中注意光滑棱角处的细节要通过线段切角的方法来实现，如图 12.45 所示。

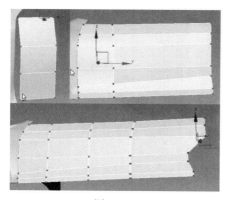

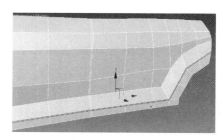

图 12.44

图 12.45

细分效果如图 12.46 所示。

选择车门拉手处的面，单击 Inset 后面的 按钮向内挤出面并调整，然后将对应的面向内倒角挤出，注意边缘线段一定要切角处理，如图 12.47 所示。

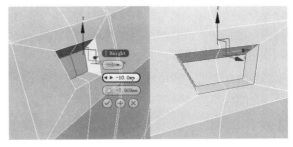

图 12.46　　　　　　　　　　　　　　图 12.47

用同样的方法将另外一个车门处的拉手模型制作出来，细分效果如图 12.48 所示。

根据车门的曲面针对模型加线调整，调整时要注意棱角的过渡变化，然后选择边缘的线段向内挤出面调整出车门的厚度感。接着制作车门下方的护板模型，效果如图 12.49 所示。

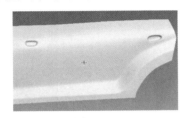

图 12.48　　　　　　　　　　　　　　图 12.49

7. 制作后翼子板及车窗密封条

这个部位的制作也是一个重点和难点，方法都一样，均是采用面片对其进行可编辑的多边形物体调整完成的，但是在调整的过程中涉及 3 个视图中的对位问题，这时透视图的作用就非常明显了，如果把握不好点、线在空间上的位置关系，可以在透视图中很直观地观察模型的位置、比例及模型的曲面效果，所以我们在调整时要善于观察透视图。还有一点需要注意的是，为了便于观察，可以将前视图中的参考图片设置为后视图参考图，这样便于观察。调整的过程可以参考图 12.50 所示的步骤。

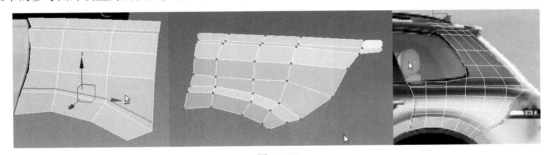

图 12.50

选择上边缘的线段，沿着车顶边框挤出线段并调整，如图 12.51 所示。

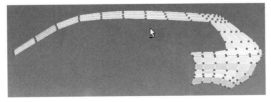

图 12.51

调整点、线位置，然后给当前的模型添加一个 Shell 修改器，设置好厚度参数值后将模型塌陷，然后将内侧的面删除，分别在边缘位置添加线段，细分后的效果如图 12.52 所示。

制作出车窗密封条模型，如图 12.53 所示。

将制作好的这两个物体对称关联复制到右侧。

图 12.52

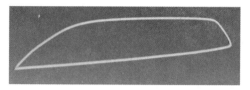

图 12.53

8. 制作车顶

车顶的制作比较简单，直接创建面片进行多边形调整即可。在制作时同样只需要制作一半即可，如图 12.54 所示。

然后将另外一半复制出来，此时整体效果如图 12.55 所示。

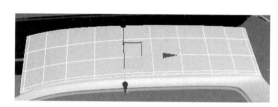

图 12.54

图 12.55

9. 制作后保险杠

该部位也是汽车模型当中比较难制作和调整的部位之一，因为它涉及拐角处曲面的过渡调整。接下来看一下该部位模型的制作要点。

首先创建一个面片，按照图 12.56 所示的步骤进行调整。

然后将保险杠底部的面调整出来，如图 12.57 所示。

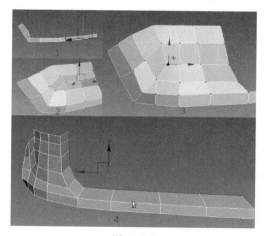

图 12.56

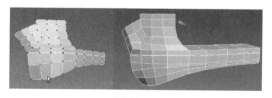

图 12.57

选择下部分的面，单击 Detach 按钮将该部分分离出来，然后在修改器下拉列表中选择 Shell 修改器，给上部分模型添加厚度后将内侧的面删除，在边缘位置和需要棱角的地方添加线段或者切角，如图 12.58 所示。

用同样的方法将下部分模型添加厚度调整，细分后的效果如图 12.59 所示。

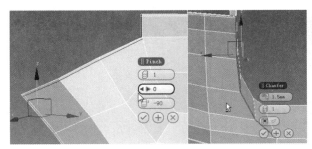
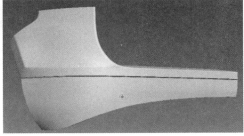

图 12.58　　　　　　　　　　　　　　　　图 12.59

在后车灯处添加线段，然后删除车灯处的面，将该边界线段向内挤出面并调整，如图 12.60 所示。调整过程请参考视频部分。

在单独调整每一部分模型时，都要顾全与其他模型的拼接问题，如果发现有问题的地方要同时调整两者模型从而达到接缝的过渡拼接。调整后的效果如图 12.61 所示。

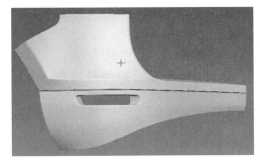
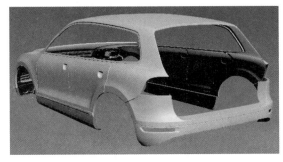

图 12.60　　　　　　　　　　　　　　　　图 12.61

10．制作后车灯

后车灯和前车灯的制作方法一样，制作过程这里不再详细讲解，来看一下完成之后的效果，如图 12.62 所示。

内部 LED 灯的制作和前车灯 LED 灯的制作方法一样。将车灯每个部分拆分开来，如图 12.63 所示。

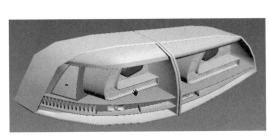

图 12.62　　　　　　　　　　　　　　　　图 12.63

11. 制作尾门

采用的方法同样是先创建面片再转换为可编辑的多边形物体进行细致调整，步骤如图 12.64 所示。

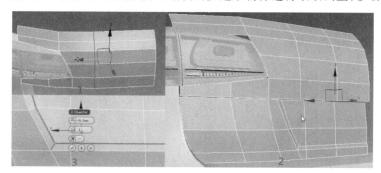

图 12.64

一定要注意在调整出厚度的边缘面后，在边缘位置加线，同时在拐角处切线，这样才能保证模型细分之后不出现变形效果。

在汽车标志的地方加线调整至如图 12.65 所示。

添加 Symmetry 修改器镜像出另外一半模型，将物体塌陷，然后选择圆形边界向内挤出面，如图 12.66 所示。

图 12.65　　　　　　　　　　　　　图 12.66

制作出后车窗及顶部的 LED 灯模型，如图 12.67 所示。

创建面片调整出车窗部分模型，整体效果如图 12.68 所示。

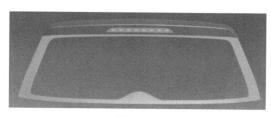 

图 12.67　　　　　　　　　　　　　图 12.68

12. 制作汽车尾部其他部件

步骤 01　创建出保险杠下方的物体，制作过程如图 12.69 所示。

然后将边缘的线段向内挤出面，同时在拐角及边缘部位加线，细分之后的效果如图 12.70 所示。

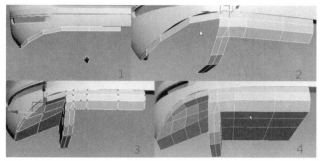

图 12.69

图 12.70

 制作出油桶和排气筒等模型，如图 12.71 和图 12.72 所示。

图 12.71

图 12.72

拼接在一起的效果如图 12.73 所示。

图 12.73

步骤 03　制作后雨刷器。创建一个圆柱体，然后转换为可编辑的多边形物体，选择相对应的面挤出调整。因为车玻璃是带有弧线曲面效果的，所以雨刷器模型可以通过 Bend（弯曲）修改器来适当弯曲调整。制作好之后的效果如图 12.74 所示。

在 面板下单击 Text 按钮，在 Text 下面输入 TOUAREG，然后在视图中单击，即可完成对字幕的样条线创建。修改 Size 的大小来调整文字的大小，然后在修改器下拉列表中添加 Bevel 和 Bend 修改器，适当修改倒角和弯曲的值，将模型调整到合适的位置，如图 12.75 所示。

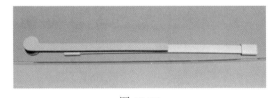

图 12.74

图 12.75

13．制作玻璃、前雨刮器、后视镜等部件

接下来依次制作出前车窗玻璃（见图 12.76）、车窗边框（见图 12.77 和图 12.78）、车侧面玻璃（见图 12.79）、前雨刷器（见图 12.80）、车门拉手（见图 12.81）等物体。

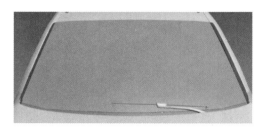

图 12.76

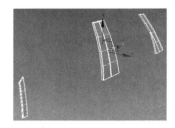

图 12.77

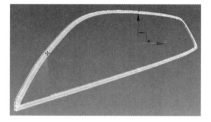

图 12.78

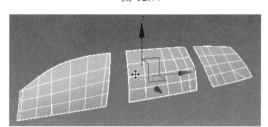

图 12.79

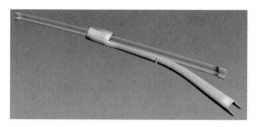

图 12.80

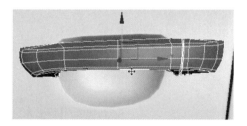

图 12.81

后视镜细分之前的效果如图 12.82 所示。其实这个后视镜上的细节部分还是挺多的，特别是它上面 LED 灯上的模型在制作时要注意好比例。

将 LED 灯模型放大，如图 12.83 所示，其实这些物体均可以直接用球体来修改。

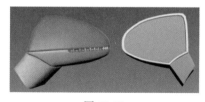

图 12.82

图 12.83

将制作好的这些模型整体对称复制到另外一侧，效果如图 12.84 所示。

图 12.84

14．制作底盘

在轮胎位置创建一个圆柱体，设置分段数为 1，边数为 12，然后转换为可编辑的多边形物体，在上下对称的中心位置加线，删除下部一半和正面的面，此时的面发现是反的，选择所有的面，单击 Flip 按钮翻转法线，这样面就能显示正常了，如图 12.85 所示。

适当调整布线至图 12.86 所示。

图 12.85　　　　　　　　　　　　　　　　　图 12.86

选择边挤出面并调整，然后镜像复制出另外一半，如图 12.87 所示。

将这两个模型焊接起来，并将对称中心处的点也焊接起来，继续调整模型形状，然后镜像出另外一半模型，如图 12.88 所示。

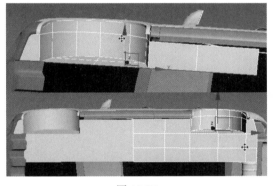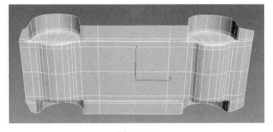

图 12.87　　　　　　　　　　　　　　　　图 12.88

12.1.3　制作车轮

1．制作轮胎

轮胎也是一个很重要又比较难做的模型，这里来详细讲解一下。先将所有的模型隐藏起来，然后在视图中创建一个圆管物体，根据参考图的大小调整半径和厚度，将 Height Segments（高度分段）设置为 3，Cap Segments（环形分段）设置为 2。将该物体转换为可编辑的多边形物体，将中间一环的线段适当向外移动调整，外侧中部的面适当向外缩放，如图 12.89 所示。

将内部的两个环形线段向两侧移动调整，然后在轮胎的外侧再创建一个图 12.90 所示的圆环物体并复制几个。

然后用超级布尔运算的方法制作出轮胎上的纹路效果，如图 12.91 所示。

图 12.89　　　　　　　图 12.90　　　　　　　　　　图 12.91

这里先来撤销看一下另外一种方法的制作过程。在顶视图中创建一个 Box 物体，然后将该物体调整成图 12.92（左）所示的形状，对称复制调整，如图 12.92（右）所示。

继续复制调整至如图 12.93 所示。

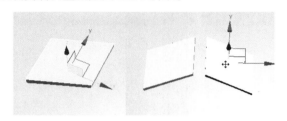

图 12.92　　　　　　　　　　　　　　　图 12.93

将这些物体附加起来（用 Attach 工具），切换到旋转工具，在 View 下拉列表中选择 Pick 选项，然后拾取轮胎模型的轴心，切换一下坐标方式，如图 12.94 所示，这样就将纹理模型的坐标切换到了轮胎的轴心上。

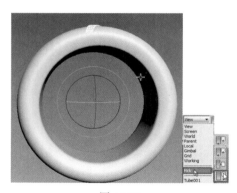

图 12.94

在 Tools 菜单下选择 Array（阵列）命令，参数设置和阵列之后的效果如图 12.95 所示。

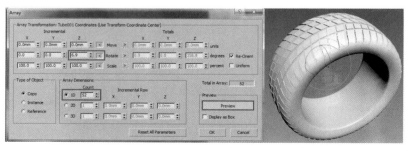

图 12.95

2．制作轮毂

单击 Attach 按钮依次将轮胎上的纹理附加起来，选择轮胎模型内侧的面并删除，然后再创建一个圆柱体，按照图 12.96 所示的步骤调整。

将该物体移动到轮胎内部并将内侧部分再做加线、切线等调整，如图 12.97 所示。

继续创建一个圆柱体，将边数设置为 15，将其转换为可编辑的多边形物体，依次选择所需面并向外挤出调整，如图 12.98 所示。

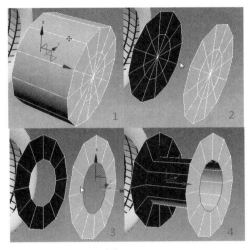

图 12.96

图 12.97

图 12.98

将中间部分向内侧移动调整，删除背部所有的面，接下来的操作可以参考图 12.99 所示的步骤。

图 12.99

在图 12.100（左）所示的位置加线，加线的目的是为了将模型分成同等大小的 5 个部分，然后选择图 12.100（右）所示的面并删除。

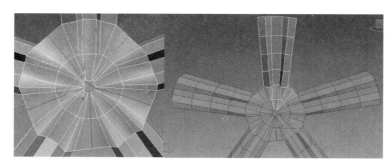

图 12.100

对剩余的模型单独细致调整，如图 12.101 所示。

每隔 72° 复制一个物体，将这些物体全部附加在一起，然后将对应的点焊接起来，在边缘位置加线，细分之后的效果如图 12.102 所示。

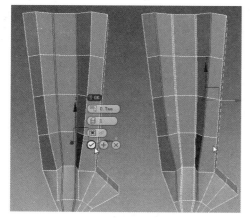

图 12.101

图 12.102

在图 12.103（左）所示的位置加线，然后调整点，选择图 12.103（右）所示的面向内挤出调整。

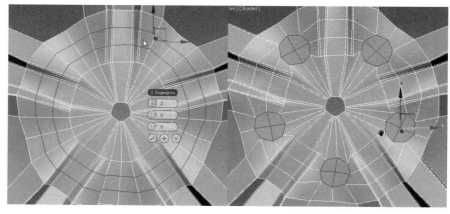

图 12.103

将中心处的面删除，然后选择边界线段向内挤出，在石墨工具下单击 Loop Tools 工具，单击 Circle 按钮将边界处理成圆形，如图 12.104 所示。

然后调整圆形的边界线将其封口，细分模型后的效果如图 12.105 所示。

进一步调整点、线，将其他物体显示出来，效果如图 12.106 所示。

创建修改出螺丝钉模型并复制调整，将车标模型也复制一个调整到车轮中心位置，如图 12.107 所示。

图 12.104

图 12.105　　　　　　　　　图 12.106　　　　　　　　　图 12.107

3. 制作刹车片

制作出刹车碟片模型，如图 12.108 所示。这个模型的制作也比较简单，用超级布尔运算即可完成。

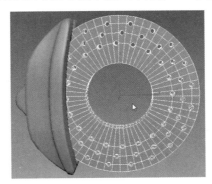

图 12.108

将汽车轮胎模型群组并复制调整出剩余的 3 个。

12.1.4　制作汽车内部部件

外部模型制作完成之后，将内部的仪表板（见图 12.109）、方向盘（见图 12.110）、座椅（见图 12.111）等模型制作出来。

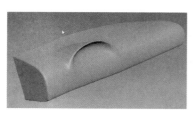

图 12.109

图 12.110

图 12.111

复制调整出另外几个座椅模型，将车窗玻璃模型设置为透明效果。然后选择汽车一半的模型全部删除，通过添加 Symmetry 修改器对称复制出另外一半，最后的效果如图 12.112 所示。

按 M 键打开材质编辑器，赋予场景中所有模型一个默认的材质，并将线框颜色设置为黑色，最后的线框图效果如图 12.113 所示。

图 12.112

图 12.113

12.2 制作摩托车

这一节来学习一个四轮摩托车的制作，与上一节中的汽车模型相比，复杂程序相当，虽然看上去零部件还是很多，但只需要将它们拆分开一件一件制作即可。制作过程如图 12.114～图 12.117 所示。

图 12.114

图 12.115

图 12.116

图 12.117

12.2.1　制作参考图

在前面的实例中我们只讲解了参考图的使用，没有详细地讲解参考图如何来制作，那么通过本实例首先来学习一下参考图如何制作。

步骤 01 比如，我们在网上找了几张参考图，下载下来的图片大小不一，可以先在 Photoshop 软件中调整。

打开 Photoshop 软件，新建一个文档，文档的大小可以根据参考图大小来调整，宽度设置为当前参考图尺寸的 3 倍即可（不是绝对的）。分别将参考图图片复制粘贴到新建的文档中，如图 12.118 和图 12.119 所示。

图 12.118

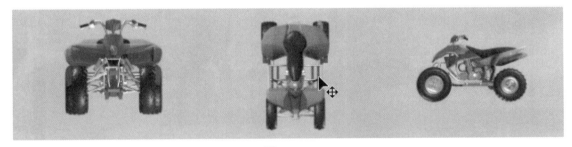

图 12.119

步骤 02 按 Ctrl+R 组合键打开参考线，从标尺位置单击并拖动出两条参考线，如图 12.120 所示。

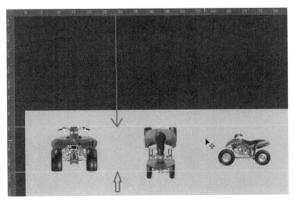

图 12.120

首先确定一张图片的参考线高度，然后根据参考线的位置来调整另外一张图片的大小。按 Ctrl+T 组合键等比例放大即可，如图 12.121 所示。

步骤 03 当然也可以以最右边图片的大小来确定参考线的位置，缩小其他图片也可以。再从左边位置拖出两条参考线，确定参考线宽度，如图 12.122 所示。

图 12.121

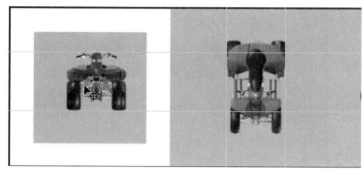

图 12.122

将左侧参考图移动到中间参考线位置，观察宽度是否一致，如图 12.123 所示。

用同样的方法确定另外一张参考图长度大小是否一致（可以将图片旋转 90 度观察），如图 12.124 所示。

图 12.123

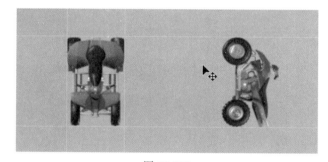

图 12.124

步骤 04 全部对比完成之后，将 3 个图层重新调整到原位置，将背景色填充一个灰色，如图 12.125 所示。

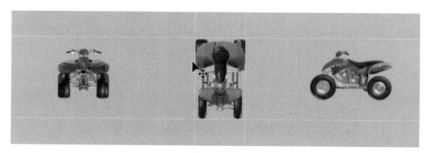

图 12.125

步骤 05 单击 ▭ 矩形选取工具，设置 样式：固定比例 宽度：800 ↔ 高度：800 （样式为固定比例大小，宽度和高度都为 800，当然这里的像素值也要根据开始设置的尺寸进行调整）。新建一个 800×800 像素大小的画布，分别选取 3 个图片，粘贴到新建的画布中，再进行单独保存即可。

步骤 06　回到 3ds Max 软件中，创建一个 800cm×800cm 的面片，分别复制两个，调整好位置后分别将 3 个参考图拖放到面片上，如图 12.126 所示。

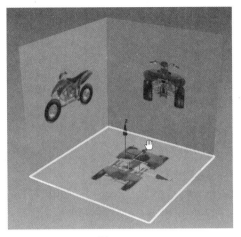

图 12.126

步骤 07　按 M 键打开材质编辑器，用吸管工具吸取面片材质，设置自发光值为 100，打开层资源管理器，将参考图设置在一个新的层中即可。通过层资源管理器可以快速控制参考图的显示、冻结、线框显示等效果。

12.2.2　制作模型

本实例由于零部件比较多，大多数方法和前面用到的方法都一样，所以本实例重点讲解一下它的主要部件的制作过程。

步骤 01　先从座椅位置开始制作。创建一个面片，按 Alt+X 组合键透明化显示，如图 12.127 所示。删除一半的面，调整形状至如图 12.128 所示。然后在右视图中调整 Y 轴上的变化，如图 12.129 所示，向下挤出面后继续加线调整至图 12.130 所示。

在修改器下拉列表中选择"对称"修改命令，如图 12.131 所示，然后再添加"壳"修改命令调整出厚度，如图 12.132 所示。

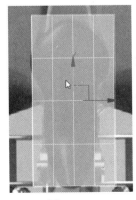
图 12.127

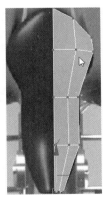
图 12.128

图 12.129

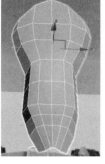

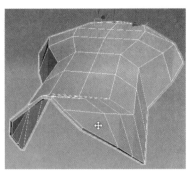

| 图 12.130 | 图 12.131 | 图 12.132 |

步骤 02 用同样的方法制作出尾部挡板模型,如图 12.133 所示,然后对称出另一半,如图 12.134 所示。

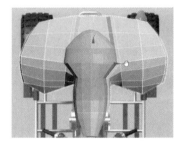

图 12.133   图 12.134

步骤 03 制作出油箱壳和前挡板,如图 12.135 所示。制作出车把下方的塑料件,如图 12.136 所示。

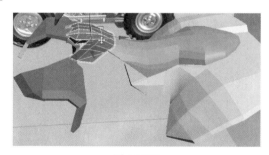

图 12.135   图 12.136

步骤 04 分别制作出车把位置的模型,如图 12.137 和图 12.138 所示。

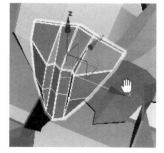

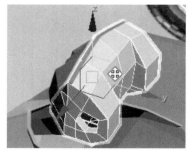

图 12.137   图 12.138

步骤 05　制作出框架模型，如图 12.139 所示。制作出尾部支架，如图 12.140 所示制作出侧面细节，如图 12.141 所示。

步骤 06　创建一个圆柱体并适当修改制作出车把支架模型，如图 12.142 所示。

车把的制作可以用样条线来创建，然后选择 ☑ 在渲染中启用 ☑ 在视口中启用 ，设置样条线的厚度和边数，如图 12.143 所示。

单击 圆角 命令将拐角位置的点处理成圆角，如图 12.144 所示。

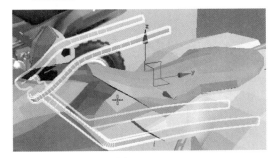

图 12.139

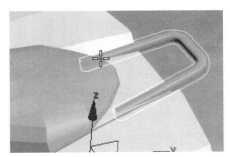

图 12.140

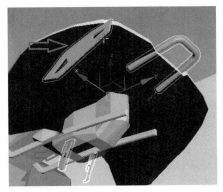

图 12.141

图 12.142

图 12.143

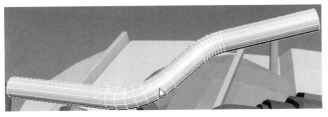

图 12.144

步骤 **07** 制作出车闸模型，基于长方体或者圆柱体编辑即可，效果如图 12.145 所示。前灯罩模型效果如图 12.146 所示。

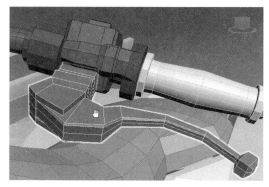

图 12.145

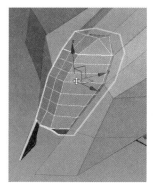

图 12.146

步骤 **08** 制作出车框架。用到的有点的细化命令（也就是点的插入、圆角、焊接命令等），其次就是形状的把握，效果如图 12.147 所示。

制作出框架衔接位置，如图 12.148 所示。

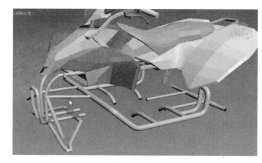

图 12.147

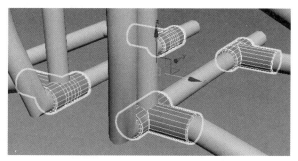

图 12.148

步骤 **09** 制作前悬架模型。

依次单击 ＋（创建）｜ ◉（图形）｜"螺旋线"按钮，在视图中创建一个螺旋线，如图 12.149 所示，设置参数如图 12.150 所示，旋转角度调整好位置至图 12.151 所示。

图 12.149

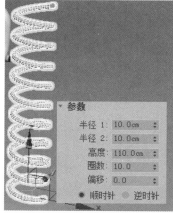

图 12.150

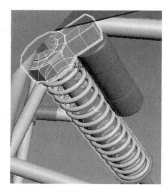

图 12.151

创建如图 12.152 所示的样条线并全部附加在一起，按 "3" 键进入 "样条线 " 级别，选择任一条样条线，选择 并集，单击 布尔 按钮拾取其他样条线布尔后的效果如图 12.153 所示。在修改器下拉列表中选择 "倒角" 修改命令，参数设置如图 12.154 所示，效果如图 12.155 所示。进一步调整至图 12.156 所示。

整体效果如图 12.157 所示。

步骤 10　制作出底部的模型，如图 12.158 所示。

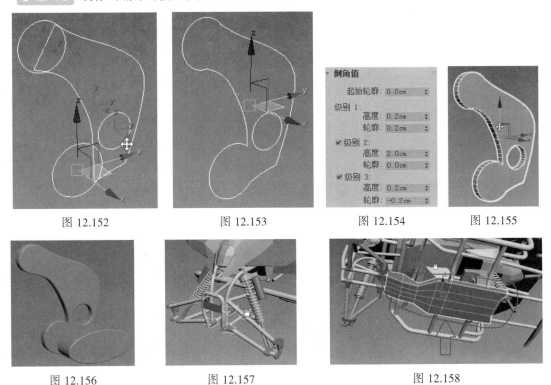

图 12.152　　　　　　图 12.153　　　　　　图 12.154　　　　　　图 12.155

图 12.156　　　　　　　图 12.157　　　　　　　　图 12.158

步骤 11　制作发动机部位。先创建如图 12.159 所示形状的物体，再制作出图 12.160 所示形状的物体，然后制作出物体表面上的一些小的细节，如图 12.161 所示。

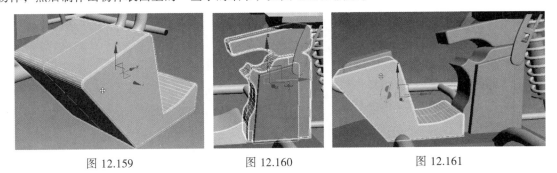

图 12.159　　　　　　　图 12.160　　　　　　　图 12.161

创建一个长方体并加线，如图 12.162 所示。选择面并挤出，如图 12.163 和图 12.164 所示。
用同样的方法挤出面并调整出需要的形状，如图 12.165 和图 12.166 所示。
慢慢调整至图 12.167 所示的形状，最后整体效果如图 12.168 所示。

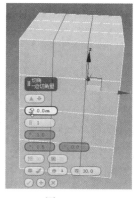
图 12.162

图 12.163

图 12.164

图 12.165

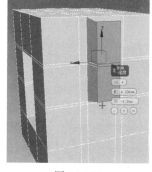
图 12.166

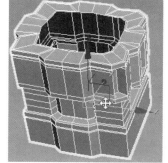
图 12.167

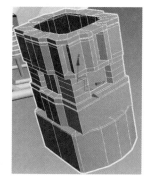
图 12.168

步骤 12 制作出图 12.169 和图 12.170 所示形状的物体。

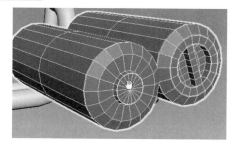
图 12.169

图 12.170

大小、位置、比例如图 12.171 所示。然后再制作出图 12.172 所示形状的物体。

图 12.171

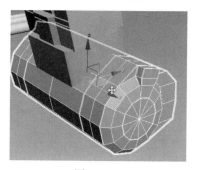
图 12.172

步骤 13 创建如图 12.173 所示形状的样条线，用"倒角"命令挤出图 12.174 所示形状的物体。

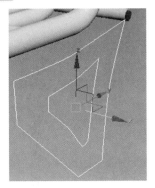

图 12.173

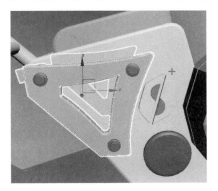

图 12.174

步骤 14 制作出后支架，如图 12.175 所示。然后添加"对称"修改命令对称出另一半，如图 12.176 所示。

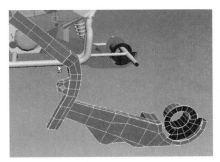

图 12.175

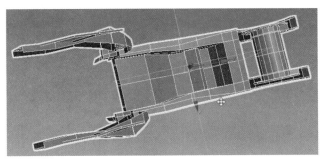

图 12.176

步骤 15 制作后减震模型。后减震模型也不太复杂，一根弹簧加一个支架，如图 12.177 所示。

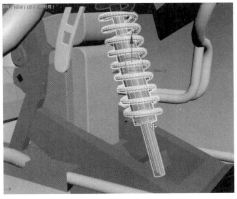

图 12.177

步骤 16 制作传动齿轮。创建一个如图 12.178 所示的星形线，设置参数如图 12.179 所示。

将外圈的点切角，如图 12.180 所示。在修改器下拉列表中选择"倒角"修改命令，效果如图 12.181 所示。

再制作出齿轮外部模型，如图 12.182 所示。将两者合并在一起的效果如图 12.183 所示。

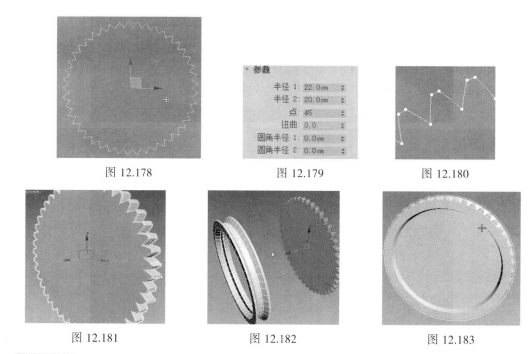

图 12.178   图 12.179   图 12.180

图 12.181   图 12.182   图 12.183

步骤 17 制作刹车盘。先创建两个同心圆,再创建一条样条线并调整成鸡蛋形状,如图 12.184 所示。将样条线围绕圆心旋转复制,如图 12.185 所示。

单击 附加 按钮将其全部附加起来,按 "3" 键进入 "样条线" 级别,选择内圆,选择 差集,单击 布尔 运算按钮拾取鸡蛋形状的样条线完成布尔运算,如图 12.186 所示。单击 "圆角" 按钮将拐点处理圆润一些,如图 12.187 所示。

再创建几个圆,如图 12.188 所示。然后每隔 25° 旋转复制,效果如图 12.189 所示。

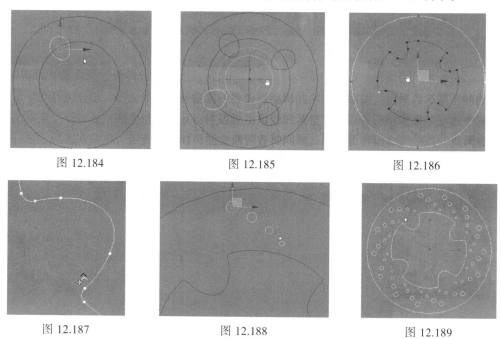

图 12.184   图 12.185   图 12.186

图 12.187   图 12.188   图 12.189

在修改器下拉列表中选择"倒角"修改命令，倒角挤出如图 12.190 所示形状的模型，再制作出齿轮和刹车盘中间及两边的轴承，如图 12.191 所示。

图 12.190

图 12.191

步骤 18　制作出轮胎挡泥板，如图 12.192 所示。

步骤 19　制作出脚踏板，如图 12.193 所示。

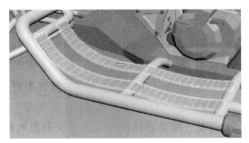

图 12.192

图 12.193

步骤 20　制作出前面的齿轮，如图 12.194 所示。制作出链条模型，如图 12.195 所示。

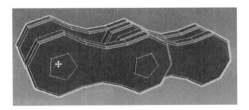

图 12.194

图 12.195

创建如图 12.196 所示的样条线。

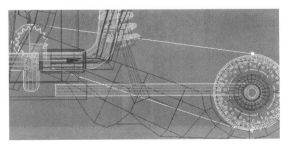

图 12.196

选择链条模型，依次单击"动画"|"约束"|"路径约束"，拾取样条线将链条模型约束到样条线上。

选择 ● 运动面板中的 ✓跟随，如果模型角度不对，可以通过旋转工具调整到合适角度。单击"工具"菜单下的"快照"命令，设置参数如图 12.197 所示，快照复制后的效果如图 12.198 所示。

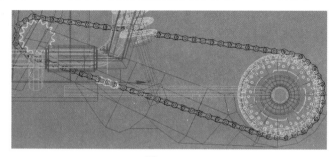

图 12.197 　　　　　　　　　　　　　　图 12.198

为了便于后期链条的选择可以将链条设置成组，或者全部附加在一起。

步骤 21 制作轮胎模型。

创建一个管状体，如图 12.199 所示，删除另一半及内侧的面，加线调整形状至图 12.200 所示。

选择中心边界线分别挤出如图 12.201 所示形状的面，然后对称出另一半模型后再将模型转换为可编辑的多边形物体，将对称中心位置的线段切角，如图 12.202 所示。

调整图 12.203 中所示线段的位置后，分别选择部分面并将面向外倒角挤出，如图 12.204 所示。

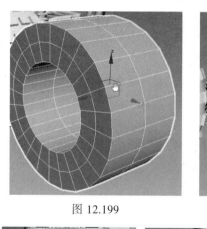
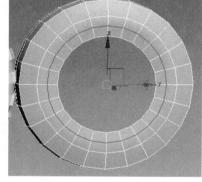

图 12.199 　　　　　　　　图 12.200 　　　　　　　　图 12.201

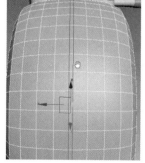
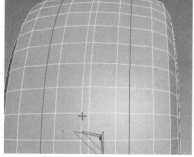
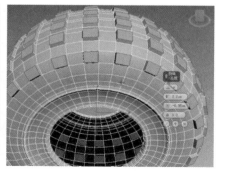

图 12.202 　　　　　　　　图 12.203 　　　　　　　　图 12.204

用"目标焊接"工具将图 12.205 中所示边缘的点焊接起来，焊接后的效果如图 12.206 所示。

也可以先选择需要焊接的点，如图 12.207 所示，单击"焊接"按钮后面的 ▢ 按钮调整焊接距离后一次性将对应的点焊接起来，如图 12.208 所示。

在图 12.209 中所有边缘位置加线，缩放调整位置。轮胎上的纹理除了用多边形面的倒角挤出命令制作外，还可以创建长方体来代替，如图 12.210 所示。最后再整体复制。这里就不再详细介绍了。

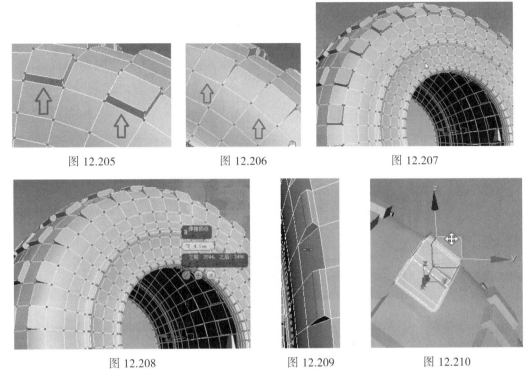

图 12.205　　　　　　图 12.206　　　　　　　图 12.207

图 12.208　　　　　　　图 12.209　　　　　　　图 12.210

步骤 22　制作轮毂。

先创建一个圆柱体并将其转换为可编辑的多边形物体后，分别挤出面并调整形状至图 12.211 所示。

再创建一个如图 12.212 所示的管状体并将其转换为可编辑的多边形物体，选择外圈的面向外挤出，如图 12.213 所示，然后再间隔选择部分面向外挤出，如图 12.214 所示。

选择对应的面单击"桥"按钮桥接中间的面并加线缩放调整，如图 12.215 所示。最后细分后的轮胎整体效果如图 12.216 所示。

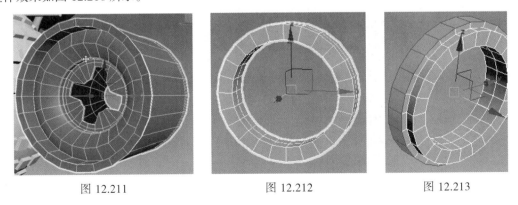

图 12.211　　　　　　　图 12.212　　　　　　　图 12.213

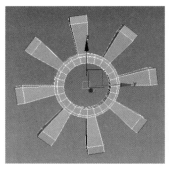

图 12.214

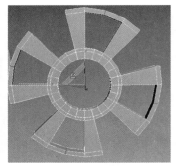

图 12.215

图 12.216

步骤 23 前轮胎的制作和后轮胎一致，当然也可以将后轮胎复制后再修改调整（前轮胎相比后轮胎宽度要窄，如图 12.217 所示）。注意刹车盘位置的细节如图 12.218 所示。整体效果如图 12.219 所示。

图 12.217

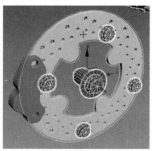

图 12.218

图 12.219

步骤 24 制作刹车线。刹车线制作比较简单，创建一些样条线调整形状和位置即可，如图 12.220 和图 12.221 所示。

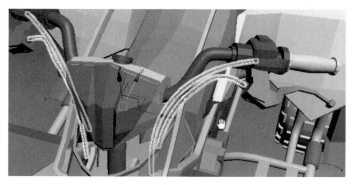

图 12.220

图 12.221

步骤 25 制作隔热板。隔热板也是基于基本的面片物体修改而成的，如图 12.222 所示，然后将其移动到合适的位置，如图 12.223 所示。

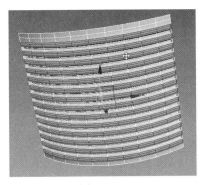

图 12.222

图 12.223

步骤 26　最后制作出排气筒模型，效果如图 12.224 所示。
将所有模型细分，最后的整体效果如图 12.225 所示。

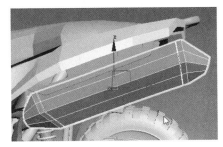

图 12.224

图 12.225

按 M 键打开材质编辑器，在左侧材质类型中单击标准材质并拖拉到右侧材质视图区域，选择场景中的所有物体，单击 按钮将标准材质赋予所选择物体，然后单击修改面板下的颜色图标选择一个黑色，最后效果如图 12.226 所示。

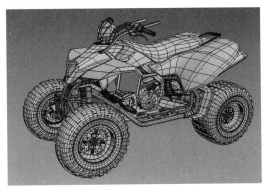

图 12.226

至此，本实例全部制作完成。

第 13 章　武器类产品的设计与制作

武器家族成员众多，随着科技的进步，新的成员层出不穷，且各有特色。且由于武器是在矛与盾的对抗中发展起来的，所以呈现出名目繁多、相互兼容的特点，这就给武器分类带来了许多困难。从大的方面讲，按战争中的作用可分为战略武器、战役武器、战术武器；按毁坏程度和范围可分为大规模的杀伤破坏武器和常规武器；按使用的兵种可分为陆军武器、海军武器、空军武器、防空部队武器、海军陆战队武器、空降部队武器和战略导弹部队武器等；按照人们的习惯划分，可分为枪械、火炮、装甲战斗车辆、舰艇、军用航天器、军用航空器、化学武器、防暴武器、生物武器、弹药、核武器、精确制导武器、隐形武器和新概念武器等。本章主要以坦克和枪械为实例来学习一下这类模型的制作。

13.1　制作坦克

本实例坦克模型采用英文版本来学习制作。首先看一下坦克的制作过程，如图 13.1～图 13.4 所示。

图 13.1　　　　　　图 13.2　　　　　　图 13.3　　　　　　图 13.4

步骤 01　首先来设置背景参考图，创建一个 600mm × 800mm 大小的面片，然后将参考图拖放到面片上。如果参考图比例不对，如图 13.5 所示，只需要在面片物体上添加 UVW Map 修改命令，单击 `Bitmap Fit`（位图适配）按钮，在弹出的选择图片面板中找到参考图图片双击即可，适配后的效果如图 13.6 所示。选择两个面片物体，右击，在弹出的菜单中选择 Object Properties（对象属性），取消选择 `Show Frozen in Gray`（以灰色显示冻结对象）。打开层资源管理器，将参考图面片物体拖放到新建的层中。通过层可以控制参考图面片物体的显示、冻结等操作。

步骤 02　制作出坦克车身的主体模型，如图 13.7 所示。这一节的模型我们尽量制作简模，也就是尽量使用更少的面数而又能保证模型的外观。

步骤 03　制作好一半模型之后，镜像对称出另外一半模型。然后再制作出图 13.8 所示的模型。

在该模型上创建一个圆柱体，然后用布尔运算工具进行布尔运算。将模型塌陷，通过手动加线的方法来调整模型布线，如图 13.9 所示。

继续调整模型布线，如图 13.10 所示。

步骤 **04** 在坦克入口位置创建出入口盖的模型，如图 13.11 所示。

图 13.5

图 13.6

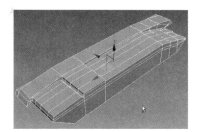

图 13.7

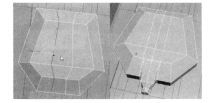

图 13.8

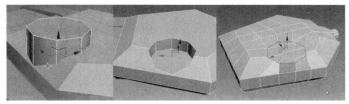

图 13.9

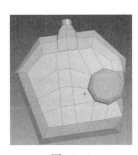

图 13.10

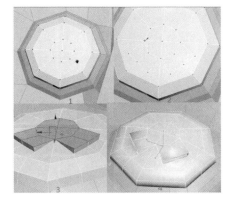

图 13.11

步骤 **05** 接下来再创建出其他部件，如图 13.12 和图 13.13 所示。整体效果如图 13.14 所示。

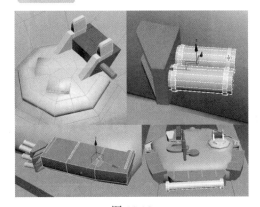

图 13.12

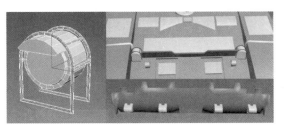

图 13.13

图 13.14

步骤 06 制作轮子。创建一个圆柱体并将其转换为可编辑的多边形物体，对其进行修改制作，如图 13.15 所示。

图 13.15

选择所有的面，在参数面板中的 Polygon:Smoothing Groups 卷展栏中任意单击一个光滑 ID 给当前选择的面设置一个光滑组，如图 13.16 所示。

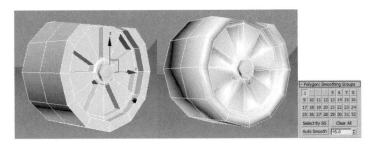

图 13.16

复制调整出剩余的车轮模型，在视图中创建一条星形样条线，参数设置和效果如图 13.17 所示。

在内部再创建一个圆形并将这两条样条线附加在一起，在修改器下拉列表中选择 Extrude 修改器，效果如图 13.18 所示。

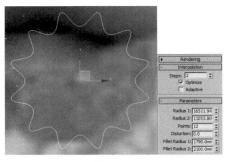

图 13.17

图 13.18

创建出转轴模型，如图 13.19 所示。

图 13.19

镜像复制调整出另外一半模型，再创建出链条模型，如图 13.20 所示。

然后在视图中创建一条如图 13.21 所示的样条线段。

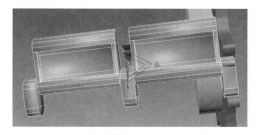

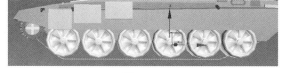

图 13.20　　　　　　　　　　　　　　　　　图 13.21

单击 Animation 菜单下的 Constraints ，选择 Path Constraint （路径约束），将链条模型约束到样条线上。

单击 Tools 菜单下的 Snapshot... （快照），参数设置和快照复制后的效果如图 13.22 所示。

我们发现位置上有一些偏差，用移动工具调整一下即可。选择轮子所有模型，将另外一半复制调整出来，最后的整体效果如图 13.23 所示。

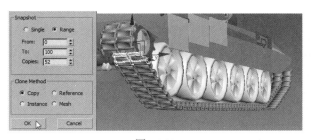

图 13.22　　　　　　　　　　　　　　　　　图 13.23

步骤 07　最后制作出炮管模型，直接用圆柱体修改完成。坦克的最终模型效果如图 13.24 所示。

图 13.24

13.2 制作无人机

军用无人机是由遥控设备或自备程序控制操纵的不载人飞机。根据其控制方式，主要分为无线电遥控、自动程序控制和综合控制三种类型。

随着高新技术在武器装备上的广泛应用，无人机的研制取得了突破性的进展，并在几场局部战争中频频亮相，屡立战功，受到各国军界人士的高度赞誉。

本章中将学习制作一个军事无人侦察机，制作过程如图 13.25～图 13.30 所示。

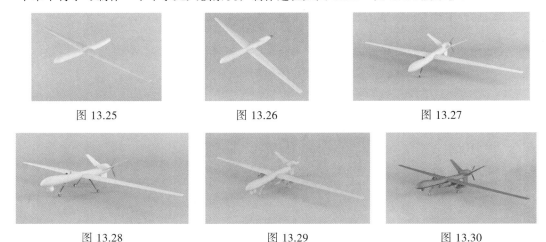

图 13.25　　　　　　　　图 13.26　　　　　　　　图 13.27

图 13.28　　　　　　　　图 13.29　　　　　　　　图 13.30

13.2.1　制作机身

步骤 01　参考前几章知识点设置参考图，如图 13.31 所示。设置完成后，创建一个长方体验证参考图大小是否一致，如果不一致，可以适当调整面片大小，调整的方法请参考本节配套视频。最后调整好的效果如图 13.32 所示。

打开场景资源管理器，新建一个层，将参考图面片物体设置在新的层中，这样就可以快速调整参考图的显示、冻结和边框显示等效果。需要注意的一点是，在层资源管理器中，图 13.33 中的图标在哪个图层中处于激活状态，创建的新物体就会处于哪个层中，比如当前激活的是默认层，当在创建新的物体时，它也会处于默认层中。

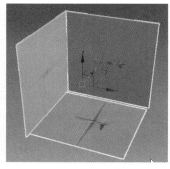

图 13.31　　　　　　　　图 13.32　　　　　　　　图 13.33

步骤 02 创建一个长方体并将其转换为可编辑的多边形物体，按 Alt+X 组合键透明化显示，根据参考图大致形状调整至图 13.34 和图 13.35 所示。

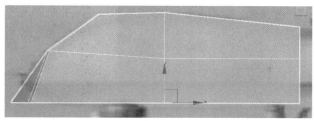

图 13.34

图 13.35

步骤 03 删除一半的面，单击"镜像"按钮镜像出另一半物体便于观察整体效果，沿着机身方向继续挤出面调整至图 13.36 所示。

图 13.36

步骤 04 在机翼位置加线调整至图 13.37 所示形状。调整布线至图 13.38 所示形状。

图 13.37

图 13.38

步骤 05 选择图 13.39 中的面并删除，然后选择边界线，按住 Shift 键沿着 Y 轴方向挤出面并调整，如图 13.40 所示。

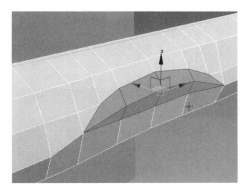

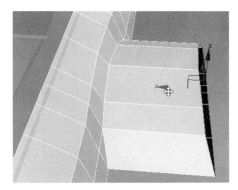

图 13.39

图 13.40

继续挤出机翼中的面，如图 13.41 所示。将机翼边缘的开口封闭后，对应的点之间连接出线段，如图 13.42 所示，然后在机翼长度上加线，如图 13.43 所示。

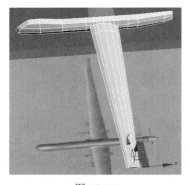

图 13.41

图 13.42

图 13.43

步骤 06 在图 13.44 中所示的位置加线，然后将前段位置调整布线和形状，如图 13.45 所示。

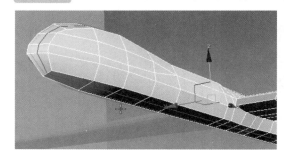

图 13.44

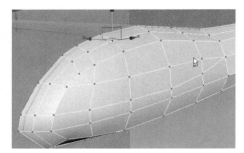

图 13.45

选择图 13.46 中所示的线段，单击"挤出"按钮将线段向下挤出，如图 13.47 所示。

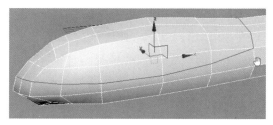

图 13.46

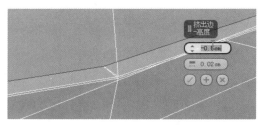

图 13.47

将挤出的内侧线段再切角处理，如图 13.48 所示。为了保证模型细分后效果的形变符合要求，在图 13.49 所示中的位置加线。

图 13.48

图 13.49

将拐角位置线段切角，如图 13.50 所示。细分后的效果如图 13.51 所示。

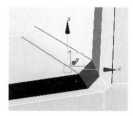

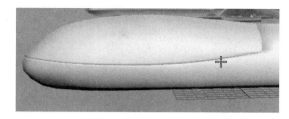

图 13.50　　　　　　　　　　　　　　　　　图 13.51

步骤 07　调整机翼位置的布线，调整前后对比效果如图 13.52 和图 13.53 所示。

图 13.52　　　　　　　　　　　　　　　　　图 13.53

步骤 08　在尾部位置创建一个如图 13.54 所示的管状体并将其转换为可编辑的多边形物体，缩放调整形状至图 13.55 所示。

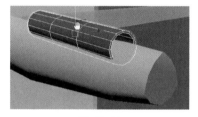

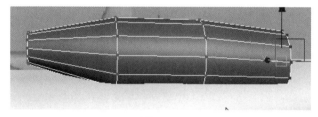

图 13.54　　　　　　　　　　　　　　　　　图 13.55

隐藏机身前端位置的面，将调整后的管状体向下移动，根据相交的位置手动切线，然后将切线位置的面删除，如图 13.56 中线圈起来的位置。用同样的方法将上面的物体加线后，将底部部分的面删除，如图 13.57 所示。

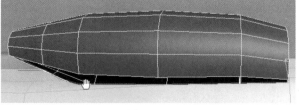

图 13.56　　　　　　　　　　　　　　　　　图 13.57

步骤 09　删除一半模型和内侧部分面，如图 13.58 所示。单击 附加 按钮拾取机身模型将两者附加在一起，加线调整布线后单击 目标焊接 按钮将相对应的点焊接起来，效果如图 13.59 所示。

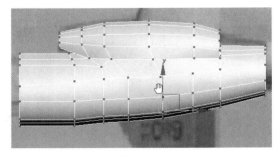

图 13.58 图 13.59

进一步细化调整形状，选择前部开口位置的线段，按住 Shift 键挤出面并调整，如图 13.60 所示。用同样的方法将尾部开口位置的边界线向内侧挤出面，调整前后效果对比如图 13.61 所示。

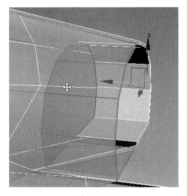
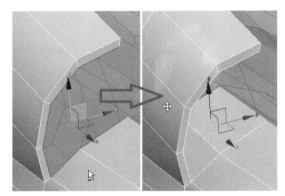

图 13.60 图 13.61

步骤 10　添加"对称"修改命令对称出另一半模型，整体效果如图 13.62 所示。
将模型塌陷后，选择图 13.63 中所示的边，单击石墨建模工具下的"呈圆形"按钮，如图 13.64 所示，将当前选择的边快速处理成圆形，如图 13.65 所示。

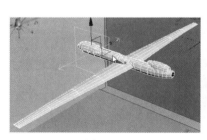

图 13.62 图 13.63 图 13.64 图 13.65

步骤 11　选择圆形边界线，按住 Shift 键向后挤出面并调整，最后单击"塌陷"按钮将开口位置塌陷为一个点，如图 13.66 所示。选择图 13.67 中箭头所指的位置的面并删除。

选择后端元素中的面单击"分离"按钮将其分离出来，然后将开口位置的线段向内挤出面，如图 13.68 所示，整体换一个颜色显示后将图 13.69 中所示的线段切角处理。

图 13.66

图 13.67

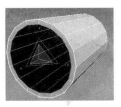
图 13.68

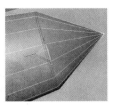
图 13.69

步骤 12　选择图 13.70 中所示一圈的线段，将其切角处理，如图 13.71 所示。细分后的效果如图 13.72 所示。

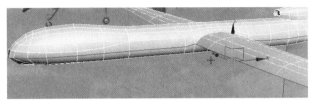
图 13.70

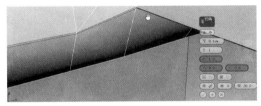
图 13.71

图 13.72

步骤 13　分别在图 13.73 和图 13.74 中所示的位置加线。

选择图 13.75 中所示线段，先将线段向下挤出，如图 13.76 所示，再切角处理，如图 13.77 所示，删除切角位置的面（也就是将某一部分和原有物体分开），这样便于整体选择机翼部分的元素面，如图 13.78 所示。细分后的效果如图 13.79 所示。

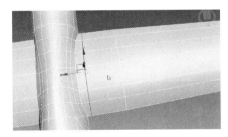
图 13.73

图 13.74

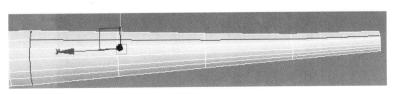

图 13.75

图 13.76

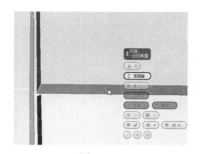

图 13.77   图 13.78   图 13.79

步骤 14 处理细节。选择图 13.80 中所示的线段，先将线段向内挤出，如图 13.81 所示，再将线段切角处理，如图 13.82 所示。

删除中间的面后分别在两端加线，如图 13.83 所示，细分后的细节表现如图 13.84 所示。

步骤 15 在机翼上方位置创建一个长方体物体并修改至图 13.85 所示形状。选择图 13.86 中的线段，用同样的方法先向下挤出再切角处理，如图 13.87 所示。删除图 13.88 中切角位置的面。

分别在拐角位置加线后细分，效果如图 13.89 所示。将制作好的模型复制调整至图 13.90 所示。

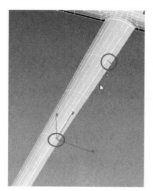

图 13.80   图 13.81   图 13.82   图 13.83

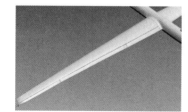

图 13.84   图 13.85   图 13.86

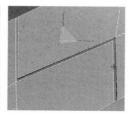

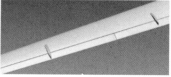

图 13.87   图 13.88   图 13.89   图 13.90

步骤 16 制作尾翼。创建一个如图 13.91 所示大小的长方体，将其转换为多边形物体后加线调整至图 13.92 所示形状。制作出图 13.93 所示箭头所指位置的凹痕，将图 13.89 中的物体复制到尾翼，如图 13.94 所示。

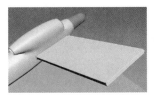

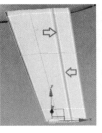

图 13.91　　　　　　　图 13.92　　　　　　　图 13.93　　　　　　　图 13.94

复制出图 13.95 中所示的尾翼模型，然后创建出图 13.96 中所示的螺旋桨，同样复制出剩余的部分，如图 13.97 所示。创建出尾部如图 13.98 所示的模型。

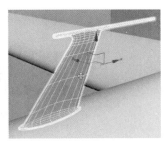

图 13.95　　　　　　　图 13.96　　　　　　　图 13.97　　　　　　　图 13.98

步骤 17　制作出图 13.99～图 13.100 所示的雷达模型。

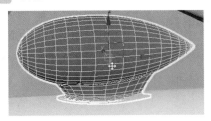
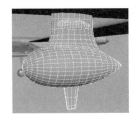

图 13.99　　　　　　　　　　　　　图 13.100

步骤 18　创建一个如图 13.101 所示的样条线，选择 ☑在渲染中启用 ☑在视口中启用，设置厚度为 2.5cm，效果如图 13.102 所示。

将该模型转换为可编辑的多边形物体后，分别加线后选择面倒角挤出，如图 13.103 和图 13.104 所示。将图 13.105 中的线段切角处理。

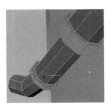
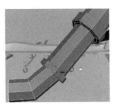

图 13.101　　　　图 13.102　　　　图 13.103　　　　图 13.104　　　　图 13.105

步骤 19　创建管状体和圆柱体，如图 13.106 所示。

将管状体转换为可编辑的多边形物体后调整形状至图 13.107 所示。在内侧再创建一个管状体，删除其他面只保留图 13.108 中的面，选择边界线后按住 Shift 键挤出面并调整至图 13.109 所示的形状。

图 13.106

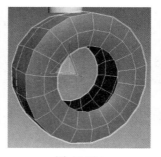
图 13.107

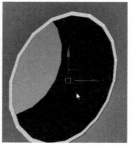
图 13.108

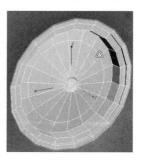
图 13.109

选择图 13.110 中的线段切角处理，然后选择外边界线，按住 Shift 键在左视图中沿着 X 轴方向挤出面，如图 13.111 所示，然后在修改器下拉列表中选择"对称"修改命令对称出另一半模型，如图 13.112 所示。

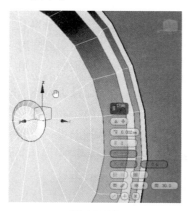

图 13.110

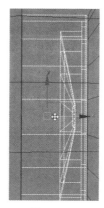
图 13.111

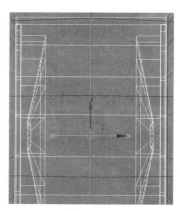
图 13.112

细分后的轮胎模型如图 13.113 所示。

创建一个如图 13.114 所示的圆柱体。再创建一个面片，如图 13.115 所示。

图 13.113

图 13.114

图 13.115

将该面片物体调整至图 13.116 所示形状后添加"壳"修改命令增加厚度，如图 13.117 所示，再对称出另一半即可，如图 13.118 所示。

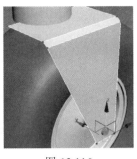

图 13.116　　　　　　　　　图 13.117　　　　　　　　　图 13.118

步骤 20　在无人机底部位置手动切线，如图 13.119 所示，切线后加线连接出线段，如图 13.120 所示。

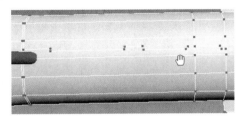

图 13.119　　　　　　　　　　　　　　图 13.120

删除切线位置的面，如图 13.121 所示。

图 13.121

用同样的方法在无人机底部尾部部分手动剪切加线至图 13.122 所示。

图 13.122

删除剪切位置的面，如图 13.123 所示。

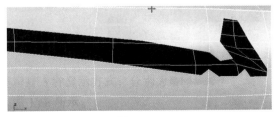

图 13.123

319

加线调整布线至图 13.124 和图 13.125 所示。

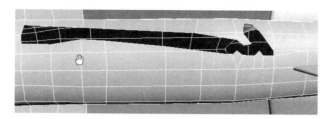

图 13.124

图 13.125

按 "3" 键进入 "边界" 级别，选择图 13.126 中所示开口位置的边界线，按住 Shift 键移动挤出面，如图 13.127 所示。

图 13.126

图 13.127

细分后的效果如图 13.128 所示，细分后发现拐角位置过于圆润。

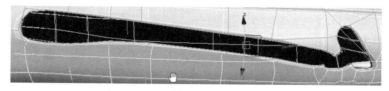

图 13.128

分别加线或者切线，如图 13.129 和图 13.130 所示。调整布线后焊接多余的点，再次细分后的效果如图 13.131 所示，形状得到了明显改善。

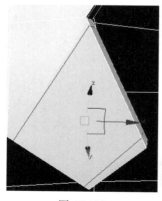

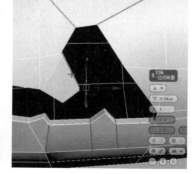

图 13.129

图 13.130

图 13.131

用同样的方法处理前段空口位置（拐角线段加线或者切角，调整布线等操作）。调整完成之后将制作好的细节部分对称到另一半。

步骤 21　制作出前支架细节部分，如图 13.132 所示。

步骤 22　接下来制作出支架。创建一个长方体并加线调整形状至图 13.133 所示，细分后的效果如图 13.134 所示。

步骤 23　创建一个矩形，用圆角工具将其中的一个角处理为圆角，如图 13.135 所示。在修改器下拉列表中选择"挤出"命令将样条线挤出厚度，然后再复制一个，如图 13.136 所示。再创建一个如图 13.137 中所示的多边形物体。

步骤 24　分别创建一个如图 13.138 所示的切角长方体和图 13.139 中所示的切角圆柱体。

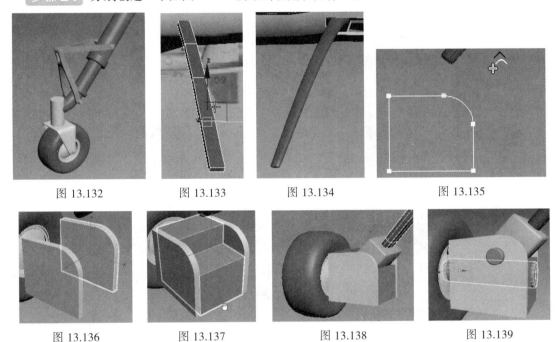

图 13.132　　　　　图 13.133　　　　　图 13.134　　　　　图 13.135

图 13.136　　　　　图 13.137　　　　　图 13.138　　　　　图 13.139

步骤 25　制作出液压杆模型，如图 13.140 所示，然后在液压杆内侧位置创建一个挡板，如图 13.141 所示。

复制调整出另一侧的轮胎及支架，如图 13.142 所示。

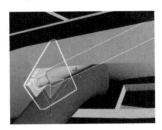

图 13.140　　　　　　　　　图 13.141　　　　　　　　图 13.142

步骤 26　删除无人机前段底部的面，如图 13.143 所示，将该空口调整至圆形，如图 13.144 所示。选择边界线，按住 Shift 键配合缩放和移动工具挤出面并调整至图 13.145 所示。（棱角位置加线，细节不再赘述）

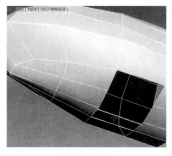

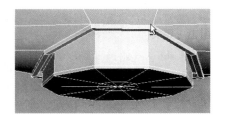

图 13.143　　　　　　　图 13.144　　　　　　　图 13.145

步骤 27　创建一个半径为 10cm，分段为 16 的球体，如图 13.146 所示，并将其转换为可编辑的多边形物体。删除一半的面后，调整右侧模型至图 13.147 所示。

对称出另一半，细分后的效果如图 13.148 所示。同样，再创建一个如图 13.149 所示大小的球体，删除多余的面，如图 13.150 所示。

将开口处封口处理，如图 13.151 所示，调整布线后，选择面并倒角挤出至图 13.152 所示形状。

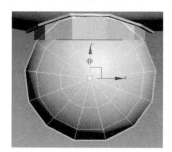

图 13.146　　　　　　　图 13.147　　　　　　　图 13.148

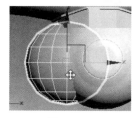

图 13.149　　　　图 13.150　　　　图 13.151　　　　图 13.152

顶部、底部加线及棱角位置加线细分后的效果如图 13.153 所示。

创建两个圆柱体，如图 13.154 所示，此时需要将该圆柱体快速移动到物体表面上，单击 （选择并放置）按钮，拖动圆柱体物体即可快速将其放置在无人机表面，如图 13.155 所示。

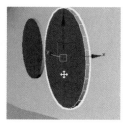

图 13.153　　　　　　　图 13.154　　　　　　　图 13.155

13.2.2　制作导弹

步骤 01　在机翼下方位置创建一个长方体并将其转换为可编辑的多边形物体，修改至图 13.156 所示形状。

步骤 02　再次创建一个长方体并修改至图 13.157 所示形状。依次加线后将部分面挤出调整至图 13.158 所示，再次加线挤出面并调整至图 13.159 所示。

将面向内倒角，如图 13.160 所示。

步骤 03　选择制作好的面，按住 Shift 键向后移动，此时会弹出"克隆部分网格"面板，选择"克隆到对象"，如图 13.161 所示。根据复制的物体在对应的位置加线，将两者附加在一起，删除多余的面，用目标焊接工具依次将对应的点焊接起来，如图 13.162 所示。为了表现棱角效果将图 13.163 中所示的线段切角。

图 13.156

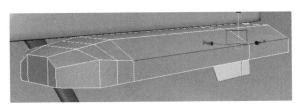

图 13.157

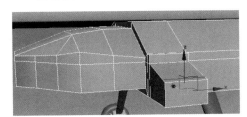

图 13.158

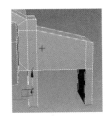

图 13.159

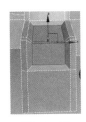

图 13.160

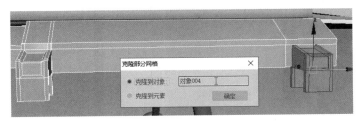

图 13.161

图 13.162

图 13.163

步骤 04 创建两个切角长方体，如图 13.164 所示。

图 13.164

创建一个 8 边形的圆柱体模拟螺丝钉效果，如图 13.165 所示。复制出其余的螺丝钉，如图 13.166 所示。

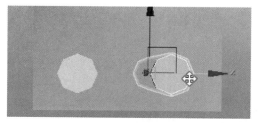

图 13.165

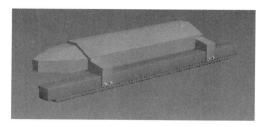

图 13.166

步骤 05 创建一个圆柱体并将其转换为可编辑的多边形物体，如图 13.167 所示，加线后，将端面缩小调整细分后的效果如图 13.168 所示。

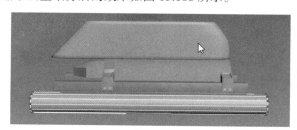

图 13.167

图 13.168

步骤 06 创建导弹尾翼。创建出如图 13.169 所示形状的物体，然后围绕导弹中心点旋转复制，如图 13.170 所示。

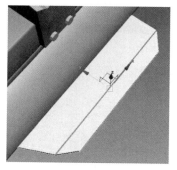

图 13.169

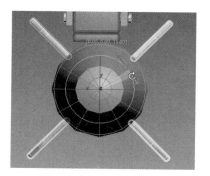

图 13.170

用同样的方法创建如图 13.171 所示形状的物体后再复制一个，然后整体复制出另一枚导弹，如图 13.172 所示。

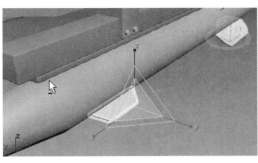

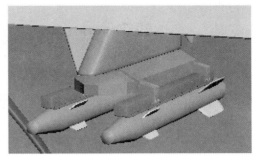

图 13.171

图 13.172

步骤 07 再复制一枚导弹，修改至图 13.173 所示的形状，然后再创建一个管状体，如图 13.174 所示。在管状体内部创建一个长方体，修改形状后复制，如图 13.175 所示。最后分别将图 13.176 中所示的线段切角。

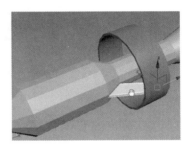

图 13.173

图 13.174

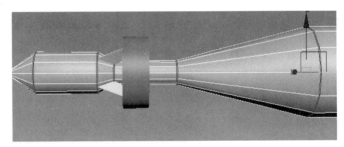

图 13.175

图 13.176

步骤 08 创建出固定螺丝，如图 13.177 所示，整体效果如图 13.178 所示。

图 13.177

图 13.178

步骤 09 将制作好的导弹镜像复制到另一侧，如图 13.179 所示，整体的无人机效果如图 13.180 所示。

图 13.179

图 13.180

　　按 M 键打开材质编辑器，在左侧材质类型中单击标准材质并拖动到右侧材质视图区域，选择场景中的所有物体，单击 ⊡ 按钮将标准材质赋予所选择物体，效果如图 13.181 所示。

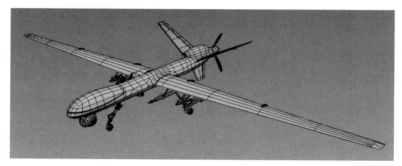

图 13.181